国家职业技能鉴定培训教程

维修电工（基础知识）

主　编　王　建　赵金周
副主编　王会军　刘继先　王宏奇　陈　霞
参　编　赵国利　任红莉　张　琳　王洪升
赵　鹏　秦新亚　王嘉伟　徐　振
魏福江　季海峰　李金镯　陈一铭

机械工业出版社

本书依据《国家职业技能标准 维修电工》中的基本要求，根据国家题库鉴定要点编写，包含了电工基础知识、电子技术基础知识、电工仪表、电工工具及材料、电力拖动、安全用电等内容，并附有大量的试题。

本书既可作为各级职业技能鉴定机构、企业培训部门的培训教材，也可作为职业技术院校、技工院校的教学用书，还可供电工人员学习使用。

图书在版编目（CIP）数据

维修电工：基础知识/王建，赵金周主编．—北京：机械工业出版社，2016.8

国家职业技能鉴定培训教程

ISBN 978-7-111-53946-9

Ⅰ.①维… Ⅱ.①王… ②赵… Ⅲ.①电工—维修—职业技能—鉴定—教材 Ⅳ.①TM07

中国版本图书馆 CIP 数据核字（2016）第 121247 号

机械工业出版社（北京市百万庄大街 22 号 邮政编码 100037）
策划编辑：陈玉芝 责任编辑：林运鑫 王振国
版式设计：霍永明 责任校对：佟瑞鑫
封面设计：张 静 责任印制：李 洋
中国农业出版社印刷厂印刷
2016 年 7 月第 1 版第 1 次印刷
169mm×239mm · 17 印张 · 342 千字
0001—3000 册
标准书号：ISBN 978-7-111-53946-9
定价：39.80 元

凡购本书，如有缺页、倒页、脱页，由本社发行部调换

电话服务
服务咨询热线：010-88361066
读者购书热线：010-68326294
010-88379203

网络服务
机 工 官 网：www.cmpbook.com
机 工 官 博：weibo.com/cmp1952
金 书 网：www.golden-book.com
教育服务网：www.cmpedu.com

前言

当今社会正在营造“劳动光荣、技能宝贵、创造伟大”的社会氛围，逐步树立人人崇尚技能的理念，弘扬工匠精神，中国制造2025以及“中国创造”的中国梦正在逐步实现。而职业技能培训与鉴定是全面实施中国制造2025以及实现“中国创造”的中国梦的重要举措，对于企业发展和社会经济进步以及全面提高劳动者素质和职工队伍的创新能力具有重要作用，也是当前我国经济社会发展，加快培养一大批数量充足、结构合理、素质优良的技术技能型、复合技能型和知识技能型高技能人才，为中国制造2025“制造”千万能工巧匠的重要具体措施。

然而，市场上现有的大部分培训教材与国家职业技能标准、国家题库不匹配或已经过时，迫切需要一批服务于职业技能鉴定的培训教材，作为职业技能鉴定国家题库开发的参与者，急读者所急、想读者所想，真诚地想为广大参加职业技能鉴定的人员提供帮助，方便有关培训机构的教学工作，特组织了部分参加国家职业技能标准审定及国家题库开发的专家，以及长期从事职业技能鉴定工作的专家编写了本书。本书与国家职业技能标准、国家题库是相配套的。在本书的编写过程中，贯彻了“围绕培训，服务鉴定”的原则，把编写重点放在以下几个主要方面：

第一，内容上涵盖国家职业技能标准对维修电工的知识和技能方面的要求，确保达到本等级技能人才的培养目标。

第二，突出技能鉴定的特色，以实用作为本丛书的编写重点，内容上紧紧围绕国家题库的考试内容，充分体现实用性。

第三，坚持“新内容”为编写的侧重点，无论是内容还是形式，都力求使本书有所创新，使本书更贴近职业技能鉴定，服务于职业技能鉴定。

但愿本书成为广大从事职业技能鉴定的工作者和考生的好工具，成为您的良师益友！

由于时间和编者的水平有限，书中难免存在缺点和错误，敬请广大的读者对本书提出宝贵的意见。

编　者

目录

第一章 电工基础知识

☺ 学习目标

1. 掌握直流电路的组成、基本概念和基本原理。
2. 掌握欧姆定律、基尔霍夫定律、叠加原理和戴维南定理及其应用。
3. 掌握直流电路电压源、电流源及其等效变换方法。
4. 掌握电阻串、并联电路的计算方法。
5. 掌握磁的基本概念、磁路欧姆定律和电磁感应及其应用。
6. 掌握电容器的基本物理量和连接方法。
7. 掌握正弦交流电的基础知识。
8. 掌握单相交流电路的分析方法。
9. 掌握三相交流电路的基本概念和三相负载的有关计算。

第一节 直流电路

一、直流电基本知识

1. 电路

电流所经过的路径称为电路。电路的作用是实现能量的传输和转换、信号的传递和处理。

（1）电路的组成　一般电路由电源、负载和中间环节三个基本部分组成，如图 1-1 所示。其中：

1）电源是将非电能转换为电能的装置。

2）负载是将电能转换为非电能的装置。

3）中间环节是把电源与负载连接起来的部分，起传递和控制电能的作用。

（2）电路的状态

1）通路。通路是指电源与负载接成的回路，也就是图 1-1 所示电路中开关合上时的工作状态，这时电路中有电流通过。必须注意，处于通路状态的各种电气设备的电压、电流、功率等数值不能超过其额定值。

2）断路。断路是指电源与负载未接成闭合电路，也就是图 1-1 中开关断开时的工作状态 ，这时电路中没有电流通过。在实际电路中，电气设备与电气设备之间、电气设备与导线之间连接时的接触不良也会使电路处于断路状态。断路又称为开路。

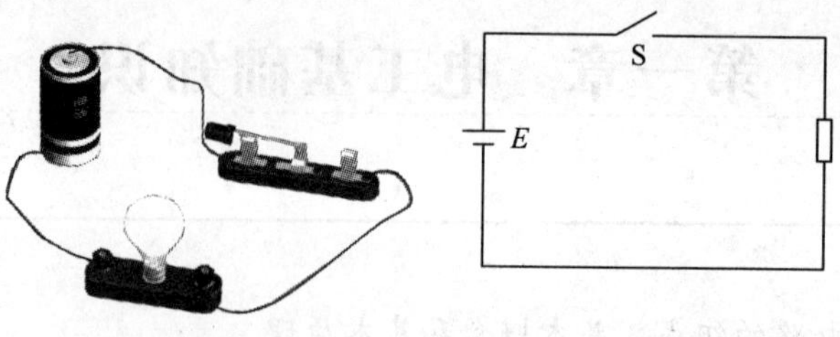

a) 实物图　　　　b) 电路图

图 1-1　电路的组成

3）短路。短路是指电源未经负载而直接由导线（导体）构成通路。短路时，电路中流过比正常工作时大得多的电流，可能烧坏电源或其他设备。因此，应严防电路发生短路。

二、电流与电流密度

1. 电流

电荷的定向移动称为电流。在金属导体中，电流是电子在外电场作用下有规则地运动形成的。在某些液体或气体中，电流则是正离子或负离子在电场力作用下有规则地运动形成的。正电荷移动的方向规定为电流的方向。在实际应用和计算中，可设定电流的参考方向。

电流的大小取决于在一定时间内通过导体横截面的电荷量的多少，通常规定单位时间内通过导体横截面的电量称为电流，以字母 I 表示。电流的表达式为

$$I=\frac{q}{t} \tag{1-1}$$

式中　q——t 秒钟内通过导体横截面的电量（C）；

t——电流通过导体的时间（s）；

I——通过导体的电流（A）。

电流的单位为安培，简称安，用符号 A 表示，电流的单位还有 kA、mA 和 μA，其换算关系为

$$1\text{kA}=10^3\text{A} \qquad 1\text{A}=10^3\text{mA} \qquad 1\text{ mA}=10^3\mu\text{A}$$

2. 电流密度

所谓电流密度就是当电流在导体的横截面上均匀分布时，该电流与导体横截面积的比值。电流密度 J 表示为

$$J=\frac{I}{S} \tag{1-2}$$

在式（1-2）中，当电流的单位为 A、面积的单位为 mm^2 时，电流密度的单位

为 A/mm²。

三、电位和电压的概念

1. 电位的概念

带电体的周围存在着电场，电场对处在电场中的电荷有力的作用。当电场力使电荷移动时，电场力就对电荷做了功。在电场中任选一点为参考点，电场力将单位正电荷从某点移到参考点所做的功，称为该点到参考点的电位。电位的符号用 φ 表示。参考点的电位等于零，即 $\varphi_0=0$，高于参考点的电位是正电位，低于参考点的电位是负电位。

规定：电场力把 1C 电量的正电荷从 a 点移到参考点如果所做的功为 1J，那么 a 对参考点的电位就是 1V。

电位常用单位还有 kV、mV 和 μV。

参考点可以任意选定，符号用“⊥”表示。参考点改变时，电位将发生变化。

2. 电压的概念

在电场中，任意两点之间的电位之差，称为电位差，又称为两点之间的电压。电位差（电压）也是衡量电场力做功本领大小的物理量。规定：电场力把单位正电荷从电场中的 a 点移到 b 点所做的功称为 a、b 两点间的电压，用 U_{ab}表示为

$$U_{ab}=\frac{A_{ab}}{Q} \tag{1-3}$$

电压的单位为伏特，简称伏，用符号 V 表示。

习惯规定电场力移动正电荷做功的方向为电压的实际方向，电压的实际方向也就是电位降的方向，即高电位指向低电位的方向，所以电压又称为电位降。电压的参考方向也可根据需要而设定。

电压与电位的关系为：

1）某点的电位等于该点对参考点的电压，即 $\varphi_a=U_{ao}$。

2）两点之间的电压等于两点之间的电位差，即 $U_{ab}=\varphi_a-\varphi_b$。

参考点改变时，电位将发生变化，而两点之间的电压不变，即电压是个绝对量，电位是个相对量。

四、电动势的概念

电动势是衡量电源将非电能转换为电能本领大小的物理量。在电源内部，外力将单位正电荷从电源负极移到正极所做的功，称为电源的电动势，用符号 E 表示，即

$$E=\frac{W}{Q} \tag{1-4}$$

电动势的单位为 V，其方向由电源负极指向电源的正极。

电动势是描述非电场力做功的物理量，而电压则是描述电场力做功的物理量。电动势仅存在于电源内部，而电压不仅存在于电源两端，而且存在于电源外部。

五、电阻

导体对电流的阻碍作用称为电阻。电阻是反映导体对电流起阻碍作用大小的一个物理量。电阻用字母 R 表示。其单位名称是欧姆，简称欧，用符号 Ω 表示。电阻单位还有 kΩ 和 MΩ，它们之间的换算关系为

$$1\text{k}\Omega = 10^3\Omega \qquad 1\text{M}\Omega = 10^3\text{ k}\Omega$$

导体的电阻是客观存在的，它不随导体两端电压的大小而变化。即使没有电压，导体仍然有电阻。导体的电阻跟导体的长度成正比，跟导体的横截面积成反比，并与导体的材料有关。对于长度为 l、横截面积为 S 的导体，其电阻可表示为

$$R = \rho \frac{l}{S} \tag{1-5}$$

式中　ρ——与导体材料有关的物理量，称为电阻率（Ω · m）。

l——导体的长度（m）；

S——导体的横截面积（m^2）。

电阻率通常是指在 20℃时，长 1m 而横截面积为 $1m^2$ 的某种材料的电阻值。当 l、S、R 的单位分别是 m、m^2、Ω 时，ρ 的单位名称是欧姆米，用 Ω · m 表示。

导体电阻不仅决定于长度、横截面积和材料，还与其他因素有关，特别是与温度有关。导体的温度变化，它的电阻也随着变化。一般的金属材料，温度升高后，导体的电阻将增加，而电解液的电阻随温度的上升而减小。

六、欧姆定律

欧姆定律有两种形式：部分电路的欧姆定律和全电路的欧姆定律。图 1-2 所示为不含电源的部分电路，当在电阻两端加上电压时，电阻中就有电流通过。通过实验可知，流过电阻的电流 I 与电阻两端的电压 U 成正比，与电阻 R 成反比。这一结论称为部分电路的欧姆定律。用公式表示为

$$I = \frac{U}{R} \tag{1-6}$$

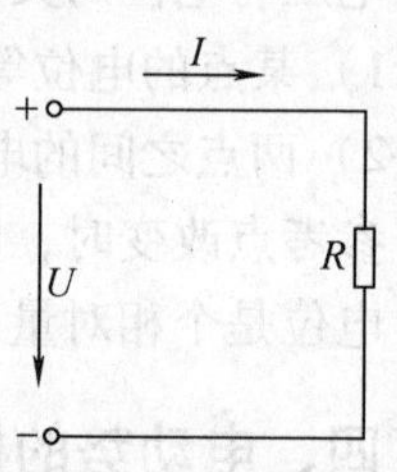

图 1-2　部分电路

含有电源的闭合电路称为全电路，如图 1-3 所示。在全电路中，电流与电源的电动势成正比，与电路中的内电阻和外电阻之和成反比。这个规律称为全电路的欧姆定律。用公式表示为

$$I = \frac{E}{R + r} \tag{1-7}$$

电路闭合时，端电压为 $U = E - Ir$。

式（1-7）表明了电压随负载电流变化的关系，这种关系称为电源的外特性。表示电源外特性的曲线称为电源的外特性曲线，如图 1-4 所示。从外特性曲线上可看出，电源端电压随着电流的变化而变化，当电路接小电阻时，电流增大，端电压下降；否则，端电压上升。

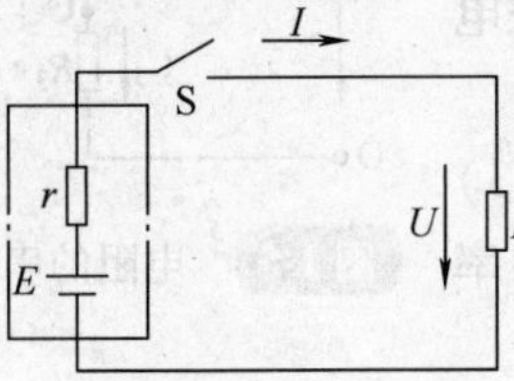

图 1-3 全电路

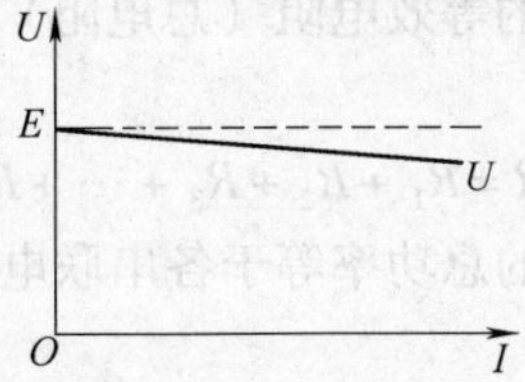

图 1-4 电源的外特性曲线

七、电功与电功率

1. 电功

电流所做的功称为电功。电功的表达式为

$$W = UIt = \frac{U^2}{R}t = I^2Rt \qquad (1\text{-}8)$$

式中 W——电流所做的功（J）；

U——电压（V）；

I——电流（A）；

t——时间（s）。

2. 电功率

单位时间内电流所做的功，称为电功率。对于直流电路来说，功率的表达式为

$$P = \frac{W}{t} \qquad (1\text{-}9)$$

式中 P——电功率（W）；

W——电流所做的功（J）；

t——通电时间（s）。

功率的表达式还可写为

$$P = \frac{U^2}{R} = I^2R \qquad (1\text{-}10)$$

八、电阻串、并联电路的计算

1. 电阻的串联

两个或两个以上的电阻，依次连接，中间无分支的电路，称为电阻的串联。电阻的串联及其等效电路如图 1-5 所示。电阻的串联电路具有以下特点：

1）电路中流过每个电阻的电流都相等，即

$$I = I_1 = I_2 = \cdots = I_n \quad (1\text{-}11)$$

2）电路两端的总电压等于各电阻两端电压之和，即

$$U = U_1 + U_2 + U_3 + \cdots + U_n \quad (1\text{-}12)$$

3）电路的等效电阻（总电阻）等于各串联电阻之和，即

$$R = R_1 + R_2 + R_3 + \cdots + R_n \quad (1\text{-}13)$$

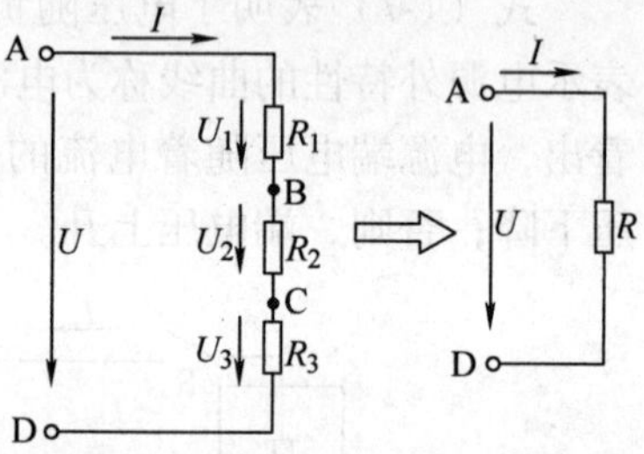

图 1-5 电阻的串联及其等效电路

4）电路的总功率等于各串联电阻消耗的功率之和，即

$$P = P_1 + P_2 + P_3 + \cdots + P_n \quad (1\text{-}14)$$

5）电路中各电阻上的电压与各电阻的阻值成正比，即

$$U_n = \frac{R_n}{R}U \quad (1\text{-}15)$$

在计算电路时，若为两个或三个电阻串联，当总电压已知时，它们的分压公式是：

① 两个电阻串联

$$U_1 = \frac{R_1}{R_1 + R_2}U \qquad U_2 = \frac{R_2}{R_1 + R_2}U$$

② 三个电阻串联

$$U_1 = \frac{R_1}{R_1 + R_2 + R_3}U \qquad U_2 = \frac{R_2}{R_1 + R_2 + R_3}U \qquad U_3 = \frac{R_3}{R_1 + R_2 + R_3}U$$

2. 电阻的并联

把两个或两个以上的电阻并列地连接在两点之间，使每一个电阻两端都承受同一电压的连接方式称为电阻的并联。电阻的并联及其等效电路如图 1-6 所示。电阻并联具有如下特点：

1）电路中各电阻两端的电压相等，并且等于电路两端的电压，即

$$U = U_1 = U_2 = U_3 = \cdots = U_n \quad (1\text{-}16)$$

2）电路的总电流等于各电阻中的电流之和，即

$$I = I_1 + I_2 + \cdots + I_n \quad (1\text{-}17)$$

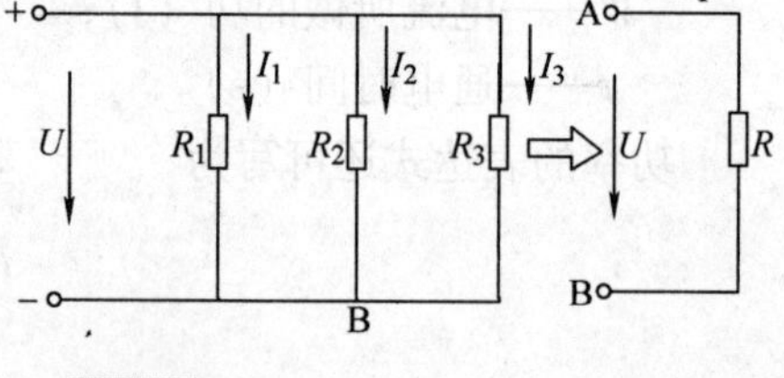

图 1-6 电阻的并联及其等效电路

3）电路的等效电阻（总电阻）的倒数，等于各并联电阻的倒数之和，即

$$\frac{1}{R} = \frac{1}{R_1} + \frac{1}{R_2} + \frac{1}{R_3} + \cdots + \frac{1}{R_n} \quad (1\text{-}18)$$

两个电阻并联的阻值还可写成

$$R = R_1 /\!/ R_2 = \frac{R_1 R_2}{R_1 + R_2}$$

4）电路消耗的总功率等于各并联电阻消耗的功率之和，即

$$P = P_1 + P_2 + \cdots + P_n \tag{1-19}$$

5）在电阻并联电路中，各支路分配的电流与支路的电阻值成反比，即

$$I_n = \frac{R}{R_n} I \tag{1-20}$$

式中　$R = R_1 /\!/ R_2 /\!/ R_3 /\!/ \cdots /\!/ R_n$。

式（1-20）称为分流公式，R/R_n 称为分流比。当两个电阻并联时，分流公式为

$$I_1 = \frac{R_2}{R_1 + R_2} I \qquad I_2 = \frac{R_1}{R_1 + R_2} I \tag{1-21}$$

九、基尔霍夫定律及应用

1. 基尔霍夫定律

基尔霍夫定律包括第一定律和第二定律。它和欧姆定律都是解决复杂电路的基本定律。

（1）基尔霍夫第一定律　基尔霍夫第一定律也称为节点电流定律（KCL）。此定律说明了连接在同一节点上的几条支路中电流之间的关系。其内容是：电路中任意一个节点上，流入节点的电流之和等于流出该节点的电流之和，即

$$\Sigma I_{入} = \Sigma I_{出} \tag{1-22}$$

如果规定流入节点的电流为正，流出节点的电流为负，那么基尔霍夫第一定律内容也可叙述为：电路中任意一个节点上，电流的代数和恒等于零，即

$$\Sigma I = 0 \tag{1-23}$$

基尔霍夫第一定律不仅适用于节点，也可推广应用于任意假定的封闭面。

例 1-1　在图 1-7 所示电路中，已知 $I_1 = 5\text{A}$，$I_3 = 3\text{A}$，求 I_4。

解：先任意假设未知电流 I_4 的参考方向，如图 1-7 所示。

由题意可知　　$I_2 = I_1 = 5\text{A}$

在节点 b 应用基尔霍夫第一定律。列出节点电流方程式

$$I_3 = I_2 + I_4$$

或　$$I_4 = I_3 - I_2 = 3\text{A} - 5\text{A} = -2\text{A}$$

电流 I_4 为负值，表示 I_4 的实际方向与参考方向相反。所以电流 I_4 的大小为 2A，实际方向应流进节点 b。

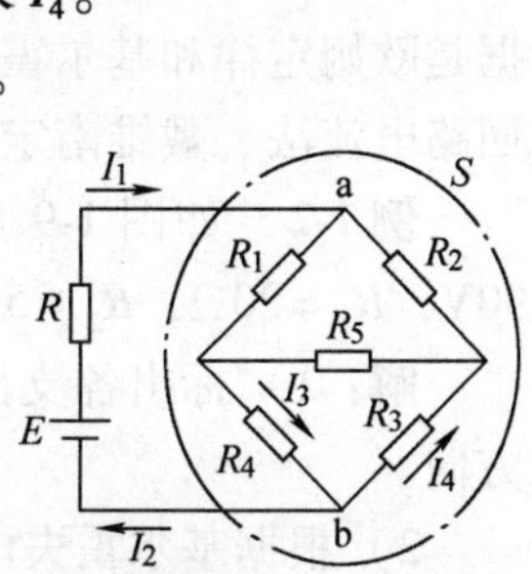

图 1-7　例 1-1 图

（2）基尔霍夫第二定律　基尔霍夫第二定律也称为回路电压定律（KVL）。此定律说明了回路中各部分电压之间的相互关系。其内容是：对于电路中的任一回

路，沿回路绕行方向的各段电压的代数和等于零。其表达式为

$$\Sigma U = 0$$

在图 1-8 中，各部分电压分别是

$$U_{ab} = I_3R_3$$

$$U_{bc} = E_2$$

$$U_{cd} = -I_2R_2$$

$$U_{de} = I_1R_1$$

$$U_{ea} = -E_1$$

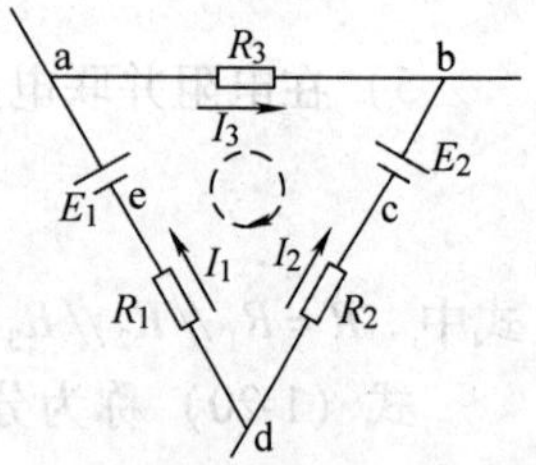

图 1-8 回路图

沿整个闭合回路的电压应为

$$U_{ab} + U_{bc} + U_{cd} + U_{de} + U_{ea} = 0$$

即 $$I_3R_3 + E_2 - I_2R_2 + I_1R_1 - E_1 = 0$$

将电动势移到等号右端，得

$$I_1R_1 - I_2R_2 + I_3R_3 = E_1 - E_2$$

基尔霍夫第二定律的内容又可叙述为：在任一闭合回路中，各个电阻上电压的代数和等于各个电动势的代数和，即

$$\Sigma IR = \Sigma E \quad (1\text{-}24)$$

应用基尔霍夫第二定律列回路电压方程时，通常采用 $\Sigma IR = \Sigma E$ 的形式，其步骤如下：

1）假设各支路电流的参考方向和回路的绕行方向。

2）将回路中全部电阻上的电压 IR 写在等式的一边，若通过电阻的电流方向与绕行方向一致，则该电阻上的电压取正，反之取负。

3）将回路中全部电动势写在等式的另一边，若电动势的方向（由负极指向正极）与绕行方向一致，则该电动势取正，反之取负。

2. 直流电路的计算

计算简单电路的依据是欧姆定律以及电路串并联的特点；计算复杂电路的依据是欧姆定律和基尔霍夫定律，计算复杂电路的方法有支路电流法、节点电压法、回路电流法、戴维南定理和叠加原理等。

例 1-2 如图 1-9 所示电路中，$E_1 = 140\text{V}$，$E_2 = 90\text{V}$，$R_1 = 20\Omega$，$R_2 = 5\Omega$，$R_3 = 6\Omega$，试求各支路电流。

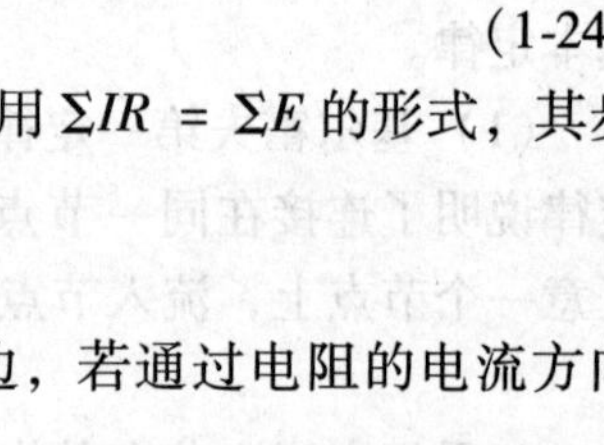

图 1-9 例 1-2 图

解：1）标出各支路电流的参考方向和回路绕行方向。

2）根据基尔霍夫电流定律列节点电流方程，即

$$I_1 + I_2 - I_3 = 0$$

3）根据基尔霍夫电压定律列回路电压方程，即

$$I_1R_1 + I_3R_3 = E_1$$

$$I_2R_2 + I_3R_3 = E_2$$

4）代入已知数解方程组，即

$$I_1 + I_2 - I_3 = 0$$
$$20I_1 + 6I_3 = 140$$
$$5I_2 + 6I_3 = 90$$

解得 $I_1 = 4\text{A}$ $I_2 = 6\text{A}$ $I_3 = 10\text{A}$

例 1-3 如图 1-10 所示，$E_1 = 4\text{V}$，$E_2 = 6\text{V}$，$E_3 = 8\text{V}$，$R_1 = 2\Omega$，$R_2 = 3\Omega$，$R_3 = R_4 = 4\Omega$，试用节点电压法求电压 U_{AO}和电流 I_{AO}。

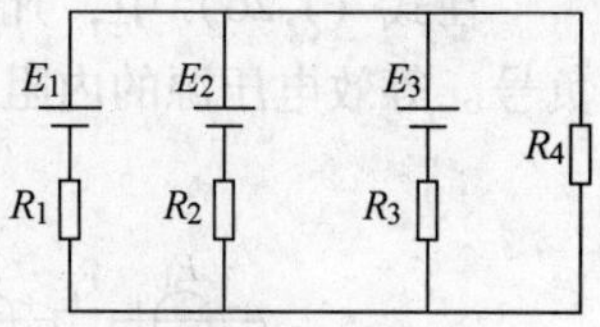

图 1-10 例 1-3 图

解：1）选定节点电压参考方向。

2）求节点电压 U_{AO}，即

$$U_{\text{AO}} = \frac{-\frac{4}{2} + \frac{6}{3} - \frac{8}{4}}{\frac{1}{2} + \frac{1}{3} + \frac{1}{4} + \frac{1}{4}}\text{V} = -1.5\text{V}$$

3）求支路电流 I_{AO}，即

$$I_{\text{AO}} = U_{\text{AO}}/4 = -1.5/4\text{A} = -0.375\text{A}$$

十、电压源、电流源及其等效变换

1. 电压源

用一个恒定电动势 E 与内阻串联表示电源称为电压源。电压源的符号如图 1-11a 或图 1-11b 所示。大多数电源，如干电池、蓄电池、发电机等都可以这样表示。

当电压源向负载 R 输出电压时，如图 1-11c 所示，电源的端电压 U 总是小于它的恒定电压 E。端电压 U 与输出电流 I 之间的关系为

$$U = E - Ir \tag{1-25}$$

式中 E、r 均为常数。

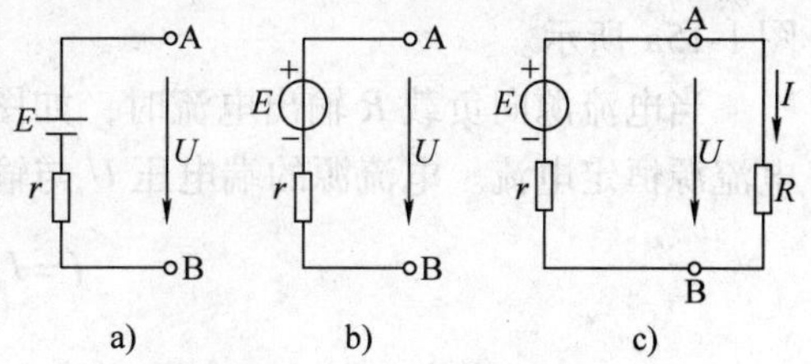

图 1-11 电压源的符号及输出

因此，随着 I 增加，内阻 r 上的电压降增大，输出电压就降低。故要求电压源的内阻越小越好。

如果内阻 $r=0$ 时，那么不管负载变动时输出电流 I 如何变化，电源始终输出恒定的电压 E，把内阻 $r=0$ 的电压源称为理想电压源，其符号如图 1-12 所示。在应用中，稳压电源、新电池或内阻 r 远小于负载电阻 R 的电源，都可看作是理想电压源。理想电压源的输出电压不随负载 R 变化，也不受输出电流的影响。实际上

理想电压源是不存在的，因为电源总是存在着内阻。

当 n 个电压源串联时，可以合并为一个等效电压源，如图 1-13 所示。等效电压源的 E，等于各个电压源的代数和，即

$$E = \sum_{k=1}^{n} E_k \tag{1-26}$$

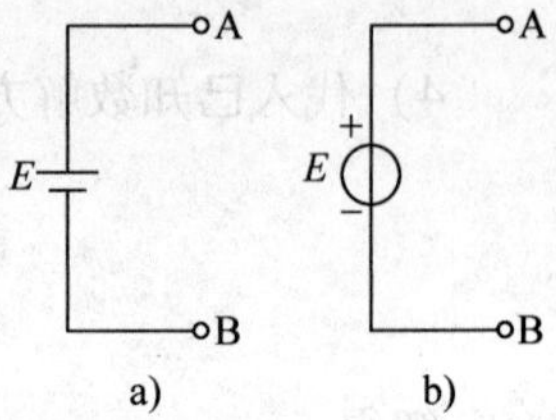

图 1-12　理想电压源符号

在式（1-26）中，凡方向与 E 相同的取正号，反之取负号。等效电压源的内阻等于各串联电压源内阻之和，即

$$r = r_1 + r_2 + \cdots + r_n \tag{1-27}$$

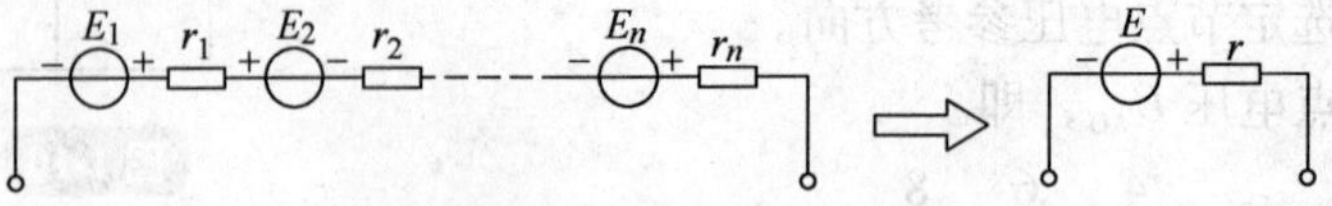

图 1-13　串联电压源合并

例 1-4　电路如图 1-14a 所示，求其等效电压源。

解：根据式（1-26）得

$$E = E_1 - E_2 = 15\text{V} - 6\text{V} = 9\text{V}$$

根据式（1-27）得

$$r = r_1 + r_2 = 3\Omega + 3\Omega = 6\Omega$$

等效电压源如图 1-14b 所示。

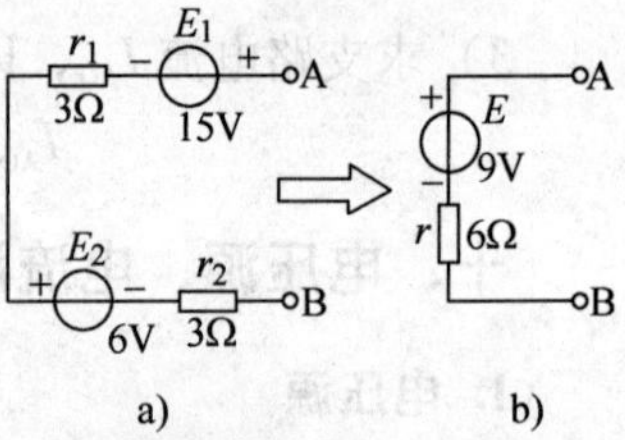

图 1-14　例 1-4 图

2. 电流源

用一个恒定电流 I_s 与内阻 r 并联表示的电源称为电流源，如图 1-15 所示。实际中的稳流电源、光电池、串励直流发电机等可看做是电流源。电流源的符号如图 1-15a 所示。

当电流源向负载 R 输出电流时，如图 1-16 所示。它所输出的电流 I 总是小于电流源恒定电流。电流源的端电压 U 与输出电流 I 的关系为

$$I = I_s - \frac{U}{r} \tag{1-28}$$

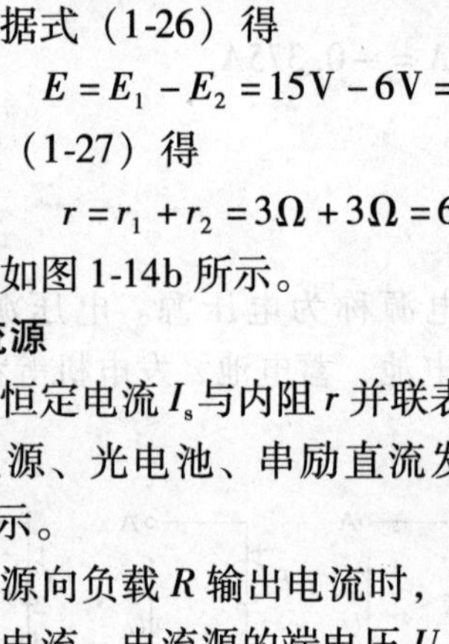

图 1-15　电流源符号

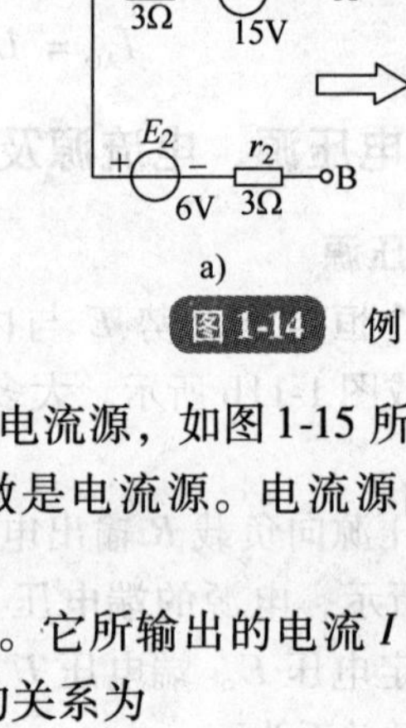

图 1-16　电流源的输出

由式（1-28）可知，电流源内阻 r 越大，则负载变化而引起的电流变化就越小。也就是说，电流源输出越稳定，I 越接近 I_s 值。

如果电流源内阻 r 为无穷大，则无论由负载变化引起的端电压如何变化，它所输出的电流都恒定不变，而且等于电流源的恒定电流 I_s，即 $I = I_s$。所以，内阻 $r \to \infty$ 的电流源称为理想电源，其符号如图 1-15b 所示。

理想电流源的端电压与负载电阻 R 的大小有关，即

$$U = IR = I_s R$$

可见，负载电阻 R 越大，U 也越大。实际上理想电流源是不存在的，因为电源内阻不可能无穷大。

当 n 个电流源并联时，可以合并为一个等效电流源。如图 1-17 所示，等效电流源的电流 I_s 等于各个电流源的电流的代数和，即

$$I_s = \sum_{k=1}^{n} I_{sk} \tag{1-29}$$

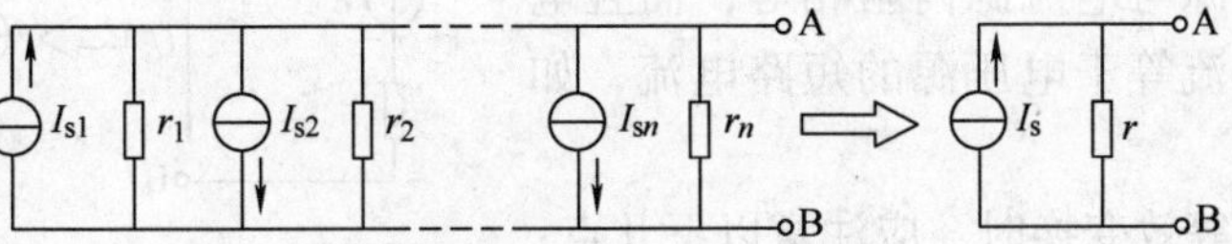

图 1-17 等效电流源

式中，凡参考方向与 I_s 相同的电流取正号，反之取负号。等效内阻的倒数等于各并联电流源内阻的倒数之和，即

$$\frac{1}{r} = \frac{1}{r_1} + \frac{1}{r_2} + \cdots + \frac{1}{r_n}$$

例 1-5 电路如图 1-18a 所示，求其等效电流源。

解：根据电流源等效公式得

$$I_s = I_{s1} - I_{s2} = 15\text{A} - 10\text{A} = 5\text{A}$$

根据电阻等效公式得

$$r = \frac{r_1 r_2}{r_1 + r_2} = \frac{3 \times 6}{3 + 6}\Omega = 2\Omega$$

等效电流源如图 1-18b 所示。

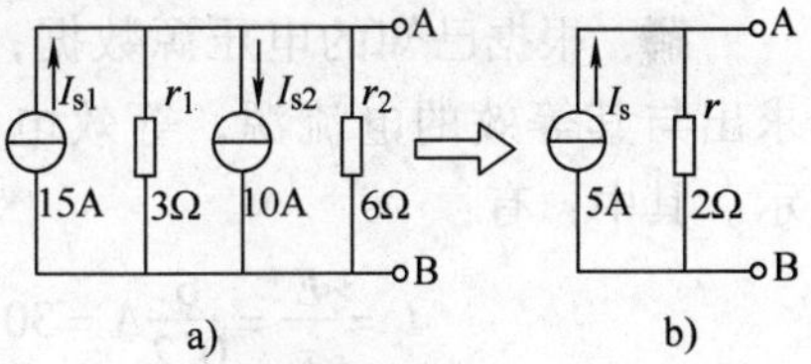

图 1-18 例 1-5 图

3. 实际电压源与电流源的等效变换

当一个电压源与一个电流源的外特性相同时，对外电路来说，这两个电源是等效的。也就是说，在满足一定条件下，两种电源之间能够实现等效变换。

由于电压源的 U 与 I 的关系式为

$$U = E - Ir$$

即

$$I = \frac{E}{r} - \frac{U}{r}$$

又由于电流源的 U 与 I 的关系式为

$$I = I_s - \frac{U}{r'} \tag{1-30}$$

为了保证电源外特性完全相同（即输出的电流、电压一样），等式右侧的两项必须对应相等，那么把电压源等效变换为电流源，则有：

$$\begin{cases} I_s = \dfrac{E}{r} \\ r' = r \end{cases} \tag{1-31}$$

如果把电流源等效变换为电压源，则有：

$$\begin{cases} E = I_s r' \\ r' = r \end{cases} \tag{1-32}$$

由此可见，电压源与电流源的等效变换条件是：电压源与电流源内阻相等，而且电流源的恒定电流等于电压源的短路电流，如图 1-19 所示。

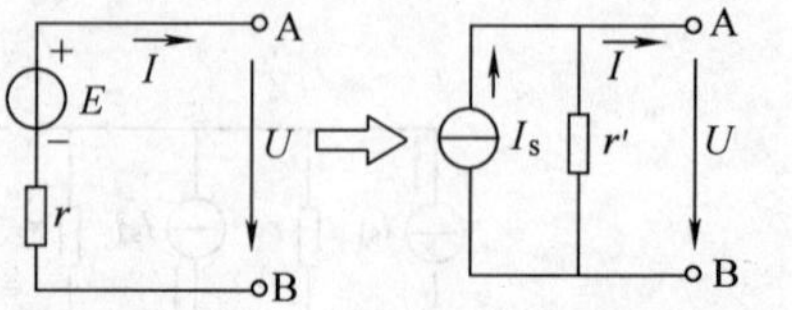

图 1-19　电压源与电流源的等效变换

两种电源等效变换时，应注意以下几点：

1）等效变换仅仅是对外电路而言，对于电源内部并不等效。

2）在变换过程中，电压源的电动势 E 的方向和电流源的电流 I_s 的方向必须保持一致，即电压源的正极与电流源输出电流的一端相对应。

3）理想电压源与理想电流源之间不能进行等效变换。

例 1-6　已知电压源 $E = 6\text{V}$，$r = 0.2\Omega$，求与其等效的电流源。

解：根据已知的电压源数据，利用等效公式可求出与其等效的电流源，等效电流源如图 1-20 所示。其中，有：

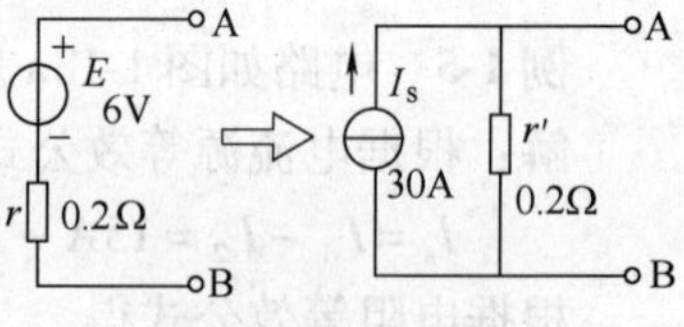

图 1-20　例 1-6 图

$$I_s = \frac{E}{r} = \frac{6}{0.2}\text{A} = 30\text{A}$$

$$r' = r = 0.2\Omega$$

例 1-7　求图 1-21a 中的电流 I。

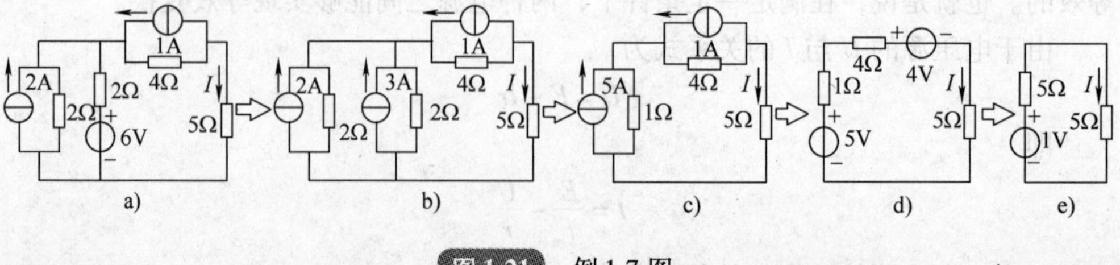

图 1-21　例 1-7 图

解：利用电源的等效变换，将图 1-21a 所示电路，逐步化简成图 1-21e 所示的单回路电路，从而求得电流为

$$I = \frac{1}{5+5}\text{A} = 0.1\text{A}$$

十一、叠加原理

电路的参数不随外加电压及通过其中的电流而变化，即电压和电流成正比的电路，叫作线性电路。叠加原理是反映线性电路基本性质的一个重要原理。其内容是：在线性电路中，任一支路中的电流（或电压）等于各个电源单独作用时，在此支路中所产生的电流（或电压）的代数和。

例 1-8　用叠加原理求图 1-22a 所示电路中各支路电流和负载两端的电压，其中 $E_1 = 140\text{V}$，$E_2 = 90\text{V}$，$R_1 = 20\Omega$，$R_2 = 5\Omega$，$R_3 = 6\Omega$。

解：1）假定待求各支路的电流的参考方向如图 1-22a 所示。图中 I_1、I_2、I_3 为待求支路电流，U_{AB} 为待求负载电压。

2）求 E_1 单独作用时的各支路电流 I'_1、I'_2、I'_3 和负载电压 U'_{AB}，如图 1-22b 所示。由于这时只有一个电动势作用，各电流的实际方向是容易判定的，可以利用简单电路的计算方法来计算。

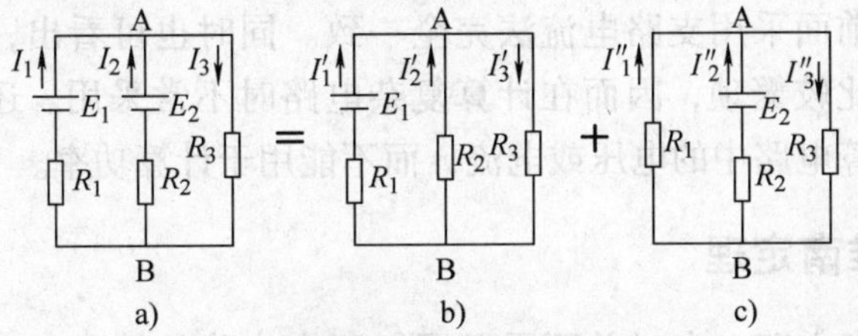

图 1-22　例 1-8 图

$$R' = r_1 + \frac{r_2 R_3}{r_2 + R_3} = 0.3882\Omega$$

$$I'_1 = \frac{E_1}{R'} = \frac{7}{0.3882}\text{A} = 18.03\text{A}$$

$$U'_{AB} = I'_1 \frac{r_2 R_3}{r_2 + R_3} = 18.03 \times 0.1882\text{V} = 3.393\text{V}$$

$$I'_2 = \frac{U'_{AB}}{r_2} = \frac{3.393}{3.2}\text{A} = 16.97\text{A}$$

$$I'_3 = \frac{U'_{AB}}{R_3} = \frac{3.393}{3.2}\text{A} = 1.0603\text{A}$$

3）求 E_2 单独作用的各支路电流 I''_1、I''_2、I''_3 和负载电压 U''_{AB}，如图 1-22c 所示。

其计算方法与 E_1 单独作用时的计算方法相同。

$$R'' = r_2 + \frac{r_1 R_3}{r_1 + R_3} = 0.3882\Omega$$

$$I_2'' = \frac{E_2}{R''} = \frac{6.2}{0.3882}\text{A} = 15.97\text{A}$$

$$U_{AB}'' = I_2''\frac{r_1 R_3}{r_1 + R_3} = 15.97 \times 0.1882\text{V} = 3.006\text{V}$$

$$I_1'' = \frac{U_{AB}''}{r_1} = \frac{3.006}{0.2}\text{A} = 15.3\text{A}$$

$$I_3'' = \frac{U_{AB}''}{R_3} = \frac{3.006}{3.2}\text{A} = 0.9394\text{A}$$

4）将每一支路的电流或电压分别进行叠加。凡是与原电路中假定的电流（或电压）方向相同的为正，反之为负。这样，待求的各支路电流和负载电压分别为

$$I_1 = I_1' - I_1'' = 18.03\text{A} - 15.03\text{A} = 3\text{A}$$

$$I_2 = -I_2' + I_2'' = -16.97\text{A} + 15.97\text{A} = -1\text{A}$$

$$I_3 = I_3' + I_3'' = 1.0603\text{A} + 0.9394\text{A} = 2\text{A}$$

$$U_{AB} = U_{AB}' + U_{AB}'' = 3.393\text{V} + 3.006\text{V} = 6.4\text{V}$$

计算结果与前面采用支路电流法完全一致。同时也可看出，这一方法虽然可行，但计算过程比较繁琐，因而在计算复杂电路时不常采用。还应该指出，运用叠加原理只能计算电路中的电压或电流，而不能用于计算功率。

十二、戴维南定理

对于一个复杂电路，有时并不需要了解所有支路的情况，而只要求出其中某一支路的电流，这时采用戴维南定理计算较为简便。

在介绍戴维南定理之前先介绍一下二端网络。任何具有两个出线端的部分电路都称为二端网络。含有电源的二端网络称为含源二端网络或有源二端网络，否则叫作无源二端网络。在图 1-23a 中，点画线框内的部分就是一个含源二端网络，经常可以把它画成图 1-23b 的一般形式。

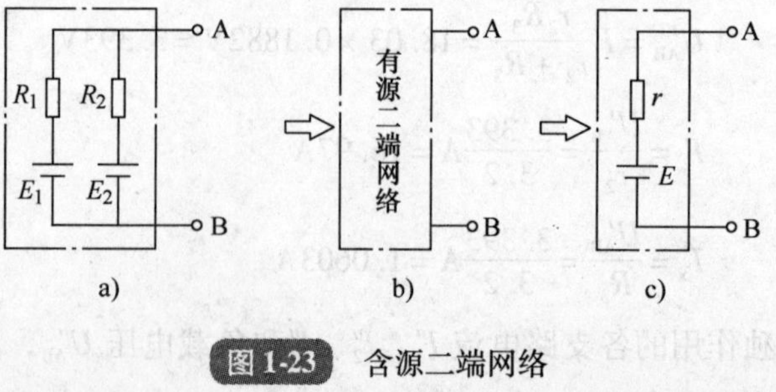

图 1-23 含源二端网络

戴维南定理内容：任何一个含源线性二端网络都可以用一个等效电源来代替，这个等效电源的电动势 E 等于该网络的开路电压 U_0，内阻 r 等于该网络内所有电源不作用，仅保留其内阻时，网络两端的输入电阻（等效电阻）R_i。

根据戴维南定理，图 1-23b 可画成图 1-23c。如果图 1-23a 的 A、B 两端接有电阻 R，用戴维定理求 R 支路电流的步骤如下：

1）把电路分为待求支路和含源二端网络两部分。

2）断开待求支路，求出含源二端网络开路电压 U_0，即为等效电源的电动势 E。

3）将网络内各电源置零（即将电压源短路，电流源开路），仅保留电源内阻，求出网络两端的输入电阻 R_i，即为等效电源的内阻 r。

4）画出含源二端网络的等效电路，然后接入待求支路，则待求支路的电流为

$$I=\frac{E}{r+R}=\frac{U_0}{R_i+R} \tag{1-33}$$

例 1-9　在图 1-24a 所示电路中，已知 $E_1=7\text{V}$，$R_1=0.2\Omega$，$E_2=6.2\text{V}$，$R_2=0.2\Omega$，负载电阻 $R_3=3.2\Omega$。求 R_3支路的电流。

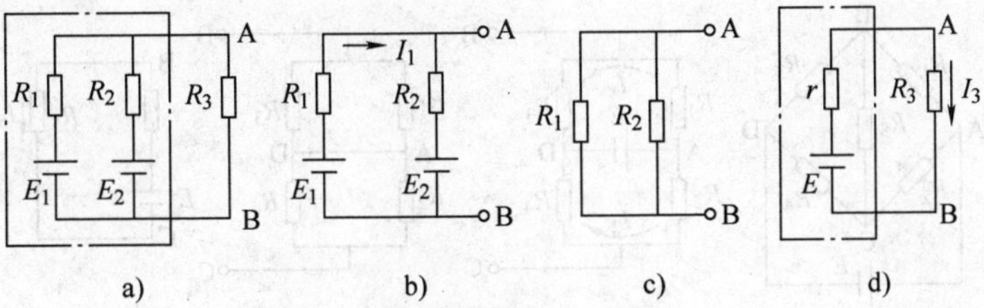

图 1-24　例 1-9 图

解：1）把电路分成两部分，点画线框内为含源二端网络（见图 1-24a）。

2）断开待求支路（见图 1-24b），计算开路电压 U_0，即为等效电源的电动势 E。

$$E=U_0=E_2+I_2R_2=6.2\text{V}+\frac{7-6.2}{0.2+0.2}\times0.2\text{V}=6.6\text{V}$$

$$\text{或}\quad E=U_0=E_1-I_1R_1=7\text{V}-\frac{7-6.2}{0.2+0.2}\times0.2\text{V}=6.6\text{V}$$

3）将有源二端网络中各电源置零，成为无源二端网络（见图 1-24c），计算输入电阻 R_i，即为等效电源的内阻 r。

$$r=R_i=R_1/\!/R_2=0.1\Omega$$

4）画出含源二端网络的等效电路并接上待求支路 R_3，如图 1-24d 所示，则 R_3 支路电流为

$$I_3=\frac{E}{r+R_3}=\frac{U_0}{r+R_3}=\frac{6.6}{0.1+3.2}\text{A}=2\text{A}$$

例 1-10　在图 1-25a 所示的桥式电路中，已知 $R_1 = R_2 = R_4 = R_5 = 5\Omega$，$R_3 = 10\Omega$，$E = 6.5V$，求 R_5所在支路的电流。

解：断开 R_5 所在支路，求开路电压 U_0和输入端电阻 R_i（见图 1-25b 和图 1-25c）。

$$U_{BD} = E\frac{R_3}{R_1 + R_3} = 6.5 \times \frac{10}{5+10}V = 4.33V$$

$$U_{CD} = E\frac{R_4}{R_2 + R_4} = 6.5 \times \frac{5}{5+5}V = 3.25V$$

$$U_0 = U_{BC} = U_{BD} + U_{DC} = U_{BD} - U_{CD} = 4.33V - 3.25V = 1.08V$$

$$R_i = (R_1 /\!/ R_3) + (R_2 /\!/ R_4) = \frac{5 \times 10}{5+10}\Omega + \frac{5}{2}\Omega = 5.83\Omega$$

画出等效电路，如图 1-25d 所示。要注意，若 U_{BC}为正，等效电动势的正极应画在 B 端。若 U_{BC}为负，则等效电动势的正极应画在 C 端。画好等效电路后接入 R_5，求出电流 I_5，即

$$I_5 = \frac{E}{r + R_5} = \frac{U_{BC}}{R_i + R_5} = \frac{1.08}{5.83 + 5}A = 0.1A$$

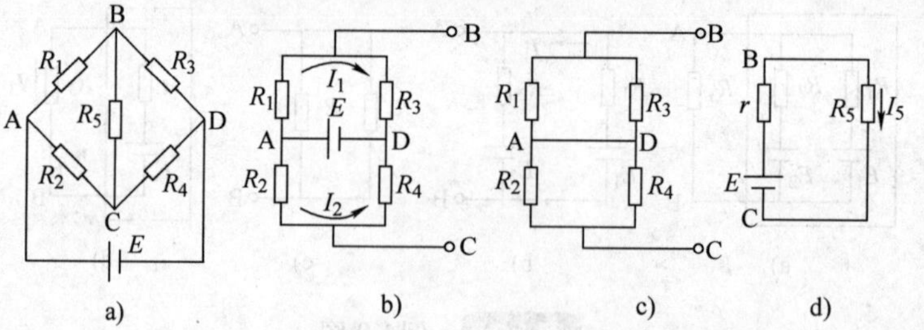

图 1-25　例 1-10 图

第二节　磁的基本知识

一、磁的基本概念

1. 磁体与磁极

人们把具有吸引铁、镍、钴等物质的性质称为磁性。具有磁性的物体叫作磁体。使原来不带磁性的物体具有磁性的过程叫作磁化。天然存在的磁铁（磁铁矿）叫作天然磁铁；现在我们常见的各式磁铁几乎都是人造的，叫作人造磁铁。常见的人造磁铁有条形、蹄形和针形等几种，如图 1-26 所示。

磁铁两端磁性最强的区域叫作磁极。若将实验用的磁针转动，待静止时会发现它停止在南北方向上，如图 1-26 所示。指北的一端叫作指北极，简称北极，用

N 表示；指南的一端叫作指南极，简称南极，用 S 表示。

与电荷间的相互作用力相似，磁极间也具有相互作用力，即同名极相排斥，异名极相吸引，如图 1-27 所示。磁极间的这种相互作用力也叫作磁力。

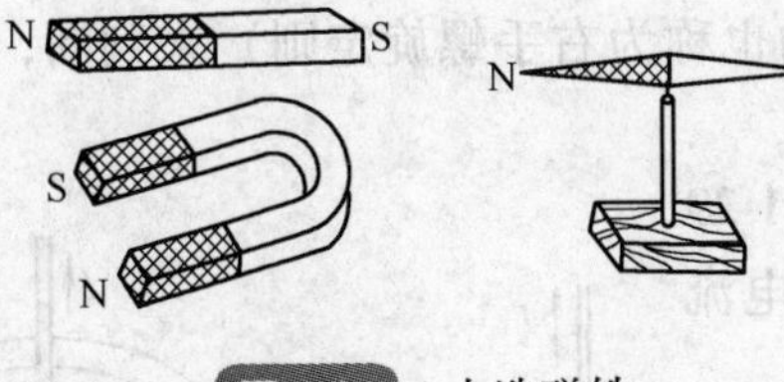

图 1-26　人造磁铁

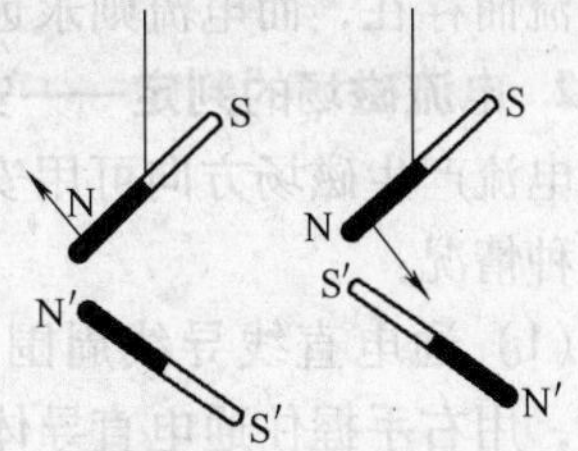

图 1-27　磁体相互作用

磁极是不可分割的，N 极和 S 极总是成对出现的。

2. 磁场与磁力线

磁体周围存在的磁力作用的空间称为磁场。互不接触的磁体之间具有的相互作用力，就是通过磁场这一特殊物质进行传递的。磁场和电场都是一种特殊物质，它们之所以被认为特殊，就是因为它们不是由分子和原子所组成的。

磁场和电场同样是有方向的。在磁场中某一点放一个能自由转动的小磁针，静止时 N 极所指的方向，规定为该点的磁场方向。

为了形象地描述磁场而引出了磁力线这一概念，规定在磁力线上每一点的切线方向表示该点的磁场方向。

磁力线可以用实验的方法形象地表示出来。如在条形磁体上放一块玻璃或纸板，撒上一些铁屑并轻敲，铁屑便会有规则地排列。如图 1-28a 所示的线条形状，这些线条就显示出条形磁体的磁力线分布情况。

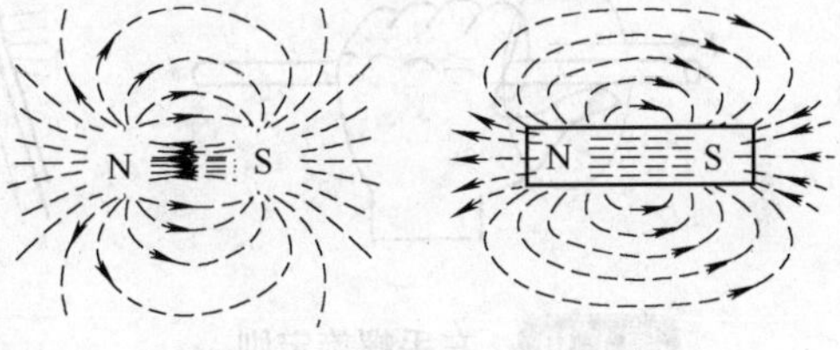

a)　　b)

图 1-28　磁力线

磁力线具有以下几个特征：

1）磁力线是互不交叉的闭合曲线。在磁体外部由 N 极指向 S 极，在磁体内部由 S 极指向 N 极，如图 1-28b 所示。

2）磁力线上任意一点的切线方向，是该点的磁场方向。

3）磁力线的疏密程度反映了磁场的强弱。磁力线越密表示磁场越强，越疏表示磁场越弱。

二、电流的磁场

1. 电流产生磁场

丹麦物理学家奥斯特于 1820 年发现电流周围存在着磁场。同时，近代科学研究又进一步证明，产生磁场的根本原因是电流。即使是永久磁铁的磁场也是由分子电流所产生的。所谓分子电流，是由原子内的电子绕原子核高速旋转和电子自转所形成的。由此可见，电流和磁场之间有着不可分割的联系，即磁场总是伴随着电流而存在，而电流则永远被磁场所包围。

2. 电流磁场的判定——安培定则

电流产生磁场方向可用安培定则（有的也称为右手螺旋定则）来判断，一般分两种情况：

（1）通电直线导线周围的磁场　如图 1-29 所示，用右手握住通电直导体，让拇指指向电流方向，则弯曲四指的指向就是磁场方向。

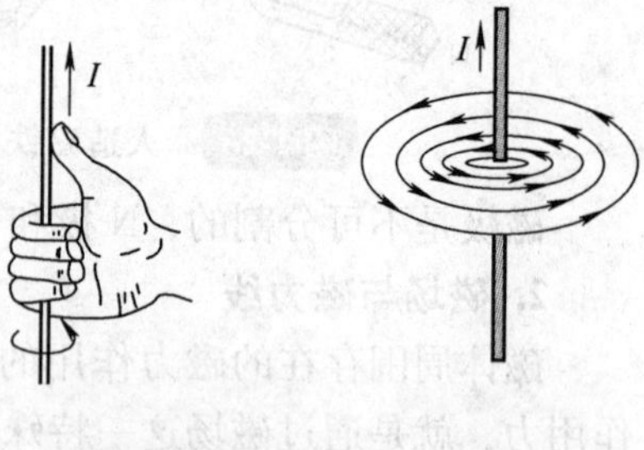

图 1-29　通电直导线磁场

（2）通电螺线管的磁场　通电螺线管表现出来的磁性类似条形磁铁，一端相当于 N 极，另一端相当于 S 极，如果改变电流方向，它的 N 极、S 极随之改变。通电螺线管的磁力线，是一些穿过线圈横截面的闭合曲线，它的方向与电流之间的关系也可以用安培定则来判定（右手螺旋定则见图 1-30）。如图 1-31 所示，用右手握住线管，弯曲四指指向线圈电流方向，则拇指方向就是磁场方向。

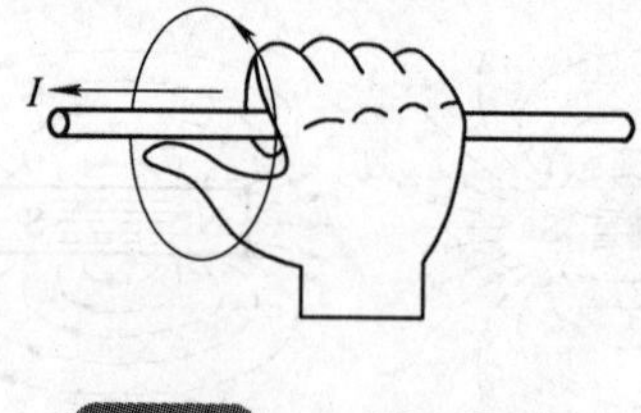

图 1-30　右手螺旋定则

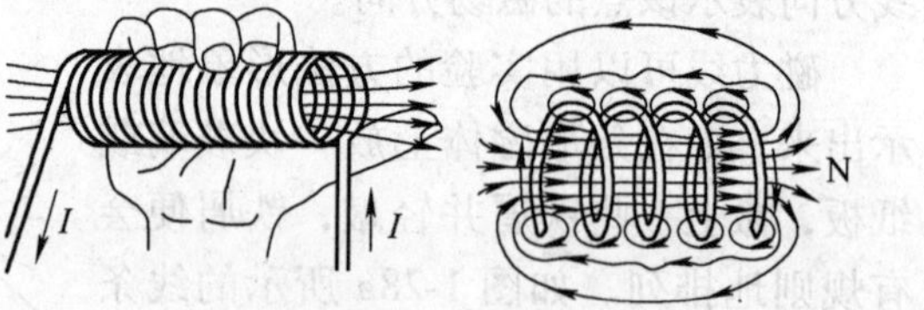

图 1-31　螺线管磁场

三、磁场的基本物理量

1. 磁通

为了表示磁场在空间的分布情况，可以用磁力线多少和疏密程度来描述，但它只能定性分析。为此引入了磁通这一物理量来定量描述磁场在一定面积上的分布情况。

通过与磁场方向垂直的某一面积上的磁力线的总数，叫作通过该面积的磁通量，简称磁通，用字母 Φ 表示。它的单位是韦伯（Wb），简称韦。工程上原来常用比韦小的单位麦克斯韦（Mx）表示，简称麦。它们之间的关系为

$$1\text{Wb} = 10^8\text{Mx}$$

当面积一定时，通过该面积的磁通越多，磁场越强。这一点在工程上有极其

重要的意义，如：变压器、电磁铁提高效率的重要因素之一就是减小漏磁通，也就是希望全部磁力线尽可能多的通过铁心的截面积，以减少漏磁损耗，提高效率。

2. 磁感应强度

为了研究磁场中各点的强弱和方向，我们引入了磁感应强度这一物理量，用字母 B 来表示。

垂直通过单位面积的磁力线的数目，叫作该点的磁感应强度（简称磁感应）。在均匀磁场中，磁感应强度可表示为

$$B=\frac{\Phi}{S} \tag{1-34}$$

式（1-34）表明磁感应强度 B 等于单位面积的磁通量。如果通过单位面积的磁通越多，则磁力线越密，磁场越强，所以，有时磁感应强度也叫作磁通密度。当磁通的单位为韦伯（Wb），面积的单位为 m^2，那么磁感应强度 B 的单位是 Wb/m^2，称为特斯拉，简称特（T）；如果磁通的单位为麦克斯韦（Mx），面积的单位为 cm^2，则磁感应强度的单位叫作高斯（Gs），简称高。它们之间的关系为

$$1T=10^4Gs$$

磁感应强度不但表示了磁场中某点的强弱，而且还表示了该点磁场的方向。因此，磁感应强度是个矢量。磁力线上某点的切线方向，就是该点磁感应强度的方向。磁感应强度的大小可以用高斯计进行测量。

对于磁场中某一固定点来说，磁感应强度 B 是个常数，而对磁场中位置不同的各点，B 可能不相同。因此，用 B 的大小、方向可以描述磁场中各点的性质。

若磁场中各点的磁感应强度的大小和方向相同时，这种磁场就称为均匀磁场。在均匀磁场中，磁力线是等距离的平等直线，如图 1-32 所示。

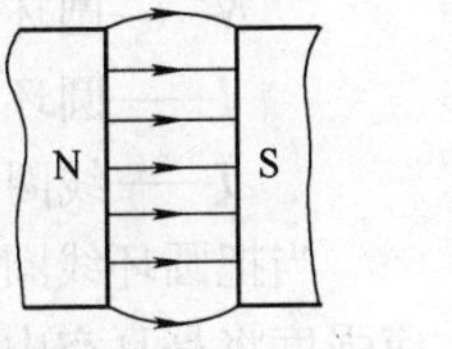

图 1-32 均匀磁场

为了在平面上表示出立体图，常用符号“×”与“·”表示电流、磁力线或磁感应强度垂直进入纸面和垂直从纸面出来。

3. 磁导率

为了表征物质的导磁性能，我们引入了磁导率这个物理量，以字母“μ”表示，其单位是亨利/米。由实验测得真空中的磁导率 $\mu_0=4\pi\times10^{-7}$ H/m，且为一常数。

世界上大多数物质对磁场的影响甚微，只有少数物质对磁场有着明显的影响。为了比较物质的导磁性能，我们把任一物质的磁导率与真空中磁导率的比值称作相对磁导率，用 μ_r 表示，则

$$\mu_r=\frac{\mu}{\mu_0} \tag{1-35}$$

式中 μ_r——相对磁导率；

μ——任一物质磁导率（H/m）；

μ_0—— 真空磁导率（$\mu_0 = 4\pi \times 10^{-7}$H/m）。

相对磁导率只是一个比值，无单位。它表明在其他条件相同情况下，媒介质中的磁感应强度是真空中的多少倍。

根据物质的磁导率不同，可把物质分成三类。一类叫作顺磁物质，如空气、铝、铬、铂等，其μ_r稍大于1。另一类叫作反磁物质，如氢、铜等，其μ_r稍小于1。顺磁物质与反磁物质一般被称为非磁性材料。还有一类叫作铁磁物质，如铁、镍、钴及其合金等，由于它们的相对磁导率μ_r远大于1，往往比真空中产生的磁场要强几千倍甚至几万倍以上。例如：硅钢片的相对磁导率μ_r为7500左右，而坡莫合金的相对磁导率则高达几万到十万以上。因此，铁磁物质被广泛地应用在电工技术方面（如制作变压器、继电器、电磁铁、电机等电器的铁心）。

4. 磁场强度

若将图1-33中的圆环线圈置于真空中（环内不放任何导磁材料），那么此通电线圈的磁感应强度的大小将与圆环的周长、线圈的匝数以及电流强度有关。实验证明，它们之间的关系为

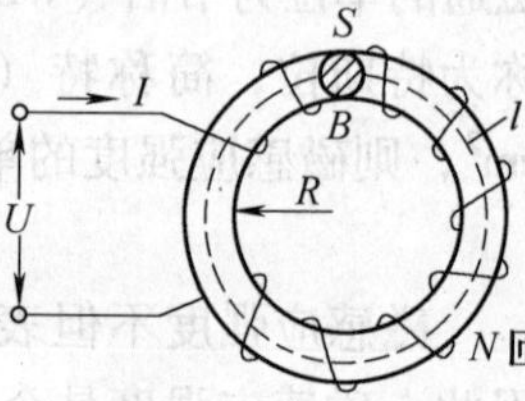

图1-33 圆环线圈

$$B_0 = \mu_0 \frac{NI}{l} \tag{1-36}$$

式中 B_0——通电线圈在真空中的磁感应强度（T）；

μ_0——真空的磁导率（H/m）；

N——圆环线圈的匝数；

l——圆环的平均长度（m）；

I——线圈中的电流（A）。

当把圆环线圈从真空中取出，并在其中填入相对磁导率为μ_r的媒介质，则感应强度将是真空中的μ_r倍，即

$$B = \mu_r \mu_0 \frac{NI}{l} \approx \mu \frac{NI}{l} \tag{1-37}$$

由式（1-37）可以看出，不同的媒介质有不同的磁感应强度B，这样在计算磁场时比较复杂，为了计算方便，引入了磁场强度。

定义磁场中某点的磁感应强度B与媒介质的磁导率μ的比值，叫作该点的磁场强度，用“H”表示，即

$$H = \frac{B}{\mu}$$

$$H = \frac{B}{\mu} = \mu \frac{NI}{\mu l} = \frac{NI}{l} \tag{1-38}$$

式中 H——磁场强度（A/m）。

式（1-38）表明，磁场强度的数值只与电流的大小及导线的形状有关，而与

磁场媒介质的磁导率无关，这给工程计算带来了很大方便。

磁场强度也是一个矢量，在均匀媒介质中，它的方向和磁感应强度的方向一致。

四、磁场对载流导体的作用

1. 磁场对载流直导体的作用

如图 1-34 所示，在蹄形磁铁中间悬挂一根直导体，并使导体垂直于磁力线。当导体中未通电时，导体不会运动。如果接通电源，使导体流过如图 1-34 所示的电流时，导体立即会向磁铁外运动。若改变导体电流方向或磁极极性，则导体会向相反方向运动。我们把载流导体在磁场中所受的作用力称为电磁作用力，简称电磁力，用 F 表示。实验还证明，电磁力 F 的大小与导体电流大小成正比，与导体在磁场中有效长度及载流导体所在位置的磁感应强度成正比，即

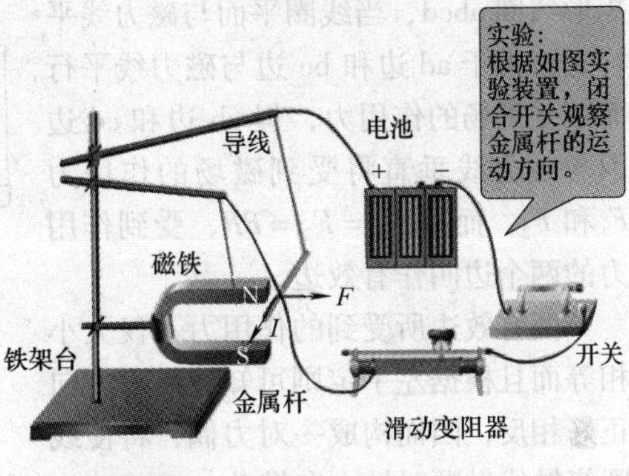

图 1-34　磁场对载流直导体的作用

$$F = BIl \tag{1-39}$$

式中　B——均匀磁场的磁感应强度（T）；

I——导体中的电流强度（A）；

l——导体在磁场中的有效长度（m）；

F——导体受到的电磁力（N）。

实验还得出：当导体垂直于磁感应强度的方向放置时，导体所受到的电磁力最大；平行放置时不受力；若直导体与磁感应强度方向成 α 角时（见图 1-35），则可将导体分解成与 B 垂直的分量 l_L，也就是 α 角时的有效长度，即

$$l_L = l\sin\alpha$$

$$F = BIl\sin\alpha \tag{1-40}$$

载流直导体在磁场中的受力方向可以用左手定则来判别，如图 1-36 所示。

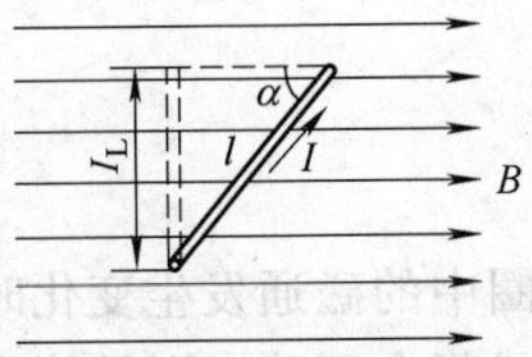

图 1-35　直导体的作用在磁场中受力

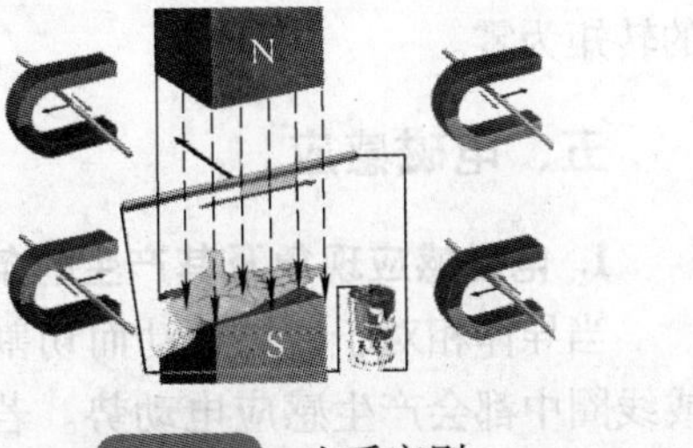

图 1-36　左手定则

左手定则的内容是：将左手伸平，拇指与四指垂直并在一个平面上，让磁力线垂直穿过手心，四指指向电流方向，则拇指所指方向就是导体受力方向。

若电流方向与磁力线方向不是垂直的，则可将电流 I 的垂直分量分解出来，然后再用左手定则来判定作用力方向。

2. 磁场对通电线圈的作用

（1）通电线圈在磁场中受力转动　如图 1-37a 所示，在均匀磁场中放置一通电矩形线圈 abcd，当线圈平面与磁力线平行时，由于 ad 边和 bc 边与磁力线平行而不受磁场的作用力，但 ab 边和 cd 边因与磁力线垂直将受到磁场的作用力 F_1 和 F_2，而且 $F_1 = F_2 = BIl$，受到作用力的两个边叫作有效边。

两有效边所受到的作用力不仅大小相等而且根据左手定则可知，受力方向正好相反，因而构成一对力偶，将使线圈绕轴线做顺时针方向转动。

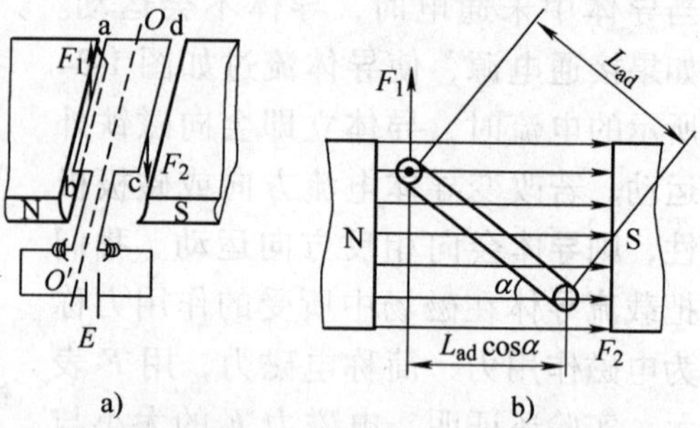

图 1-37　磁场对通电线圈的作用

（2）通电线圈在磁场中的转矩　图 1-37 中，设 $ab = cd = l_1$，$ad = bc = l_2$，ab 边和 cd 边所受到的作用力分别为 F_1 和 F_2。故此时的转矩为

$$M = F_1 l_2 = BIl_1 l_2 = BIS \tag{1-41}$$

式中　B——均匀磁场的磁感应强度（T）；

I——线圈中的电流（A）；

S——线圈的面积（$S = l_1 l_2$）（m^2）。

如图 1-37b 所示，若线圈在转矩 M 的作用下顺时针方向旋转，当线圈平面与磁力线的夹角为 α 时，则线圈的转矩为

$$M = BIS\cos\alpha$$

式（1-41）为单匝线圈的转矩表示式。如果矩形线圈由 N 匝绕制，则转矩为

$$M = NBIS\cos\alpha \tag{1-42}$$

由式（1-42）可知：当线圈平面与磁力线平行时，$\alpha = 0°$，$\cos 0° = 1$，这时转矩达到最大值，$M = BIS$。当线圈平面与磁力线垂直时，$\alpha = 90°$，$\cos 90° = 0$，这时的转矩为零。

五、电磁感应

1. 电磁感应现象及其产生的条件

当导体相对于磁场运动而切割磁力线或者线圈中的磁通发生变化时，在导体或线圈中都会产生感应电动势。若导体或线圈构成闭合回路，则导体或线圈中将有电流流过。我们把这种由于磁通变化而在导体或线圈中产生感应电动势的现象

称为电磁感应。由电磁感应产生的电动势称为感应电动势（感生电动势）。由感应电动势引起的电流叫作感应电流或感生电流。

产生电磁感应的条件是穿越线圈回路的磁通必须发生变化。

2. 法拉第电磁感应定律

感应电动势的大小与哪些因素有关呢？通过实验会发现：当条形磁铁插入或拔出线圈的速度不同时，检流计指针偏转的角度也不一样大。当插入或拔出的速度快时，检流计指针偏转角度大；插入或拔出的速度慢时，检流计指针偏转角度较小。这说明，当磁铁插入或拔出的速度越快，即线圈中磁通变化越快时，线圈中产生的感应电动势也越大。

上述实验现象总结为：线圈中感应电动势的大小与穿越同一线圈的磁通变化率（即磁通变化快慢）成正比，这一规律叫作法拉第电磁感应定律。

设：Δt 通过线圈的磁通量为 $\Delta\Phi$，则单匝线圈中产生的感应电动势的大小为

$$|e| = \left|\frac{\Delta\Phi}{\Delta t}\right|$$

对于 N 匝线圈，其感应电动势为

$$|e| = \left|N\frac{\Delta\Phi}{\Delta t}\right| \tag{1-43}$$

式中　e——在 Δt 时间内产生的感应电动势（V）；

N——线圈的匝数；

$\Delta\Phi$——线圈中磁通变化量（Wb）；

Δt——磁通变化 $\Delta\Phi$ 所需的时间（s）。

式（1-43）表明，线圈中感应电动势的大小，取决于线圈中磁通的变化速率，而与线圈本身的大小无关。如果 $\frac{\Delta\Phi}{\Delta t}=0$ 则 $e=0$；$\frac{\Delta\Phi}{\Delta t}\neq 0$ 则 $e\neq 0$；$\frac{\Delta\Phi}{\Delta t}$ 越大，则 e 越大。若 $\frac{\Delta\Phi}{\Delta t}=0$ 时，即使线圈中磁通变大，也不会产生感生电动势。

对于在磁场中切割磁力线的直导体来说，依据式 $|e| = \left|N\frac{\Delta\Phi}{\Delta t}\right|$ 可推出计算感应电动势的基本公式为

$$e = Blv\sin\alpha \tag{1-44}$$

式中　B——磁场中的磁感应强度（Wb/m^2）；

l——导体在磁场中的有效长度（m）；

v——导体在磁场中的运动速度（m/s）；

α——导体运动方向与磁力线的夹角。

当 $\alpha=0°$ 时，即导体运动方向与磁力线平行，则 $e=0V$，当 $\alpha=90°$ 时，即导体垂直于磁力线运动，则 $e=Blv$（最大）。

3. 楞次定律

法拉第电磁感应定律可以计算感应电动势的大小，那么感应电动势的方向又该如何确定呢？俄国物理学家楞次经过大量实验，于 1834 年发现：感应电流的磁通总是阻碍原有磁通的变化。也就是说，当线圈中的磁通增加时，感应电流就要产生与它方向相反的磁通去阻碍它的增加；当线圈中的磁通减少时，感应电流就要产生与它方向相同的磁通去阻碍它的减少。确定感应电势和感应电流方向的这一重要规律，称为楞次定律。因而，感应电动势的大小和方向可定量地表示为

$$e = -N\frac{\Delta \Phi}{\Delta t} \tag{1-45}$$

由于楞次定律在理解时比较抽象，所以总结出用楞次定律判断感应电动势或感应电流方向的具体方法是：

1）明确原磁场的方向。

2）分析原磁通的方向及其变化趋势（是增加还是减少）。

3）根据楞次定律确定感生电流产生磁通方向。如果原有磁通的趋势是增加的，则感生磁通与原有磁通方向相反；反之，原有磁通的变化趋势是减少的，则感生磁通与原有磁通方向相同（增反减同）。

4）根据感生磁通方向，应用安培定则（也称为右手螺旋定则）判断出线圈中感应电动势或感应电流的方向。

应该注意的是：判断时必须把产生感应电动势的线圈或导体看作电源。

4. 右手定则

直导体中感应电动势的方向，也可用楞次定律来判定。但是用右手定则判定更为简便，所以通常都采用这种方法。用右手定则判别的具体方法如图 1-38 所示。

右手定则：伸平右手，拇指与其余四指垂直，让磁力线垂直穿过手心，拇指指向导体运动方向，则四指的方向便是感应电动势方向或感应电流方向。

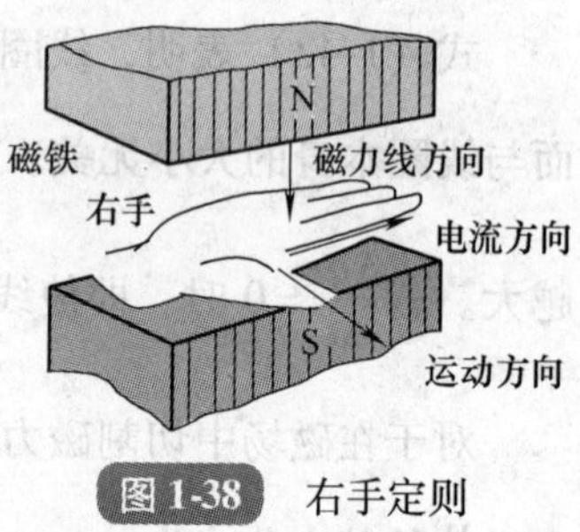

图 1-38　右手定则

5. 自感与互感

（1）自感　我们把这种由于流过线圈本身的电流发生变化而引起的电磁感应叫作自感应，简称自感。由自感现象产生的电动势称为自感电动势，用 e_L 表示。

1）自感系数。当一个线圈通过变化的电流后，这个电流产生的磁场使该线圈每匝具有的磁通 Φ 叫作自感磁通。使 N 个线圈具有的磁通叫作自感磁链，用字母 Ψ 表示，则

$$\Psi = N\Phi$$

把线圈中通过单位电流所产生的自感磁链称为自感系数，也称为电感量，简称电感。用 L 表示，即

$$L=\frac{\Psi}{i} \tag{1-46}$$

式中 Ψ——由自身线圈的电流所产生的自感磁链（Wb）；

i——流过线圈的电流（A）；

L——线圈的电感量（H）。

电感量是衡量线圈通过单位电流时能够产生自感磁链本领的物理量。当线圈通过1A的电流能够产生1Wb的自感磁链，则该线圈的电感量就是1亨利，简称亨，用字母H表示。在实际使用中，一般线圈具有的电感量都比较小，因而常采用比亨小的单位，如毫亨（mH）、微亨（μH）。它们之间的换算关系是

$$1\text{H}=1\times10^3\text{mH}\quad 1\text{mH}=1\times10^3\mu\text{H}$$

电感量L是线圈的固有参数，它的大小决定于线圈的几何尺寸以及线圈中介质的磁导率μ。如果介质的磁导率μ恒定不变，这样的电感叫作线性电感。如空心线圈的电感就是线性电感。因为空心线圈中媒介质是空气，而空气的磁导率μ是恒定不变的；反之，则称为非线性电感。如铁心线圈的电感就是非线性电感，因为铁心的磁导率μ不是常数。

2）自感电动势的大小。自感是电磁感应的形式之一。根据电磁感应定律，对于一个线性电感，N匝线圈的感应电动势为

$$|e|=\left|\frac{\Delta\Psi}{\Delta t}\right| \tag{1-47}$$

式中，e——在Δt时间内产生的感应电动势（V）；

$\Delta\Psi$——N匝线圈中磁通变化量（Wb）；

Δt——磁通变化时间（s）。

将$\Psi=Li$代入式（1-47），可得自感电动势e_L的表示式为

$$|e_L|=\left|L\frac{\Delta i}{\Delta t}\right| \tag{1-48}$$

$$e_L=-L\frac{\Delta i}{\Delta t} \tag{1-49}$$

式中 L——线圈的电感量（H）；

$\frac{\Delta i}{\Delta t}$——电流对时间的变化率（A/s）。

式（1-48）就是线圈自感电动势的大小与线圈中电流的关系式。它表明，线圈的自感电动势e_L与线圈的电感L和线圈中电流的变化率$\Delta i/\Delta t$的乘积成正比。当线圈的电感量一定时，线圈的电流变化越快，自感电动势越大；线圈的电流变化越慢，自感电动势越小；线圈的电流不变，就没有自感电动势。反之，在电流变化率一定的情况下，若线圈的电感量L越大，自感电动势越大；若线圈的电感量L越小，自感电动势越小。因此，电感量L也反映了线圈产生自感电动势的能力。

3）自感电动势的方向。自感电动势的方向仍可以根据楞次定律来判断。自感电动势表示式中的负号也正是楞次定律的反映，它表示自感电动势的方向总是和原电流变化的趋势（增大或减小）相反。如图 1-39 所示，图 1-39a 中原电流 i 的变化趋势是增大的，自感电动势产生的电流 i_L 就要阻碍原电流的增大而与原电流 i 方向相反；图 1-39b 中由于原电流 i 的变化趋势是减小的，因而自感电动势产生的电流 i_L 就会与原电流方向相同。知道了自感电流的方向，就很容易得出自感电动势的方向，因为自感电流是由自感电动势提供的。自感电动势 e_L 的极性如图 1-39 所示。

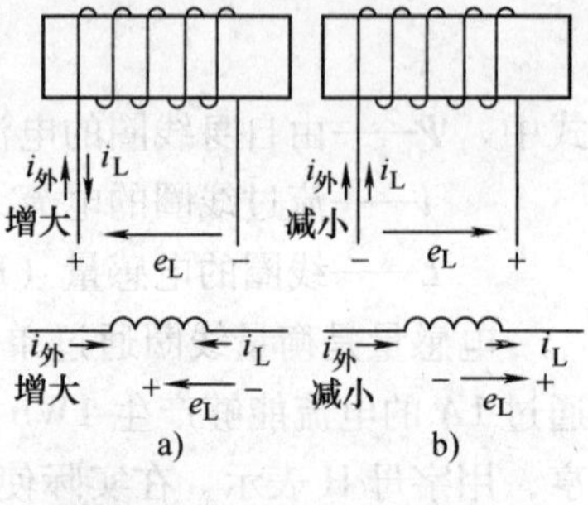

图 1-39　自感电动势的方向

应该注意的是，在判断时要把发生自感作用的线圈看成感应电源。

（2）互感　把由于一个线圈的电流变化，而在另一线圈中产生感应电动势的现象叫作互感现象，简称互感。

在电工技术中互感现象的应用非常广泛，如常见的各种变压器、电焊机、各种互感器等，都是根据互感原理制成的。

1）互感系数。在图 1-40 和图 1-41 中，当线圈 1 通过变化的电流 i_1 时，就在线圈 2 中产生了互感磁通 Φ_{12}。这样线圈 1 和线圈 2 之间就有了磁的联系，这种联系称作磁耦合或互感耦合。为了定量表征这种互感耦合的情况而采用了互感系数这个量，用字母 M 表示。

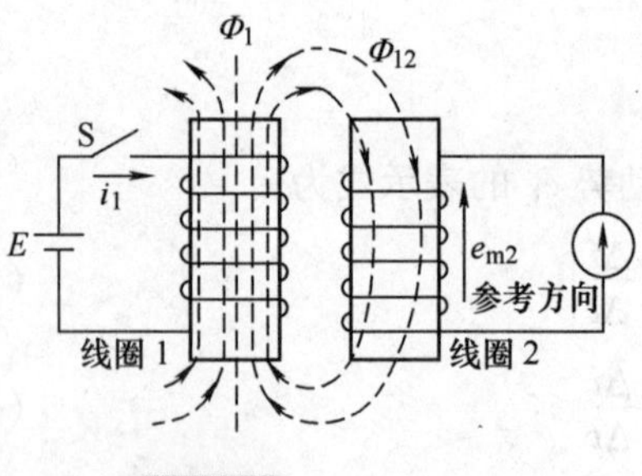

图 1-40　互感现象 1

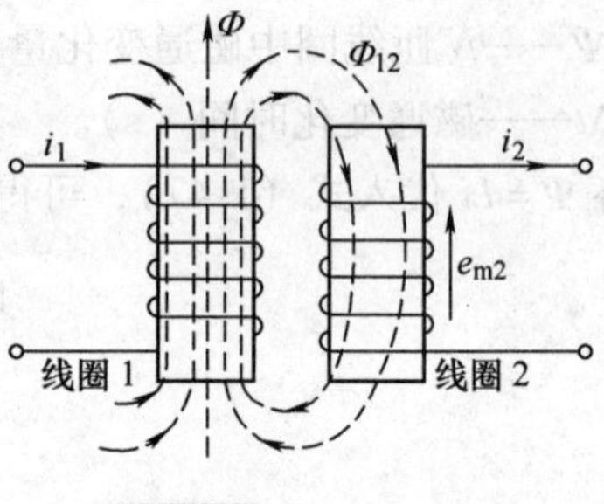

图 1-41　互感现象 2

当线圈 1 和线圈 2 之间有了互感耦合后，这时互感磁链等于穿越线圈 2 的互感磁通 Φ_{12} 与线圈 2 匝数的乘积，即

$$\Psi_{12} = N_2 \Phi_{12}$$

互感磁链 Ψ_{12} 的大小与电流 i_1 的大小成正比，可写成

$$\Psi_{12} = M_{12} i_1$$

那么

$$M_{12} = \frac{\Psi_{12}}{i_1} \tag{1-50}$$

式（1-50）中 M_{12} 叫作磁耦合线圈的互感系数。互感系数的单位与自感系数相

同。同样，线圈 2 中的电流 i_2 在线圈 1 中产生的互感磁链为 Ψ_{21}，那么

$$M_{21} = \frac{\Psi_{21}}{i_2} \tag{1-51}$$

理论和实验都证明，$M_{12} = M_{21}$，因此一般省略下标，直接用 M 表示互感，即

$$M = M_{12} = M_{21}$$

互感系数 M 的大小等于一个线圈中通过单位电流时，在另一线圈中产生的互感磁链。它反映了一个线圈对另一个线圈产生互感磁链的能力，即磁交链的能力。线圈间具有的互感系数 M 是互感线圈的固有参数，它决定于两个线圈的匝数、几何尺寸、相互间的位置以及互感磁路的介质。若用磁性材料作互感磁路时，由于其磁导率 μ 不是常数，所以 M 也不是常数；若互感磁路介质为非磁性材料，则互感 M 为常数。一般互感 M 不容易计算出，通常由实验方法测定。本节在讨论互感时，都把 M 作为常量考虑。

2）互感电动势。由互感现象产生的感应电动势叫作互感电动势，简称互感电势，用 e_M 表示。

假定有两个彼此拉近的线圈，线圈 1 中电流 i_1 发生变化，将在线圈 2 中产生互感电动势 e_{M2}，根据法拉第电磁感应定律，可得

$$e_{M2} = -N_2 \frac{\Delta\Phi_{12}}{\Delta t} = -\frac{\Delta\Psi_{12}}{\Delta t} = -M\frac{\Delta i_1}{\Delta t} \tag{1-52}$$

式（1-52）表明，当两个线圈的几何尺寸等参数决定后，一个线圈中互感电动势的大小正比于另一线圈电流的变化率。同样，当线圈 2 的电流变化时，线圈 1 产生的互感电动势的大小为

$$e_{M1} = -M\frac{\Delta i_2}{\Delta t} \tag{1-53}$$

式（1-53）说明，线圈中的互感电动势与互感系数和另一线圈中电流的变化率的乘积成正比。互感电动势的方向可用楞次定律判断，式中负号即为楞次定律的反映。

3）互感线圈的同名端。互感电动势的方向不仅决定于互感磁通是增加还是减少（即变化的趋势），而且还与线圈的绕向有关，虽然仍可用楞次定律来判别，但比较复杂。尤其已经绕制好的成品线圈，如变压器、互感器的绕组一般从外形上是无法辨认出其方向的。而且在电路原理图中也不可能按照其实际结构绘成图作为线圈的符号。因此常用特殊标记“ * ”来表示线圈的绕向，有时也用“ + ”或“ – ”来表示。

我们把由于线圈的绕向一致而感应电动势的极性一致的端点叫作同名端，反之叫作异名端。有了同名端的标记之后，每个线圈的具体绕法及线圈之间的相对位置都不必在图中画出来。图 1-42a 可画成图 1-42b 的形式。知道同名端后，就可以根据电流变化趋势，很方便地判断出互感电动势的极性。在图 1-43 中，设电流 I

由 A、B、C 线圈的 1 端流进并在增大，那么根据楞次定律可判断出 A 线圈中的自感电流与 I 相反，则确定 A 线圈的自感电动势的极性如图 1-43a 所示（即 1 端为正，2 端为负，3 端为正，4 端为负）；然后根据同名端的定义，立即可确定出 B 线圈的互感电动势的极性如图 1-43b 所示（1 端为正、2 端为负，3 端为负，4 端为正）。C 线圈的互感电动势的极性如图 1-43c 所示（1 端为正，2 端为负，3 端为负，4 端为正）。

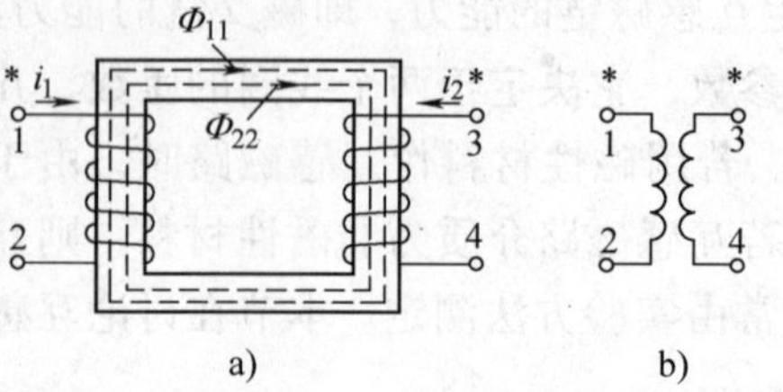

图 1-42　线圈的同名端

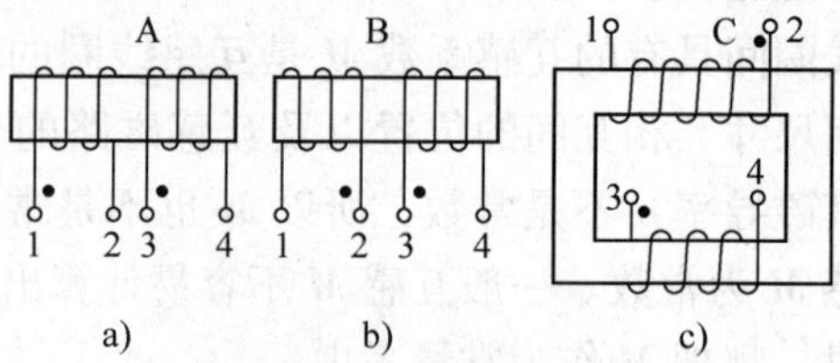

图 1-43　互感线圈的同名端

六、磁路与磁路欧姆定律

1. 磁路的概念

磁通（磁力线）集中通过的闭合路径称为磁路。在电气设备中，为了获得较强的磁场，常常需要把磁通集中在某一定型的路径中。形成磁路的最好方法是利用铁磁材料按照电器的结构要求而制作成各种形状的铁心，从而使磁通形成各自所需的闭合路径。几种电气设备中的磁路如图 1-44 所示。

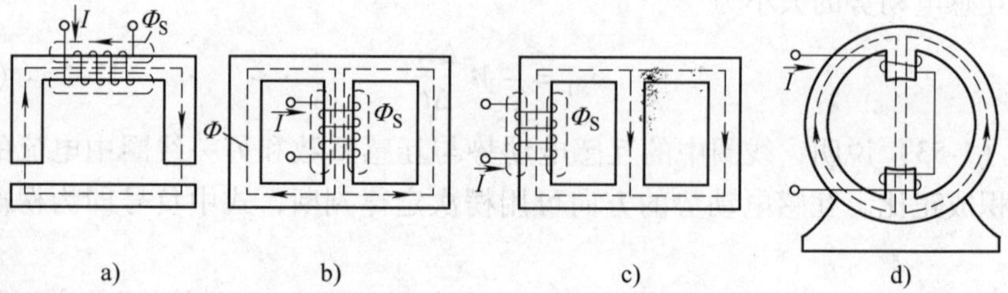

图 1-44　几种电气设备中的磁路

由于铁磁材料的磁导率 μ 远大于空气的磁导率，所以磁通主要沿铁心而闭合，只有很少部分磁通经过空气或其他材料。把通过铁心的磁通称为主磁通（Φ_S），铁心外的磁通称为漏磁通，如图 1-44 所示。一般情况下，漏磁通很少，在分析原理和计算时可忽略不计。

磁路按其结构不同，可分为无分支磁路和分支磁路，分支磁路又可分对称分支磁路和不对称分支磁路。图 1-44a 为无分支磁路，图 1-44b、d 为对称分支磁路，图 1-44c 为不对称分支磁路。

2. 磁路欧姆定律

在图 1-45 所示的口字形铁心上绕制一组线圈，形成一无分支磁路。设励磁线圈匝数为 N，线圈中的电流为 I，铁心的截面积为 S，磁路的平均长度为 l，其磁场强度为

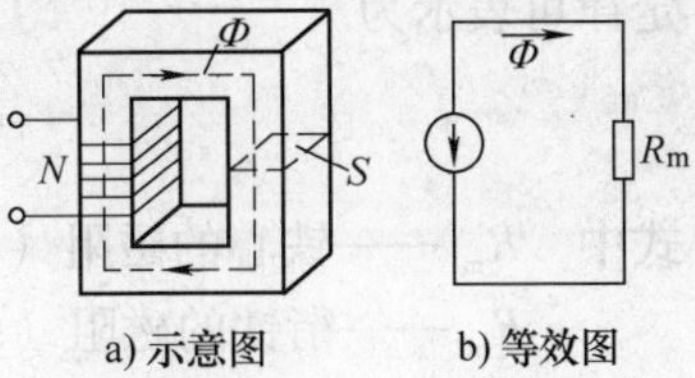

图 1-45　无分支磁路

$$H=\frac{NI}{l}$$

因为　　$\Phi=BS\quad B=\mu H=\mu\frac{NI}{l}$

则 $$\Phi=\mu\frac{NI}{l}S=\frac{NI}{\frac{l}{\mu S}}\tag{1-54}$$

令 $$F_m=NI\qquad R_m=\frac{l}{\mu S}$$

式（1-54）可写为

$$\Phi=\frac{F_m}{R_m}\tag{1-55}$$

式（1-55）中磁通 Φ 相当于电路中的电流 I，$F_m=NI$ 相当于电路中的电动势，它是产生磁通的磁源，因此叫作磁通势（磁动势），单位是（安·匝）。它表明磁通势的大小等于线圈的匝数与线圈中电流的乘积。一般匝数为定值，因而电流增大，磁通势增强。而 $R_m=l/\mu S$，对应于电路中的电阻 $R=l/\gamma S$（γ 为电导率，电阻率的倒数，$\gamma=1/\rho$），因而 R_m 称为磁阻。磁阻 R_m 与磁路的尺寸及铁磁性物质的磁导率有关。如铁心的几何尺寸一定时，磁导率 μ 越大，则磁阻越小。磁阻的单位是 $1/H$。此磁路的等效磁路如图 1-46 所示。

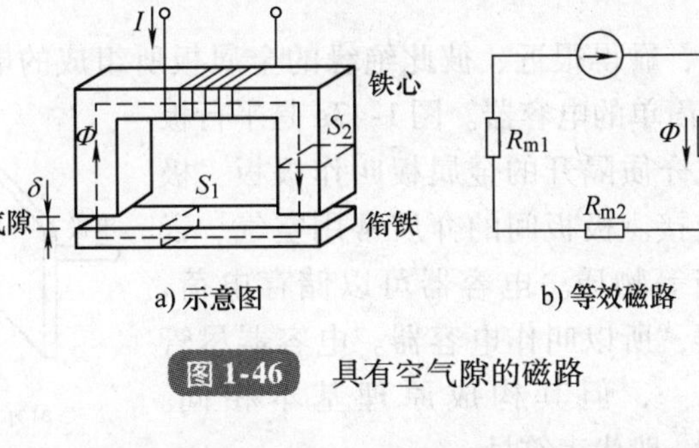

图 1-46　具有空气隙的磁路

式 $\Phi=F_m/R_m$ 称为磁路欧姆定律，与电路欧姆定律相似。但应当指出，磁路与电路确有本质不同，电路断开时，电动势依然存在。可是磁路是没有开路状态的，也不能有开路状态，因为磁力线是不可中断的闭合曲线。

在实际应用中，很多电气设备的磁路往往要通过几种不同的物质。如在图 1-46a 所示的磁路中，当衔铁尚未吸合时，磁通不但要通过铁心和衔铁，还要两次通

过宽度为 δ 的空气隙，其等效磁路如图 1-46b 所示。该磁路中的磁通应用磁路欧姆定律可表示为

$$\Phi=\frac{NI}{R_{m1}+R_{m2}+R_{m气}} \tag{1-56}$$

式中 R_{m1}——铁心的磁阻（Ω）；

R_{m2}——衔铁的磁阻（Ω）；

$R_{m气}$——2δ 的空气隙具有的磁阻（Ω）。

在有气隙的磁路中，虽然气隙长度仅占磁路总长的很小部分，但因空气的磁导率近似于 1，所以气隙所具有的磁阻远大于铁心和衔铁的磁阻之和。如果要获得一定的磁通，有气隙时所需要的磁通势就很大（一般匝数 N 一定，实际是电流 I 增大），因而功耗就大大增加，严重时会烧坏线圈。因此，当磁路的长度和铁心截面积已确定时，为了减小磁通势，我们应选用高磁导率的铁磁材料作铁心，而且尽可能缩短磁路中不必要的气隙长度。

由于铁磁物质的磁导率 μ 不是常数，所以磁路总是非线性的。因此，应用磁路欧姆定律计算磁路比较困难，一般只用作定性分析。

第三节 电 容 器

电容器的应用非常广泛。在电力系统中，利用它可以改善系统的功率因数，以提高电能的利用率；在电子技术中，利用它可以起到滤波、耦合、隔直、调谐、旁路和选频等作用；在机械加工工艺中，利用它可以进行电火花加工。

一、电容器的基本物理量

1. 电容器

由两块相互平行、靠得很近、彼此绝缘的金属板所组成的电容器，叫作平行板电容器，是一种最简单的电容器。图 1-47a 是平行板电容器的示意图。被介质隔开的金属板叫作极板，极板通过电极与电路连接。极板间的介质常用空气、云母、纸、塑料和陶瓷等物质。电容器可以储存电荷，成为储存电荷的容器，所以叫作电容器。电容器尽管种类繁多，大小不一，但其构成原理基本相同。图 1-47b 是电容器的一般代表符号。

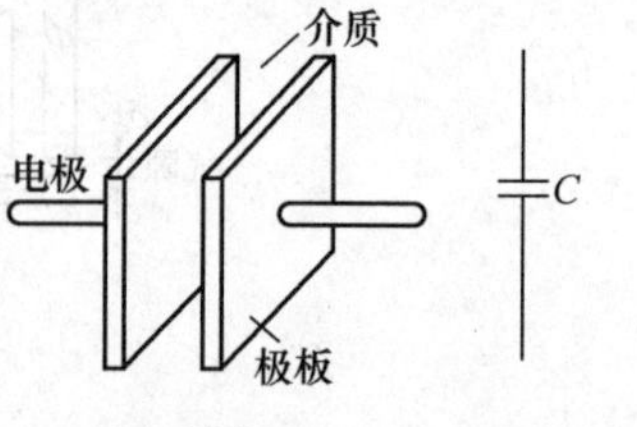

图 1-47 平行板电容器

2. 电容量

如果把电容器的两个极板分别连接到直流电源上，如图 1-48 所示，两极板间便有电压 U，这时在电场力作用下，驱使自由电子运动，使两极板分别带上等量的异性电荷，与电源正极相连接的 A 极板带上正电荷，与电源负极相连接的 B 极板

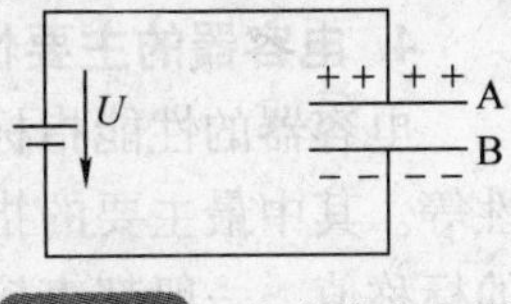

图 1-48　电容接入电源

上带上负电荷。实验证明，对于某一电容器来说，当它的结构和几何尺寸确定后，其中任一极板所储存的电量与两极板间的电压的比值是一个常数。采用这一比值能表示电容器储存电荷的本领，称之电容量，用字母 C 表示，即

$$C=\frac{Q}{U} \tag{1-57}$$

式中　Q——任一极板上的电量（C）；

U——两极板间的电压（V）；

C——电容量（F）。

电容的单位有法拉（F）、微法（μF）、皮法（pF），它们之间的关系为

$$1\mathrm{F}=10^{6}\mu\mathrm{F}=10^{12}\mathrm{pF}$$

平行板电容器的电容 C，跟介电常数 ε 成正比，跟两极板正对的面积 S 成正比，跟极板间的距离 d 成反比，即

$$C=\frac{\varepsilon S}{d} \tag{1-58}$$

式中　介电常数 ε 由介质的性质决定，单位为 F/m。真空介电常数为：$\varepsilon_0 \approx 8.86\times 10^{-12}$ F/m。

可见，电容量的大小与极板面积、介质的介电常数和介质的厚度有关，极板面积越大，介质的介电常数越大，介质的厚度越薄，则电容量越大。

3. 电容器的充电与放电

电容器在充放电过程中有以下特点：

1）电容器是一种储能元件，充电的过程就是极板上电荷不断积累的过程，当电容器充满电时，相当于一个等效电源。但这一等效电源随着放电的进行，原来积累的电荷不断向外释放，电压减小，最后为零。

2）电容器充电与放电的快慢，决定充电电路和放电电路中的电阻值 R 与电容量 C 的乘积 RC，而与电压大小无关。当改变 RC 的大小，可以改变充放电的快慢。

3）电容器能够隔直流通交流。电容器接通直流电源时，仅仅在刚接通的短暂时间内发生充电过程，只有短暂的电流，充电结束后，$U_C \approx E$，电路电流为零，电路处于开路状态。相当电容器把直流隔断，说明电容器具有隔直流的作用，常常把这一作用简称“隔直”。

如果电容器接通交流电源时（交流电的最大值不允许超过电容器的额定工作电压），由于交流电的大小和方向不断交替变化，致使电容器反复进行充放电，从而在电路中出现连续的交流电流，说明电容器具有通过交流电的作用，简称“通交流”，也常常把这种作用称作“通交”。但必须指出，这里所指的交流电流是由电容器反复充放电而形成的，并非电荷能够直接通过电容器的介质。

4. 电容器的主要性能指标

电容器的性能指标有标称容量、允许误差、额定工作电压、介质损耗和稳定性等。其中最主要的指标是标称容量、允许误差和额定工作电压，常称为电容器的标称值，一般都直接标注在成品电容器的外壳上。

（1）电容器的标称容量和允许误差　成品电容器上所标明的电容值称为标称容量。标称容量并不是准确值，它同该电容器的实际容量之间是有差额的，但这一差额是在国家标准规定的允许范围之内，因而称为允许误差。

电容器的允许误差按其精度分为 ±1%（00 级）、±2%（0 级）、±5%（Ⅰ级）、±10%（Ⅱ级）及 ±20%（Ⅲ级）五等。有的误差用百分数表示，有的误差用等级表示。例如：5100pF ±10% 或 5100pFⅡ。

一般电解电容器的允许误差范围比较大，如：铝电解电容器的误差范围是 20% ~100%。

（2）电容器的额定工作电压　电容器的额定工作电压习惯称为“耐压”，是指电容器长时间工作而不会引起介质电性能遭到任何破坏的直流电压数值，它一般都直接标注在电容器外壳上。

如果电容器两端加上交流电压，那么所加交流电压的最大值（峰值）不得超过额定工作电压。

电容器还有另外一个参数，就是绝缘电阻，它表明电容器的绝缘电阻漏电的大小。漏电越小越好，也就是绝缘电阻越大越好。一般小容量固定电容器的绝缘电阻很高，可达数兆欧或上千兆欧，而电解电容器的绝缘电阻一般较小。

二、电容器的连接

在生产实践中，往往会遇到单只电容器的规格（容量和耐压值）不能满足要求的情形。这时可将若干电容器做适当连接，以适应电路或电器要求。

1. 电容器的并联

如图 1-49 所示，将几只电容器接在相同的两点之间的连接方式，叫作电容器的并联。其特点是：

1）并联后的等效电容量（总容量）C 等于各个电容器的容量之和，即

$$C = C_1 + C_2 + C_3 + \cdots + C_n \qquad (1\text{-}59)$$

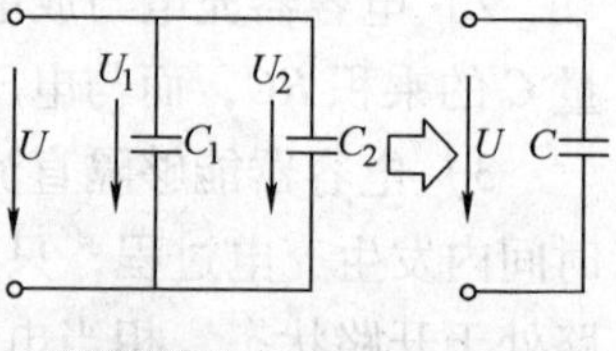

图 1-49　电容器的并联

2）每个电容器两端的电压相等，并等于电源电压 U，即

$$U = U_1 = U_2 = U_3 = \cdots = U_n \qquad (1\text{-}60)$$

可见，电容器并联时总容量增大了。并联电容器的数目越多，其等效电容越大。应当注意，并联时各个电容器直接与外加电压相接，因此每只电容的耐压都必须大于电源电压。

2. 电容器的串联

如图 1-50 所示，将几只电容器依次连接，中间无分支的连接方式，叫作电容器的串联。其特点是：

1）串联电容器的等效电容（总容量）C 的倒数等于各个电容量倒数之和，即

$$\frac{1}{C}=\frac{1}{C_1}+\frac{1}{C_2}+\frac{1}{C_3} \tag{1-61}$$

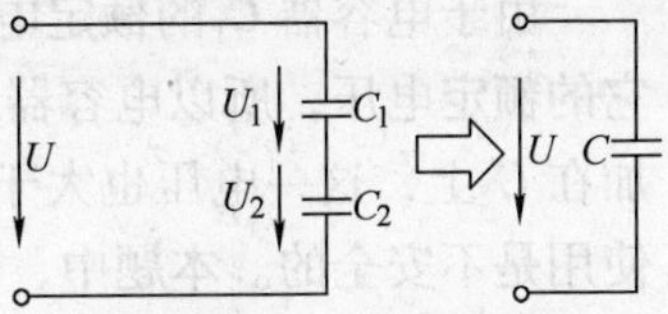

图 1-50 电容器的串联

当两个电容器串联时，其等效电容为

$$C=\frac{C_1C_2}{C_1+C_2}$$

若 n 个相同电容器串联时，且容量都为 C，则等效电容量为

$$C_{串}=\frac{C}{n} \tag{1-62}$$

式中 $C_{串}$——等效电容量；

C——其中一个电容的容量。

2）总电压 U 等于每个电容器上的电压之和，即

$$U=U_1+U_2+U_3+\cdots+U_n \tag{1-63}$$

每个串联电容器上实际分配的电压与其电容量成反比，即容量大的分配的电压小，容量小的分配的电压大。若每个串联电容都相等，则每个电容器上分配的电压也相等。若只有两只电容器 C_1 和 C_2 串联，则根据上述原理，每只电容器上分配的电压，可用下面简便式子计算，即

$$U_1=\frac{C_2}{C_1+C_2}U \qquad U_2=\frac{C_1}{C_1+C_2}U \tag{1-64}$$

式中 U——总电压；

U_1——C_1上分配的电压；

U_2——C_2上分配的电压。

例 1-11 现有两只电容器，其中一只电容器的电容为 $C_1=2\mu F$，额定工作电压为 160V，另一只电容器的电容为 $C_2=10\mu F$，额定工作电压为 250V，若将这两个电容器串联起来，接在 300V 的直流电源上，如图 1-51 所示，问每只电容器上的电压是多少？这样使用是否安全？

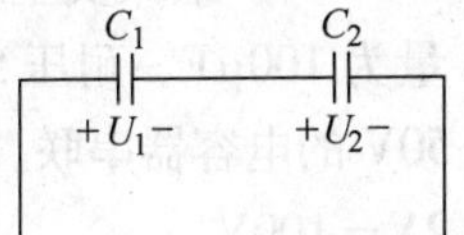

图 1-51 例 1-11 图

解：两只电容器串联后的等效电容为

$$C=\frac{C_1C_2}{C_1+C_2}=\frac{2\times10}{2+10}\mu F\approx1.67\mu F$$

各电容的电荷量为

$$q_1=q_2=CU=1.67\times10^{-6}\times300C\approx5\times10^{-4}C$$

各电容器上的电压为

$$U_1=\frac{q_1}{C_1}=\frac{5\times10^{-4}}{2\times10^{-6}}\text{V}=250\text{V}\quad U_2=\frac{q_2}{C_2}=\frac{5\times10^{-4}}{10\times10^{-6}}\text{V}=50\text{V}$$

由于电容器 C_1 的额定电压是160V，而实际加在它上面的电压是250V，远大于它的额定电压，所以电容器 C_1 可能会被击穿；当 C_1 被击穿后，300V 的电压将全部加在 C_2 上，这一电压也大于它的额定电压，因而也可能被击穿。由此可见，这样使用是不安全的。本题中，每个电容器允许充入的电荷量分别为

$$q_1=2\times10^{-6}\times160\text{C}=3.2\times10^{-4}\text{C}\qquad q_2=10\times10^{-6}\times250\text{C}=2.5\times10^{-3}\text{C}$$

为了使 C_1 上的电荷量不超过 3.2×10^{-4} C，外加总电压应不超过

$$U=\frac{3.2\times10^{-4}}{1.67\times10^{-6}}\text{V}\approx192\text{V}$$

通过例 1-11 可看出，串联时等效电容减小了。若串联电容器的个数越多，等效电容量越小。电容器串联使用时，不但要满足容量要求，还应考虑每个电容器上实际的电压是否超过其本身耐压值，以防击穿损坏电容器。

3. 电容器的混联

既有串联又有并联的电容器组合叫作电容器的混联，如图 1-52 所示。在实际使用和计算混联电路时，要依据实际电路分别应用串联和并联知识来分析。

例 1-12 在图 1-52 中，C_1 为 100μF，C_2 与 C_3 相等都为 50μF，三只电容器的耐压均为 50V，试计算总等效电容及最大安全工作电压。

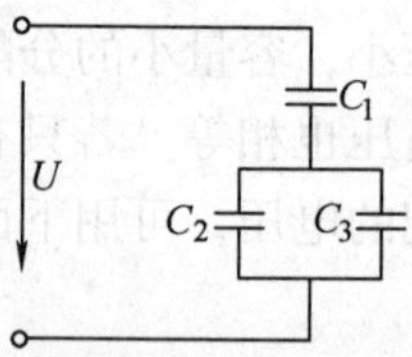

图 1-52 例 1-12 图

解：由图 1-52 可知，三个电容器的连接关系是 C_2 和 C_3 并联后再与 C_1 串联。

（1）总等效电容量

$$C=\frac{C_1(C_2+C_3)}{C_1+C_2+C_3}=\frac{100\times(50+50)}{100+50+50}\mu\text{F}=50\mu\text{F}$$

（2）最大安全工作电压 因为 C_2 和 C_3 并联后可看作一个电容器，其等效电容量为 100μF、耐压 50V。C_1 也是 100μF、耐压 50V，所以，相当两个 100μF、耐压 50V 的电容器串联。根据分压特点得出，混联电路承受的最大安全工作电压为 50 × 2V = 100V。

第四节 交 流 电 路

凡大小和方向都随时间变化的电压和电流，称为交流电压和交流电流。交流电流、交流电压、交流电动势统称为交流电。

通常使用的交流电，其大小和方向的变化都有一定的规律，而且每隔一定时间又重复出现。这种交替变化的交流电，称为周期性交流电。

常常用图形表示交流电（电压、电流、电动势）随时间变化的规律，这种图形称为波形图，如图 1-53 所示。

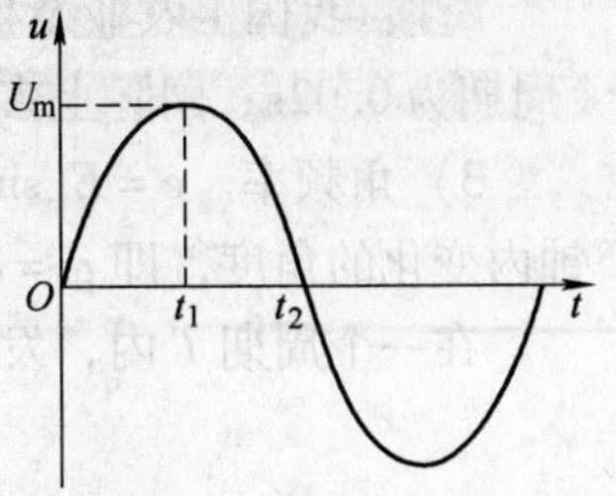

图 1-53　正弦交流电压波形

一、正弦交流电的基础知识

工程上所用的交流电，其波形是按正弦函数的规律变化的，称为正弦交流电。

1. 正弦交流电的三要素

（1）瞬时值与最大值　交流电的大小是随时间变化的。我们把交流电在某一时刻的大小称为交流电的瞬时值。瞬时值一般用小写字母 e、u、i 来表示。

最大的瞬时值称为最大值。最大值也称为振幅或峰值。在式 $e = E_m \sin\omega t$ 中，由于 $\sin\omega t$ 的最大值等于 1，所以 $\sin\omega t$ 前面的 E_m 即为电动势的最大值。最大值常用符号 E_m、U_m、I_m 表示，如图 1-54 所示。

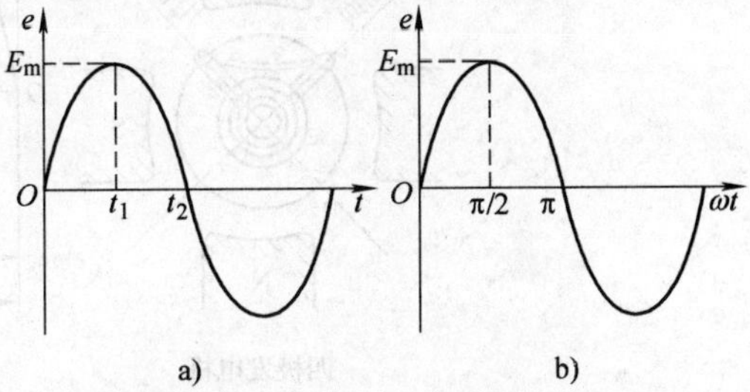

图 1-54　交流电最大值和瞬时值

（2）周期、频率与角频率

1）交流电的周期。一个按正弦规律变化的交流电动势如图 1-55 所示。它从零开始逐渐增至最大值，然后逐渐减小到零；然后又反向增大到最大值，再回到零。这样整整变化了一周，以后按同样规律循环下去。交流电每循环一次所需要的时间叫作周期。周期用符号 T 表示，单位为秒（s）。较小的单位为毫秒（ms）和微秒（μs）。$1\text{s} = 10^3\text{ms} = 10^6\mu\text{s}$。周期的长短，表明交流电变化的快慢。周期越短，说明交流电变化一周的时间越短，则该交流电的变化越快。周期越长则说明这个交流电变化得越慢。

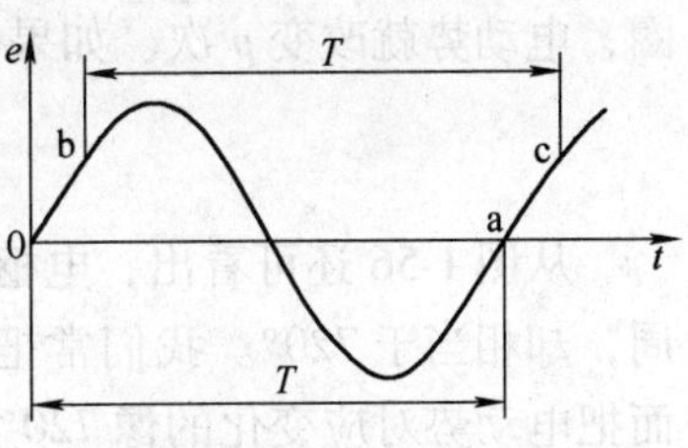

图 1-55　正交流电的周期

2）交流电的频率。除用周期衡量交流电的变化快慢外，还常用频率这个物理量来表示交流电变化的快慢。频率是指一秒钟内交流电重复变化的次数，用字母 f 表示，单位为赫兹（Hz）。如果某交流电在 1s 内变化了一次，该交流电的频率就是 1Hz。比赫兹大的常用单位是千赫（kHz）和兆赫（MHz）。

1 千赫(kHz) = 10^3 赫兹(Hz)　　1 兆赫(MHz) = 10^6 赫兹(Hz)

根据周期和频率的定义可知，周期和频率互为倒数，即

$$f = \frac{1}{T} \text{或} T = \frac{1}{f} \tag{1-65}$$

注：我国工农业及生活中使用的交流电频率为50Hz（习惯上称为工频），其周期为0.02s；国际上多采用此标准，但美国、日本等国采用标准为60Hz。

3）角频率。$e=E_m\sin\omega t$ 中的 ω 通常称为角频率或角速度，它表示交流电每秒钟内变化的角度，即 $\omega=\alpha/t$。这里角度常用弧度来表示，因此 ω 的单位为rad/s。

在一个周期 T 内，发电机线圈所转过的角度为 2π（弧度），则

$$\omega=\frac{2\pi}{T}=2\pi f \tag{1-66}$$

两对磁极（四极）的发电机示意图及其电动势的波形图如图1-56所示。

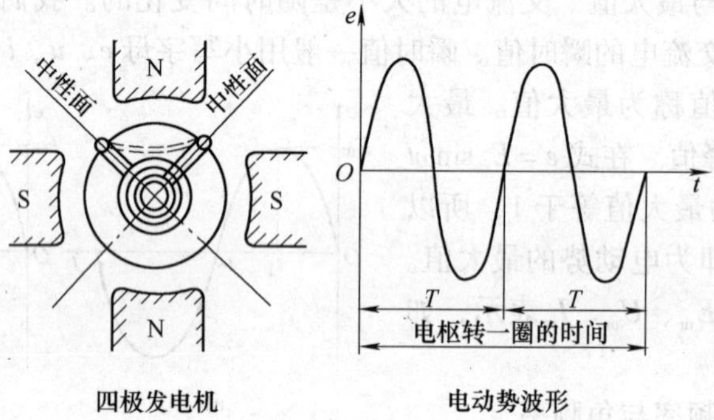

图1-56　四极发电机及其电动势波形

可以看出，交变电动势的频率与磁极对数有关：电枢线圈每切割一对磁极下的磁力线，其电动势的方向就改变一次。在具有 p 对磁极的发电机中，电枢每转一圈，电动势就改变 p 次。如果电枢每分钟旋转 n 圈，则其频率为

$$f=\frac{np}{60} \tag{1-67}$$

从图1-56还可看出，电枢线圈转动一圈，即转过360°，而它的电动势变化两周，却相当于720°。我们常把像线圈本身转动的360°这样一类角度称为机械角，而把电动势对应变化的像720°这一类角度称为电角（电角度）。

(3) 相位、初相位及相位差　设在任意时刻这两个电动势的瞬时值分别是

$$e_1=E_m\sin(\omega t+\varphi_1) \tag{1-68}$$

$$e_2=E_m\sin(\omega t+\varphi_2) \tag{1-69}$$

式（1-68）和式（1-69）中的电角度（$\omega t+\varphi$）称为该交流电的相位或相角，它反映了交流电变化的进程。显然，e_1 的相位是（$\omega t+\varphi_1$），e_2 的相位是（$\omega t+\varphi_2$），两者的相位不同。

$t=0$ 时的相位叫作初相位或初相，显然 e_1 的初相是 φ_1，e_2 的初相是 φ_2。交流电的初相可以为正也可以为负。初相一般用弧度表示，也可用角度表示。这个角通常用不大于180°的角来表示。图1-57分别表示初相为+60°及初相为-75°的正弦

电动势的波形。

两个同频率交流电的相位之差叫作相位差，用字母 φ 表示，即

$$\varphi=(\omega t+\varphi_1)-(\omega t+\varphi_2) \tag{1-70}$$

可见，两个同频率交流电的相位差就等于它们的初相之差。这里要注意的是：初相的大小与时间起点的选择（计时时刻）密切相关，而相位差与时间起点的选择无关。

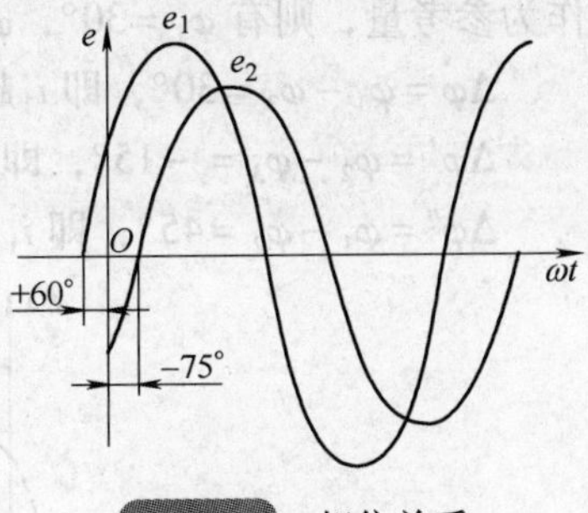

图 1-57 相位关系

根据两个同频率正弦量的相位差，可以确立两个正弦量之间的相位关系。一般的相位关系可分为超前和滞后；特殊的相位关系有同相、反相和正交三种。

1）超前和滞后。当两个同频率正弦量的相位差 $\varphi=\varphi_1-\varphi_2>0$ 时，即 e_1 的初相大于 e_2 的初相时，e_1 的变化比 e_2 领先，这种情况叫作 e_1 的相位超前 e_2，或 e_2 的相位滞后于 e_1。在图 1-57 中，e_1 超前 e_2 135°，或 e_2 滞后 e_1 135°。

2）同相、反相和正交。

① 如果 $\varphi=\varphi_1-\varphi_2=0$，那么就称为两个正弦量同相。在图 1-58 中，电动势 e_1 与 e_2 同相。

② 如果 $\varphi=\varphi_1-\varphi_2=180°$，那么就称为两个正弦量反相。在图 1-59 中，电动势 e_1 与 e_2 反相。

③ 如果 $\varphi=\varphi_1-\varphi_2=90°$，那么就称为两个正弦量正交。在图 1-60 中，电流 i_1 与 i_2 正交。

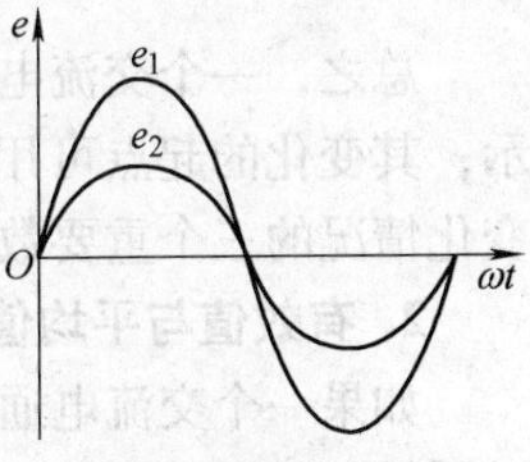

图 1-58 同相位

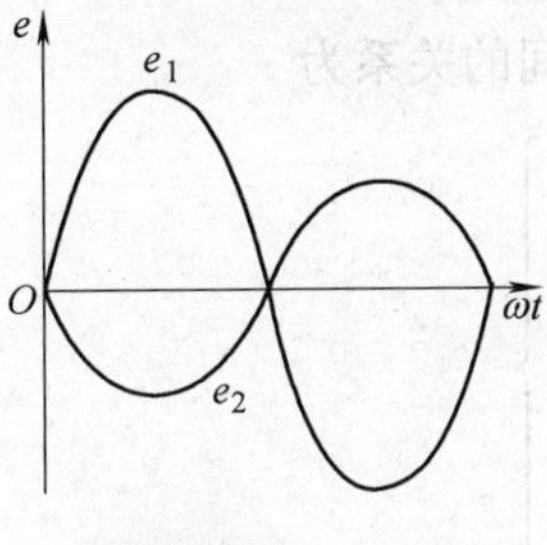

图 1-59 反相位

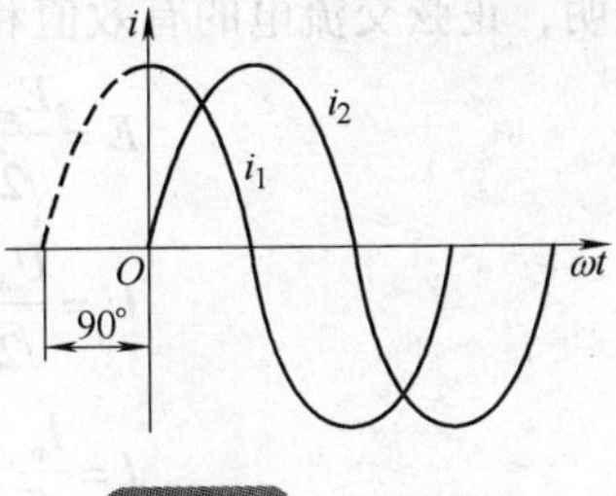

图 1-60 正交关系

交流电的相位差实际上反映了两个交流电在时间上谁先达到最大值的问题。也就是它们达到最大值有一段时差（时间差），时差的大小等于相位差除以角频率。设时差为 t，那么

$$t=\frac{\varphi}{\omega}=\frac{\varphi T}{2\pi} \tag{1-71}$$

例 1-13 已知电流 $i_1=36\sin(\omega t+30°)$ A，$i_2=24\sin(\omega t-15°)$ A，$i_3=48\sin\omega t$A。试画出它们的波形图，并比较它们之间的相位关系。

解：三个正弦交流电流的波形图如图1-61所示，其中i_3的初相为零，可把它作为参考量，则有$\varphi_1=30°$，$\varphi_2=-15°$，$\varphi_3=0°$。其之间的相位关系如下：

$\Delta\varphi=\varphi_1-\varphi_3=30°$，即$i_1$超前$i_3$30°。

$\Delta\varphi'=\varphi_2-\varphi_3=-15°$，即$i_2$滞后$i_3$15°。

$\Delta\varphi''=\varphi_1-\varphi_2=45°$，即$i_1$超前$i_2$45°。

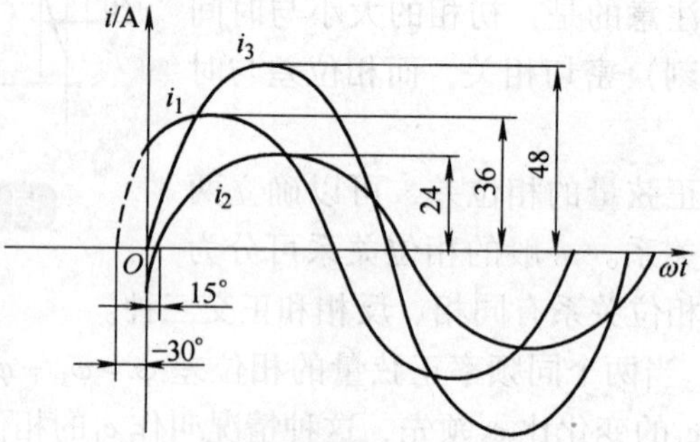

图1-61 波形图

总之，一个交流电，其变化快慢可用频率表示；其变化的幅度可用最大值表示；其变化的起点可用初相表示。因此，频率、最大值、初相是确定一个交流电变化情况的三个重要数值，通常称为交流电的三要素。

2. 有效值与平均值

如果一个交流电通过一个电阻在一个周期内所产生的热量和某一直流电流通过同量电阻在相同的时间内产生的热量相等，那么这个直流电的量值就称为交流电的有效值。有效值常用大写字母I、U和E来表示。

分析表明，正弦交流电的有效值和最大值之间的关系为

$$\left.\begin{aligned} E&=\frac{E_m}{\sqrt{2}}=0.707E_m\\ U&=\frac{U_m}{\sqrt{2}}=0.707U_m\\ I&=\frac{I_m}{\sqrt{2}}=0.707I_m \end{aligned}\right\} \tag{1-72}$$

在一些实际问题中，有时也要用到平均值的概念。所谓平均值是指交流电在半个周期内所有瞬时值的平均大小。根据分析计算，平均值与最大值之间的关系为

$$\left.\begin{aligned} E_{av}&=\frac{2}{\pi}E_m=0.637E_m\\ U_{av}&=\frac{2}{\pi}U_m=0.637U_m\\ I_{av}&=\frac{2}{\pi}I_m=0.637I_m \end{aligned}\right\} \tag{1-73}$$

3. 正弦交流电的表示法

为了便于研究交流电，人们通常用四种形式表示一个正弦交流电。第一种形式是解析式，就是用一个数学式子来表示，例如 $i=12\sin(100\pi t-30°)$A；第二种形式是曲线图，也就是前面所讲的波形图；第三种形式是矢量图，即用旋转矢量来表示；第四种形式称为相量形式，是用复数来表示一个交流电，即正弦交流电的相量图表示法。

所谓旋转矢量表示法，就是用一个直角坐标中绕原点不断旋转的矢量，来表示正弦交流电的方法。旋转矢量常用加一横线的最大值符号$\overline{E}_m$、$\overline{U}_m$、$\overline{I}_m$表示。

采用矢量来表示正弦交流电的优点是：计算和决定几个同频率交流电相加或相减时，要比解析式和曲线图简便，故矢量图是研究交流电的重要工具之一。但是应该指出，旋转矢量与空间矢量是有区别的，用它表示的正弦交流电本身并不是矢量，而是代数量。

正弦交流电用矢量表示以后，它们的和差运算就可以采用矢量加减的方法进行。一般步骤是先画出各矢量图，然后用平行四边形法则做出总矢量，最后用三角方法计算出结果。

二、单相交流电路

单相交流电路的形式有很多，现以 *RLC* 串联正弦交流电路为例来说明其性质及特点。

电阻、电感和电容的串联电路（简称 *RLC* 串联电路）如图 1-62 所示。设在此电路中通过的正弦交流电流为

$$i=\sqrt{2}I\sin\omega t$$

则电阻电压、电感电压、电容电压都是和电流同频率的正弦量，电路总电压的瞬时值为

$$u=u_R+u_L+u_C \tag{1-74}$$

总电压 u 也是和电流 i 同频率的正弦量。对应的矢量关系为

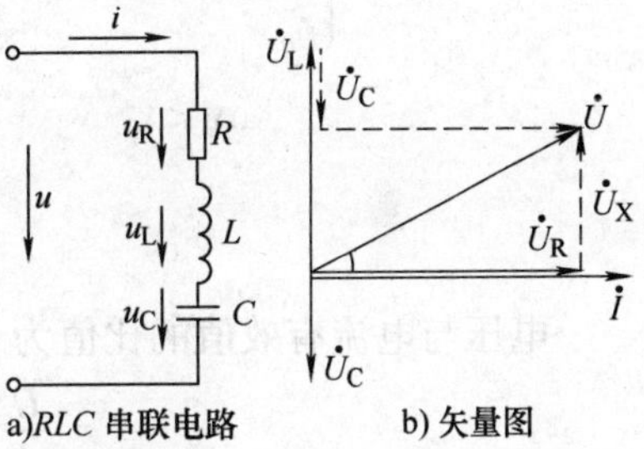

a) *RLC* 串联电路　　b) 矢量图

图 1-62　*RLC* 串联电路和矢量图

$$\dot{U}=\dot{U}_R+\dot{U}_L+\dot{U}_C \tag{1-75}$$

1. 感抗和容抗

感抗是用来表示电感线圈对交流电流阻碍作用的一个物理量。感抗的大小，取决于线圈电感量 L 和流过它的电流的频率 f，即

$$X_L=\omega L=2\pi fL \tag{1-76}$$

X_L 称为电感抗，简称感抗，单位为欧姆（Ω）。对具有某一电感量的线圈而言，f 越高则 X_L 越大。在相同电压作用下，线圈中的电流就会减小。在直流电路中，因频率 $f=0$，故线圈的感抗也等于零，这时线圈只起电阻作用。由于一般线

圈的电阻很小，所以电感线圈可视为短路。

容抗是用来表示电容器对电流阻碍作用大小的一个物理量。容抗的大小与频率及电容量成反比。当电容器的容量一定时，频率越高则容抗 X_C 越小。它的大小可用以下公式表示

$$X_C = \frac{1}{\omega C} = \frac{1}{2\pi fC} \tag{1-77}$$

容抗的单位为欧姆。在直流电路中，因频率 $f=0$，所以电容器的容抗等于无限大。这表明，电容器接入直流电路时，在稳态下是处于断路状态。

2. 电压与电流的关系

如图 1-63a 所示，$\dot{U}_R$、$\dot{U}_X$ 和 $\dot{U}$ 组成电压三角形，由它们可以求出总电压，有

$$\begin{aligned} U &= \sqrt{U_R^2 + (U_L - U_C)^2} \\ &= \sqrt{(IR)^2 + (IX_L - IX_C)^2} \\ &= I\sqrt{R^2 + (X_L - X_C)^2} \end{aligned}$$

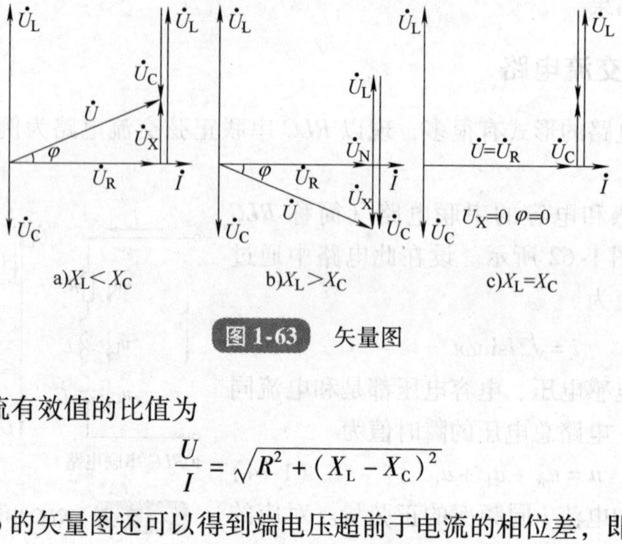

图 1-63 矢量图

电压与电流有效值的比值为

$$\frac{U}{I} = \sqrt{R^2 + (X_L - X_C)^2} \tag{1-78}$$

从图 1-63b 的矢量图还可以得到端电压超前于电流的相位差，即电路的阻抗角

$$\begin{aligned} \varphi &= \arctan\frac{U_L - U_C}{U_R} \\ &= \arctan\frac{X_L - X_C}{R} \\ &= \arctan\frac{X}{R} \end{aligned} \tag{1-79}$$

由式（1-79）可看出，当 $X_L > X_C$ 时，$U_L > U_C$，总电压超前于电流，则电路为感性电路，如图 1-63a 所示；当 $X_L < X_C$ 时，$U_L < U_C$，φ 为负值，总电压滞后于电流，则电路为容性电路，如图 1-63b 所示；当 $X_L = X_C$ 时，$U_L = U_C$，$\varphi = 0$，总电压

和电流同相位，如图 1-63c 所示，这时电路发生谐振。

3. 阻抗

阻抗的表达式

$$\frac{U}{I} = \sqrt{R^2 + (X_L - X_C)^2} \tag{1-80}$$

式（1-80）中，$X = X_L - X_C$ 称为电路的电抗，单位为欧姆（Ω）。电路中电压与电流有效值的比值为

$$\frac{U}{I} = \sqrt{R^2 + X^2} = Z \tag{1-81}$$

称为电路的阻抗，单位也为欧姆（Ω）。阻抗 Z、电阻 R 和电抗 X 组成阻抗三角形。

4. 功率

在电阻、电感和电容串联电路中，电阻消耗的功率为总电路有功功率，即平均功率。总电路的无功功率为电感和电容上的无功功率之差。

（1）有功功率

$$P = I^2R = U_RI = UI\cos\varphi \tag{1-82}$$

P 的单位为 W 和 kW。

（2）无功功率

$$\begin{aligned} Q &= Q_L - Q_C = I^2X_L - I^2X_C = U_LI - U_CI \\ &= (U_L - U_C)I = U_XI = UI\sin\varphi \end{aligned} \tag{1-83}$$

Q 的单位为 Var 和 kVar。

当 $X_L > X_C$ 时，Q 为正，表示为感性无功功率；当 $X_L < X_C$ 时，Q 为负，表示为容性无功功率；当 $X_L = X_C$，即 $X = 0$，无功功率 $Q = 0$，电路处于谐振状态，只有电感与电容之间进行能量交换。

（3）视在功率

$$S = UI \tag{1-84}$$

S 的单位为 V · A 和 kV · A。

视在功率、有功功率和无功功率组成功率三角形，如图 1-64 所示。

$$\begin{aligned} S &= \sqrt{P^2 + Q^2} \\ P &= S\cos\varphi \\ Q &= S\sin\varphi \end{aligned} \tag{1-85}$$

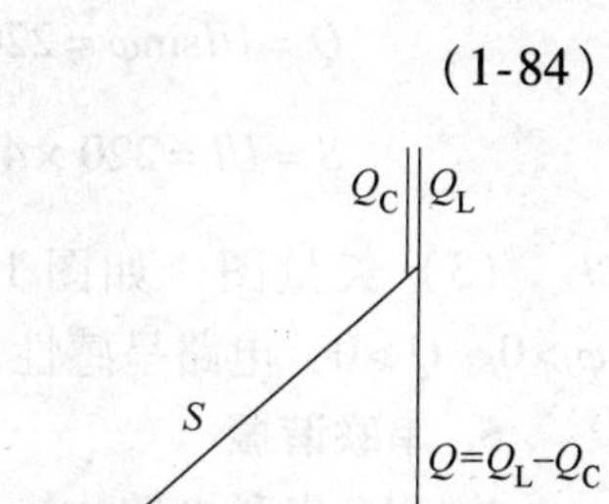

图 1-64 功率三角形

有功功率与视在功率之比称为功率因数，即

$$\cos\varphi = \frac{P}{S}$$

功率因数也可以由阻抗求得，即

$$\cos\varphi=\frac{R}{Z} \tag{1-86}$$

例 1-14 在一电阻、电感和电容串联电路中，已知 $R=30\Omega$，$L=254\text{mH}$，$C=80\mu\text{F}$，电源电压 $u=220\sqrt{2}\sin(314t+30°)\text{V}$。试求：（1）电流 i，电压 u_R、u_L 和 u_C；（2）P、Q 和 S，$\cos\varphi$；（3）作矢量图，并分析电路的性质。

解：（1）求 i、u_R、u_L 和 u_C

$$X_L=\omega L=314\times254\times10^{-3}\Omega=80\Omega$$

$$X_C=\frac{1}{\omega C}=\frac{1}{314\times80\times10^{-6}}\Omega=40\Omega$$

$$X=X_L-X_C=80\Omega-40\Omega=40\Omega$$

$$Z=\sqrt{R^2-X^2}=\sqrt{30^2-40^2}\Omega=50\Omega$$

$$I=\frac{U}{Z}=\frac{220}{50}\text{A}=4.4\text{A},\varphi=\arctan\frac{X}{R}=\arctan\frac{40}{30}=53.1°$$

$$i=4.4\sqrt{2}\sin(314t+30°-53.1°)$$
$$=4.4\sqrt{2}\sin(314t-23.1°)\text{A}$$

$$U_L=IX_L=4.4\times80\text{V}=352\text{V}$$

$$u_L=352\sqrt{2}\sin(314t-23.1°+90°)$$
$$=352\sqrt{2}\sin(314t+66.9°)\text{V}$$

$$U_C=IX_C=4.4\times40\text{V}=176\text{V}$$

$$u_C=176\sqrt{2}\sin(314t-23.1°-90°)$$
$$=176\sqrt{2}\sin(314t-113.1°)\text{V}$$

（2）求 P、Q、S 和 $\cos\varphi$

$$P=UI\cos\varphi=220\times4.4\times\cos53.1°\text{W}=581.2\text{W}$$

$$Q=UI\sin\varphi=220\times4.4\times\sin53.1°\text{var}=774\text{var}$$

$$S=UI=220\times4.4\text{V}\cdot\text{A}=968\text{V}\cdot\text{A}\qquad\cos\varphi=\frac{P}{S}=\cos53.1°=0.6$$

（3）矢量图　如图 1-65 所示，由于 $U_L>U_C$、$U>0$、$\varphi>0$、$Q>0$，电路呈感性。

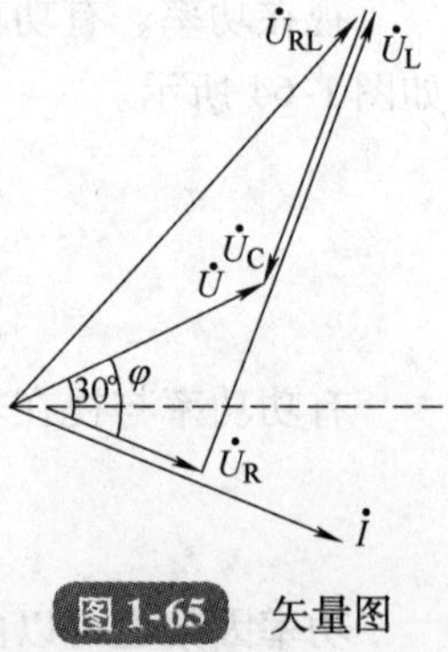

图 1-65　矢量图

5. 串联谐振

在 RLC 串联电路中，当电路总电压与电流同相时，电路呈纯阻性，电路的这种状态叫作串联谐振。

（1）谐振条件与谐振频率　从对 RLC 串联电路的讨论可知，电路发生谐振的条件为

$$U_L=U_C$$

$$或\quad X_L = X_C \quad 即\quad 2\pi fL = \frac{1}{2\pi fC} \tag{1-87}$$

从式（1-87）可得谐振频率 f_0 的表达式为

$$f_0 = \frac{1}{2\pi\sqrt{LC}} \quad 或\quad \omega_0 = 2\pi f_0 = \frac{1}{\sqrt{LC}} \tag{1-88}$$

当电路参数 L、C 一定时，改变电源频率 f，达到式（1-88）的关系时，电路就会发生谐振。当然，如果电源频率一定时，改变电路参数 L 或 C，也可以使电路达到谐振状态。通常收音机的输入回路，就是通过改变电容 C 的大小，来选择不同电台频率的串联谐振电路。调节电容使其满足

$$C = \frac{1}{\omega_0^2 L} = \frac{1}{(2\pi f_0)^2 L}$$

时，电路发生谐振。

（2）串联谐振的特点

1）串联谐振时，电路阻抗最小，且呈纯阻性。其阻抗为

$$Z = \sqrt{R^2 + (X_L - X_C)^2} = R$$

2）电路中电流最大，并与电压同相，$\varphi = 0$。谐振电流为

$$I_0 = \frac{U}{Z} = \frac{U}{R}$$

3）电阻两端电压等于总电压，电感与电容两端的电压相等、相位相反，且为总电压的 Q 倍，即

$$U_L = U_C = I_0 X_L = \frac{U}{R}X_L = U\frac{X_L}{R} = QU \tag{1-89}$$

式（1-89）中 Q 叫作电路的品质因数，其值为

$$Q = \frac{X_L}{R} = \frac{X_C}{R} = \frac{2\pi f_0 L}{R} = \frac{1}{2\pi f_0 CR} \tag{1-90}$$

由于一般串联电路的 R 值很小，所以 Q 值总大于1，其数值约为几十，有的可达几百。所以串联谐振时，电感和电容元件两端可能会产生比总电压高出 Q 倍的高电压，因此串联谐振又叫作电压谐振。谐振时，电路总无功功率等于零，电源与电路之间不再进行能量交换，电源只提供电阻消耗的能量，电感与电容之间进行磁场能与电场能的交换。

6. 提高功率因数的意义和方法

在交流电路中，有功功率为 $P = UI\cos\varphi$，式中的 $\cos\varphi$ 就是电路的功率因数。功率因数是用电设备的一个重要技术指标。电路的功率因数是由负载中包含的电阻与电抗的相对大小所决定的，或者说是由电路中有功功率与无功功率的相对大小所决定的。纯电阻负载的功率因数为1，感性负载的功率因数介于0与1之间。生产中使用的电气设备多属于感性负载，如变压器、异步电动机及带镇流器的荧

光灯和高压汞灯等，它们的功率因数都比较低，有的低至0.35（如电焊变压器）。

（1）提高功率因数的意义

1）充分利用电源设备的容量。交流电源（发电机或变压器）的容量是用其视在功率S来衡量的。当容量一定的电源设备向外供电时，负载能够得到的有功功率P，除了与电源设备的视在功率S有关外，还与负载的功率因数$\cos\varphi$有密切关系。因为有功功率$P=S\cos\varphi$，功率因数$\cos\varphi$越大，发电机输出的有功功率越大，无功功率越小；反之，输出的有功功率越小，而无功功率越大。提高用户的功率因数，可以为同等容量的供电设备用户提供更多的有功功率，提高供电能力。或者说在用户所需有功功率一定的情况下，发电机、变压器输配电线等容量都可以相应减小，从而降低电网的投资。

2）减小输电线路上的能量损失。在一定的电源电压下，向用户输送一定的有功功率时，由$I=P/U\cos\varphi$可知，电流I和功率因数成反比，功率因数越低，流过输电线路的电流就越大，由于输电线路本身具有一定的阻抗，所以线路上的电压降也就越大，这不仅使更多的电能消耗在线路上，而且使用户端的电压也随之降低。特别是在电网的末端（远离发电机），将会长期处于低电压运行状态，影响负载的正常工作。为了减少电能损耗，改善供电质量，就必须提高功率因数。

（2）提高功率因数的方法

1）提高用电设备本身的功率因数（自然功率因数）。合理选择和使用电气设备，避免“大马拉小车”的现象。异步电动机和变压器是电网中占用无功功率最多的电气设备，当电动机实际负荷比其额定功率低许多时，功率因数将急剧下降。这时电动机做功不大，耗用的无功功率和有功功率却很多。要提高功率因数，就必须合理选择电动机，使电动机的功率与被拖动的机械负载配套。电力变压器的选择同样也要配套，容量过大而负荷较小的变压器，也会增大无功功率和铁心的损耗。

2）在感性负载上并接适当电容器。提高功率因数常采用的方法是在感性负载两端并联电容器，如图1-66a所示。

感性负载和电容器并联后，线路上的总电流比未补偿时要小，总电流和电源电压之间的相角φ也减小了，这就提高了线路的功率因数。

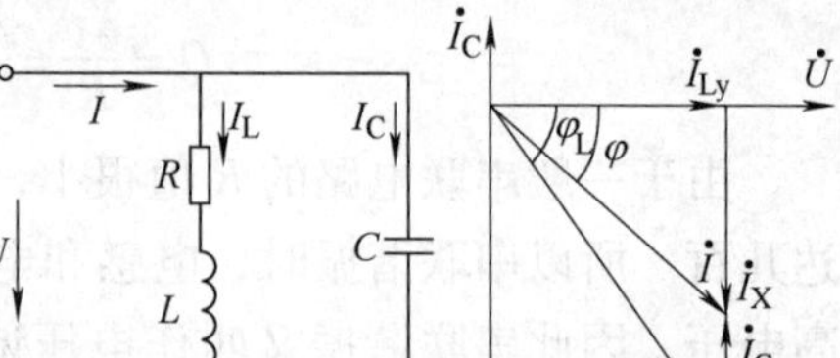

a) 电路　　b) 矢量图

图1-66　感性负载并联电容器

设感性负载的功率因数为$\cos\varphi_L$，电源电压有效值为U，有功功率为P。感性负载并联电容器后的电路和矢量图如图1-66所示。现要求把它的功率因数从$\cos\varphi_L$提高到$\cos\varphi$，试决定要并联多大的电容？

感性负载并联电容器之前，$\dot{I}=\dot{I}_L$阻抗角为φ_L。并联电容器之后，$\dot{I}=\dot{I}_L+\dot{I}_C$。从图1-66中矢量图可以看到，这时，总电流$I$比$I_L$小，总电流滞后于电压的

相位差 $\varphi < \varphi_L$，所以并联电容后的功率因数 $\cos\varphi > \cos\varphi_L$。

未并联电容之前，感性负载的有功功率为

$$P = UI_L\cos\varphi_L$$

$$I_L\cos\varphi_L = \frac{P}{U} \tag{1-91}$$

并联电容器后，整个电路的有功功率不变（因为电阻未变），这时有功功率还可按下式计算，即

$$P = UI\cos\varphi$$

$$I\cos\varphi = \frac{P}{U} \tag{1-92}$$

从矢量图可以看出，感性负载电流 I_L 的无功分量 $I_{L\omega}$ 为

$$I_{L\omega} = I_L\sin\varphi_L$$

并联电容之后，总电流 I 的无功分量为

$$I_X = I\sin\varphi$$

电容支路电流为

$$I_C = I_{L\omega} - I_X = I_L\sin\varphi_L - I\sin\varphi = I_L\cos\varphi_L\frac{\sin\varphi_L}{\cos\varphi_L} - I\cos\varphi\frac{\sin\varphi}{\cos\varphi}$$

由式（1-91）和式（1-92）得

$$I_L\cos\varphi_L = I\cos\varphi = \frac{P}{U}$$

所以
$$I_C = \frac{P}{U}(\tan\varphi_L - \tan\varphi) \tag{1-93}$$

而
$$I_C = U\omega C$$

即
$$U\omega C = \frac{P}{U}(\tan\varphi_L - \tan\varphi)$$

故
$$C = \frac{P}{U^2\omega}(\tan\varphi_L - \tan\varphi) \tag{1-94}$$

并联电容器的额定无功功率应为

$$Q_C = U^2\omega C = P(\tan\varphi_L - \tan\varphi) \tag{1-95}$$

在式（1-95）中，P 的单位为 W，U 的单位为 V，ω 的单位为 rad/s，C 的单位是 F，Q_C 的单位是 var。

采用并联电容器的方法提高功率因数，有两个概念必须注意：

1）并联电容器后，对原感性负载的工作情况没有任何影响，即流过感性负载的电流和它的功率因数均未改变。这里所谓功率因数提高了，是指包括电容在内的整个电路的功率因数比单独的感性负载的功率因数提高了。

2）线路电流的减小，是由于电流的超负荷无功分量减小的结果，而电流的有功分量并未改变，这从相量图上可以清楚地看出。

三、三相交流电路

1. 三相交流电源

最大值相等、频率相同、相位互差120°的三个正弦电动势称为对称三相电动势。

若以三相对称电动势中的 U 相为参考正弦量，可得到它们的瞬时值表达式如下

$$e_U = E_m \sin\omega t$$

$$e_V = E_m \sin(\omega t + 120°)$$

$$e_W = E_m \sin(\omega t - 120°)$$

三相对称电动势波形图与相量图分别如图1-67和图1-68所示。

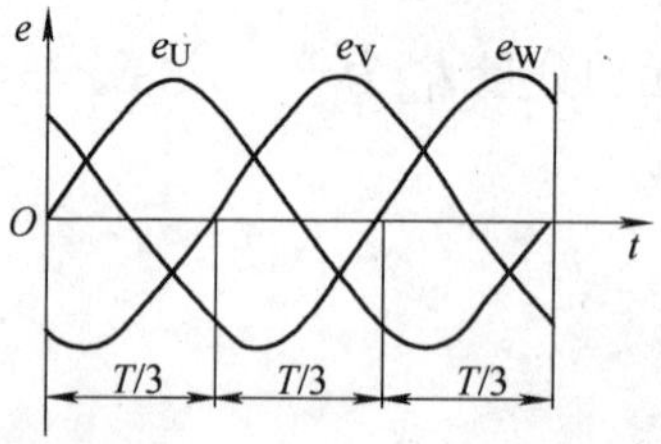

图1-67 三相对称电动势波形图

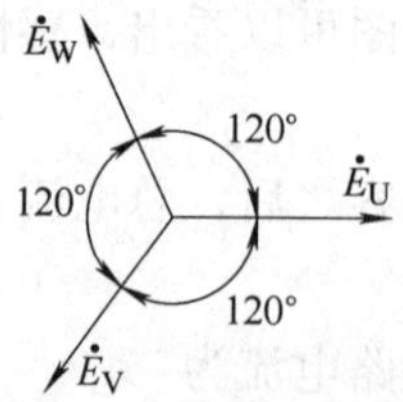

图1-68 三相对称电动势相量图

三相交流电出现正幅值（或相应零值）的顺序称为相序，三相电动势到达正幅值的顺序为 e_U、e_V、e_W，其相序为U-V-W-U，称为正序或顺序；若最大值出现的顺序为V-U-W-V，恰好与正序相反，称为负序或逆序，工程上通用的是正序。

三相电源的三相绕组一般都按两种方式连接起来供电，一种方式是星形联结，一种方式是三角形联结。

（1）三相电源绕组的星形联结　将三相发电机中三相绕组的末端 U_2、V_2、W_2 连在一起，始端 U_1、V_1、W_1 引出输出线，这种连接称为星形联结，用Y表示。从始端 U_1、V_1、W_1 引出的三根线称为相线或端线，末端接成的一点称为中性点，用N表示；从中性点引出的输电线称为中性线，低压供电系统的中性点是直接接地的，把接大地的中性点称为零点，而把接地的中性线称为零线。工程上，U、V、W三根相线分别用黄、绿、红颜色来区别。有中性线的三相制叫作三相四线制，如图1-69所示；无中性线的三相制叫作三相三线制，如图1-70所示。

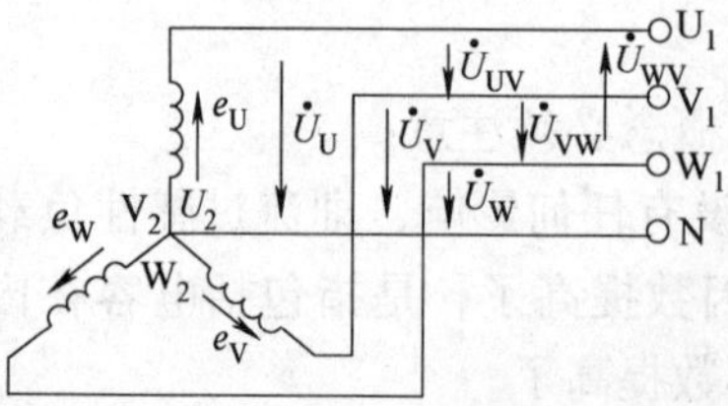

图1-69 三相四线制

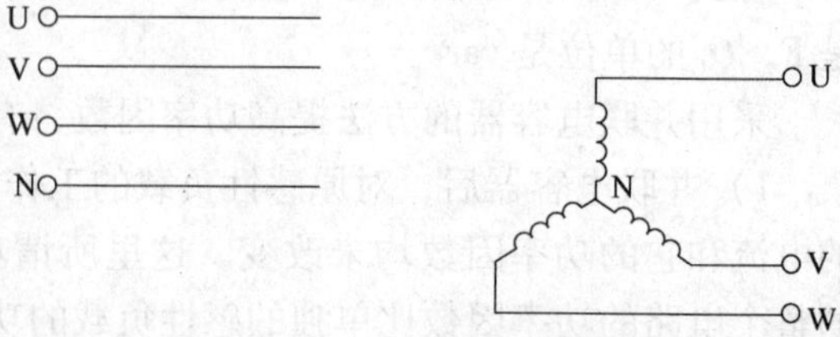

图1-70 三相三线制

电源每相绕组两端的电压称为电源的相电压，用 $\dot{U}_U$、$\dot{U}_V$ 和 $\dot{U}_W$ 表示。相电压的参考方向规定为始端指向末端，有中性线时，各相线与中性线的电压就是相电压。相线与相线之间的电压称为线电压，用 $\dot{U}_{UV}$、$\dot{U}_{VW}$ 和 $\dot{U}_{WU}$ 表示。规定线电压的参考方向是自 U 相指向 V 相，V 相指向 W 相，W 相指向 U 相。

三相四线制可输入两种电压，即线电压和相电压。

线电压和相电压的关系为 $U_{线}=\sqrt{3}U_{相}$；线电压超前对应的相电压 30°。

发电机（或变压器）的绕组接成星形联结，可以为负载提供两种对称三相电压，一种是对称的相电压，另一种是对称的线电压。目前，电力电网的低压供电系统中的线电压为 380V，相电压为 220V。

（2）三相电源绕组的三角形联结　将三相电源内每相绕组的末端和另一相绕组的始端依次相连的连接方式，称为三角形联结。用△表示，如图 1-71 所示。

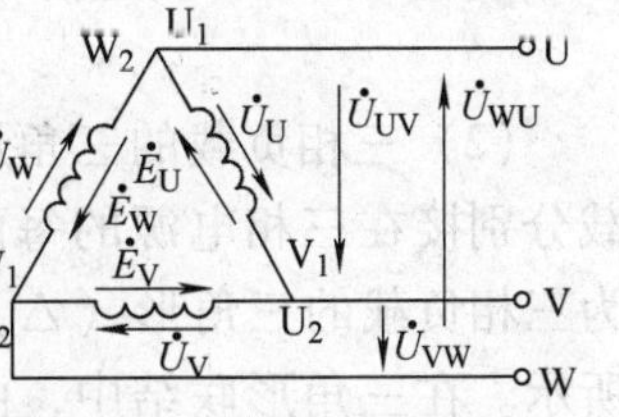

图 1-71　电源绕组的三角形联结

从图 1-71 中可以看出，三相电源作三角形联结时，线电压就是相电压，即

$$U_{线}=U_{相} \tag{1-96}$$

若三相电动势为对称三相正弦电动势，则三角形闭合回路的总电动势等于零，即

$$\dot{E}=\dot{E}_U+\dot{E}_V+\dot{E}_W=0$$

由此可得出结论，这时电源绕组内部不存在环流。

实际上，三相发电机产生的三相电动势总有微小的不对称，则回路总电动势不为零，此时即使外部没有负载，也会因为各相绕组本身的阻抗均较小，使闭合回路内产生很大的环流，这将使绕组过热，甚至烧毁。因此，三相发电机绕组一般不采用三角形联结而采用星形联结，三相变压器绕组有时采用三角形联结，但要求在连接前必须检查三相绕组的对称性及接线顺序。

2. 三相负载的连接

三相负载的连接也有星形联结与三角形联结两种。

（1）三相负载的星形联结　三相负载分别接在三相电源的相线和中性线之间的接法称为三相负载的星形（Y）联结，如图 1-72 所示。图中 Z_U、Z_V、Z_W 为各相负载的阻抗，N′为负载的中性点。

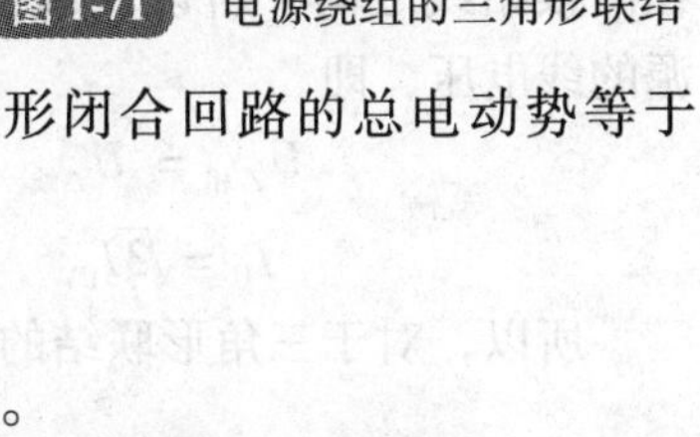

图 1-72　三相负载的星形联结

为分析方便，我们先做如下规定：

1）每相负载两端的电压称为负载的相电压，流过每相负载的电流称为负载的相电流。

2）流过相线的电流称为线电流，相线与相线之间的电压称为线电压。

3）负载为星形联结时，负载相电压的参考方向规定为自相线指向负载中性点N′，分别用 $\dot{U}_U$、$\dot{U}_V$、$\dot{U}_W$ 表示；相电流的参考方向与相电压的参考方向一致；线电流的参考方向为电源端指向负载端；中性线电流的参考方向规定为由负载中性点指向电源中性点。

由图1-72可知，如忽略输电线上的电压损失时，负载端的相电压就等于电源的相电压，负载端的线电压就等于电源的线电压，因此，三相负载星形联结时，得到如下结论，即

$$U_{\curlyvee线} = \sqrt{3}U_{\curlyvee相} \tag{1-97}$$

线电压的相位仍超前对应的相电压30°，并且相电流与线电流相等，即

$$I_{\curlyvee线} = I_{\curlyvee相}$$

（2）三相负载的三角形联结　把三相负载分别接在三相电源的每两根端线之间，称为三相负载的三角形（△）联结，如图1-73所示。在三角形联结中，由于各相负载是接在两根相线之间，所以负载的相电压就是电源的线电压，即

$$U_{\triangle相} = U_{\triangle线} \tag{1-98}$$

$$I_U = \sqrt{3}I_{UV}$$

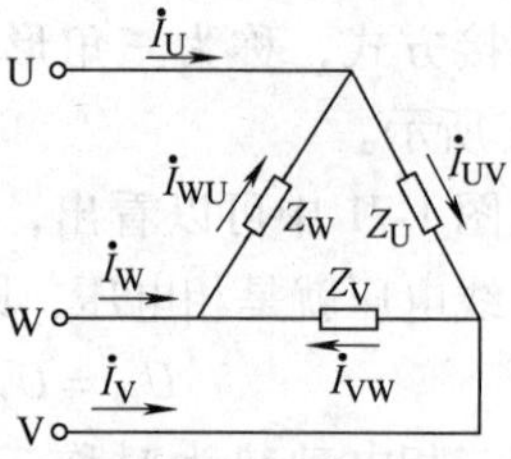

图1-73　三相负载的三角形联结

所以，对于三角形联结的对称负载，线电流与相电流的数量关系为

$$I_{线\triangle} = \sqrt{3}I_{相\triangle} \tag{1-99}$$

当三相相电流对称时，其三相线电流也是对称的，并且线电流的相位总是滞后与之对应的相电流30°。

由以上讨论可知：线电压一定时，负载做三角形联结时的相电压是星形联结时的相电压的$\sqrt{3}$倍，因此，三相负载接到三相电源中，应做三角形联结还是星形联结，应根据三相负载的额定电压而定。若各相负载的额定电压等于电源的线电压，则应做三角形联结；若各相负载的额定电压是电源线电压的$1/\sqrt{3}$，则应做星形联结。例如，我国低压供电的线电压为380V，当三相异步电动机电磁绕组的额定电压为380V时，就应做三角形联结，当电磁绕组的额定电压为220V，就应做星形联结，另外，因为大多照明灯具额定电压都为220V，故照明电路一般应接成星形联结。

3. 对称三相电路的分析与计算

（1）对称负载星形联结的分析与计算　在三相四线制中，因为有中性线的存在，对于其中每一组来说就是一单相电路，分析方法与单相交流电路相同。

在对称的三相电路中，各相负载的数值和性质是相同的，它们在对称三相电

压作用下，产生的三相电流也一定是对称的，即每相负载的电流大小相等，相位互差120°，其相量图如图1-74所示。各相电流与相电压间的数量关系及相位关系如同单相电路，即

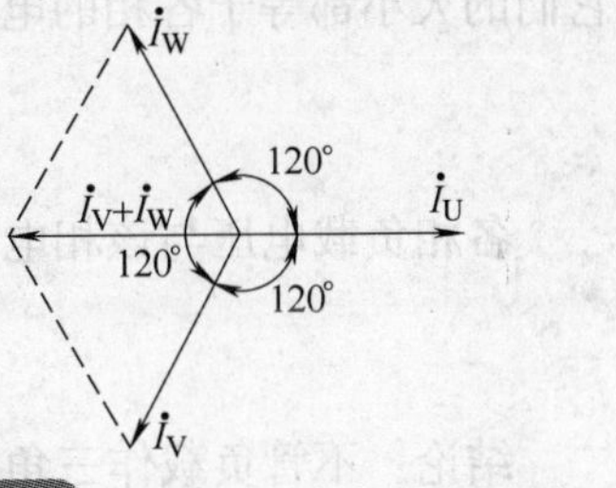

图 1-74　星形联结负载的相量图

$$I_{\curlyvee 相}=\frac{U_{\curlyvee 相}}{Z_{相}}$$

$$\varphi=\arctan\frac{X}{R}$$

式中，$Z_{相}$ 为各相负载的阻抗值；R 为负载电阻；X 为负载的电抗；φ 为各相负载电压与电流之间的相位差，即为负载的阻抗角。φ 为正时，表示相电流滞后相电压，即为感性负载；φ 为负时，表示相电流超前相电压，即为容性负载。φ 值的大小只取决于负载阻抗本身。

根据基尔霍夫电流定律可知，负载星形联结时，中性线电流为各相电流的相量之和，并可以由图1-74分析得出结论：对称负载星形联结时的三相电流之和为零，即

$$\dot{I}=\dot{I}_U+\dot{I}_V+\dot{I}_W=0$$

由于在此种情况下，中性线电流为零，因而此时取消中性线也不影响三相电路的工作，三相四线制就变成了三相三线制。通常在高压输电线路中，由于三相负载都是对称的三相变压器，所以都采用的是三相三线制输电，另外在工厂中广泛使用的三相电动机也属于对称负载，对其供电采用的也是三相三线制。如果没有了中性线，电流是怎样回去的呢，分析一下三相电流波形图就会发现，在任一时刻，一相电流恰好与其他两相电流之和的大小相等，方向相反，这样，三根相线和电源相互构成电流回路，不必通过中性线返回电源。

例 1-15　已知加在星形联结的三相异步电动机上的对称电源线电压为380V。若每相绕组的电阻为6Ω，感抗为8Ω，则求此时流入电动机每相绕组的电流及各线电流。

解：由于电源电压对称，各相负载也对称，则各相电流应相等，各线电流也应相等，中性线电流为零（因而去掉了中性线）。

$$则\ U_{相}=\frac{U_{线}}{\sqrt{3}}=\frac{380}{\sqrt{3}}\text{V}=220\text{V}$$

$$Z=\sqrt{R^2+X^2}=\sqrt{6^2+8^2}\Omega=10\Omega$$

$$I_{相}=\frac{U_{相}}{Z_{相}}=\frac{220}{10}\text{A}=22\text{A}$$

$$I_{线}=I_{相}=22\text{A}$$

（2）对称负载三角形联结的分析与计算　当负载三角形联结时，若三相负载对称，则各相的电流也是对称的，各相电流的数值均相同，根据欧姆定律可知，

它们的大小都等于各相的电压除以各相的阻抗，即

$$I_{\triangle相} = \frac{U_{\triangle相}}{Z_{\triangle相}} \tag{1-100}$$

各相负载电压与该相电流之间的相位差为

$$\varphi = \arctan \frac{X}{R} \tag{1-101}$$

结论：不管负载作三角形联结还是星形联结，其基本计算公式都是一样的。

例 1-16 把例 1-15 中的负载做三角形联结后接入电源，已知条件不变，试求相电流、线电流的大小以及相电压、相电流之间的相位差。

解：$Z = \sqrt{R^2 + X^2} = \sqrt{6^2 + 8^2}\Omega = 10\Omega$

在三角形联结中，线电压等于相电压，因而

$$I_{\triangle相} = \frac{U_{\triangle相}}{Z} = \frac{U_{\triangle相}}{Z} = \frac{380}{10}\text{A} = 10\text{A}$$

$$I_{\triangle线} = \sqrt{3}\text{A}, I_{\triangle相} = \sqrt{3} \times 38\text{A} \approx 66\text{A}$$

$$\varphi = \arctan \frac{X}{R} = \arctan \frac{8}{6} \approx 53.1°$$

将例 1-15 和本例所求得的相电流、线电流分别对应比较可得

$$\frac{I_{\triangle相}}{I_{Y相}} = \frac{38}{22} \approx \sqrt{3}$$

$$\frac{I_{\triangle线}}{I_{Y线}} = \frac{66}{22} = 3$$

由此可见：负载接成三角形联结的相电流是接成星形联结时相电流的$\sqrt{3}$倍；负载接成三角形联结时的线电流是接成星形联结时线电流的 3 倍。这个原理已应用于工程实际中，采用三角形联结的三相异步电动机，在起动过程中可以采用星形联结，以减少起动时过大的电流，通常称为降压起动。

4. 三相电路的功率

一个三相电源发出的总有功功率等于电源每相发出的有功功率之和，一个三相负载接受的总有功功率等于每相负载接受的有功功率之和，即

$$P = P_U + P_V + P_W = U_U I_U \cos\varphi_U + U_V I_V \cos\varphi_V + U_W I_W \cos\varphi_W$$

式中，U_U、U_V、U_W为各相电压；$\cos\varphi_U$、$\cos\varphi_V$、$\cos\varphi_W$为各相的功率因数。

在对称三相电路中，各相电压、相电流的有效值均相等，功率因数也相同，因而可得出

$$P = 3U_{相} I_{相} \cos\varphi_{相} = 3P_{相} \tag{1-102}$$

式（1-102）中是由相电压、相电流来表示三相有功功率的。在实际工作中，测量线电流比测量相电流方便，测量线电压要比测量相电压方便，所以三相功率的计算常用线电流、线电压来表示。

对于Y联结，相电流等于线电流，而相电压等于 $1/\sqrt{3}$ 倍的线电压，则式（1-102）又可写为

$$P_{Y}=3U_{Y相}I_{Y相}\cos\varphi=3\times\frac{U_{线}}{\sqrt{3}}\times I_{Y线}\times\cos\varphi=\sqrt{3}U_{Y线}I_{Y线}\cos\varphi$$

对于三角形联结，相电压等于线电压，而相电流等于 $1/\sqrt{3}$ 倍的线电流，则式（1-102）又可写为

$$P_{\triangle}=3U_{\triangle相}I_{\triangle相}\cos\varphi=3\times U_{\triangle相}\times\frac{I_{\triangle线}}{\sqrt{3}}\times\cos\varphi=\sqrt{3}U_{线}I_{线}\cos\varphi$$

由此可见，负载对称时，无论何种接法，求总功率的公式都是相同，即

$$P=\sqrt{3}U_{线}I_{线}\cos\varphi=3U_{相}I_{相}\cos\varphi \tag{1-103}$$

在应用式（1-103）计算功率时，应注意式中的 φ 仍是负载相电压与相电流之间的相位差，即负载的阻抗角，而不是线电压与线电流之间的相位差。

同理，可得到对称三相负载无功功率和视在功率的表达式为

$$Q=3U_{相}I_{相}\sin\varphi=\sqrt{3}U_{线}I_{线}\sin\varphi \tag{1-104}$$

$$S=\sqrt{P^2+Q^2}=\sqrt{3}U_{线}I_{线} \tag{1-105}$$

三相发电机、三相变压器、三相电动机的铭牌上标注的额定功率均指的是三相总功率。

数学推导和实验已经证明，对称三相电路在功率方面还有一个很重要的性质，对称三相电路的瞬时功率是一个不随时间变化的恒定值，且等于三相电路的有功功率，这个性质对旋转的电动机来说是极其有利的，三相电动机任一瞬间所吸收的瞬时功率恒定不变，则电动机所产生的机械转矩也恒定不变，这样就避免了机械转矩的变化而引起的振动。

例 1-17 工业上用的电阻炉常常利用改变电阻丝的接法来控制功率大小，达到调节炉内温度的目的。有一台三相电阻炉，每相电阻 $R=5.78\Omega$，试求：

（1）在 380V 线电压下，接成△联结和Y联结时，分别从电网上取用的功率。

（2）在 220V 线电压下，接成△联结时所消耗的功率。

解：（1）在 380V 线电压下，接成△联结时的线电流为

$$I_{\triangle线}=\sqrt{3}I_{\triangle相}=\sqrt{3}\times\frac{380}{5.78}\text{A}\approx114\text{A}$$

接成△联结时的功率为

$$P_{\triangle}=\sqrt{3}U_{线}I_{线}\cos\varphi=\sqrt{3}\times380\times114\times1\text{kW}\approx75\text{kW}$$

接成Y联结时的线电流为

$$I_{Y线}=I_{Y相}=\frac{380}{\sqrt{3}\times5.78}\text{A}\approx38\text{A}$$

接成Y时联结的功率为

$$P_{\curlyvee}=\sqrt{3}U_{线}I_{线}\cos\varphi=\sqrt{3}\times380\times38\times1\text{kW}\approx25\text{kW}$$

（2）$P_{\triangle}=\sqrt{3}U_{线}I_{线}\cos\varphi=\sqrt{3}\times220\times\sqrt{3}\times\dfrac{220}{5.78}\text{kW}\approx25\text{kW}$

从例 1-17 可以得出以下两点结论：

1）在线电压不变时，负载做三角形联结时的功率为做星形联结时的功率的 3 倍。

2）只要每相负载所承受的相电压相等，那么不管负载接成星形联结还是三角形联结，负载所消耗的功率均相等。

第二章 电子技术基础知识

☺ 学习目标

1. 掌握半导体的基础知识。
2. 掌握二极管的结构、分类、型号、工作原理及主要参数。
3. 掌握晶体管的结构、分类、型号、主要参数及电流放大作用。
4. 掌握基本放大电路的组成、工作原理的分析，理解负反馈的概念。
5. 掌握整流、滤波、稳压电路的组成和工作原理。

第一节 二极管及其应用

一、半导体的基本知识

物质按导电能力强弱不同可分为导体、绝缘体和半导体三大类。半导体的导电能力介于导体和绝缘体之间。目前制造半导体元器件用得最多的是硅和锗两种材料。

1. P 型和 N 型半导体

纯净的半导体称为本征半导体，它的导电能力是很弱的，但利用半导体的掺杂特性可制成 N 型和 P 型两种杂质半导体。

（1）N 型半导体　又称为电子型半导体，向本征半导体中掺入微量的 5 价元素，如磷（原子最外层有 5 个电子的物质）后，半导体会产生大量的带负电荷的电子（因为半导体原子核最外层只有 4 个电子，掺入 5 价元素后半导体中的电子数增多）。所以，导电能力比本征半导体要增强很多。

（2）P 型半导体　又称为空穴型半导体，向本征半导体中掺入微量的 3 价元素，例如硼后，半导体中电子偏少，有大量的空穴（可以看作正电荷）产生。所以，导电能力比本征半导体要增强很多。

2. PN 结及其单向导电性

（1）PN 结　把 P 型半导体和 N 型半导体用特殊的工艺使其结合在一起，就会在交界面形成一个特殊薄层，该薄层称为“PN 结”，如图 2-1 所示。PN 结是制造半导体二

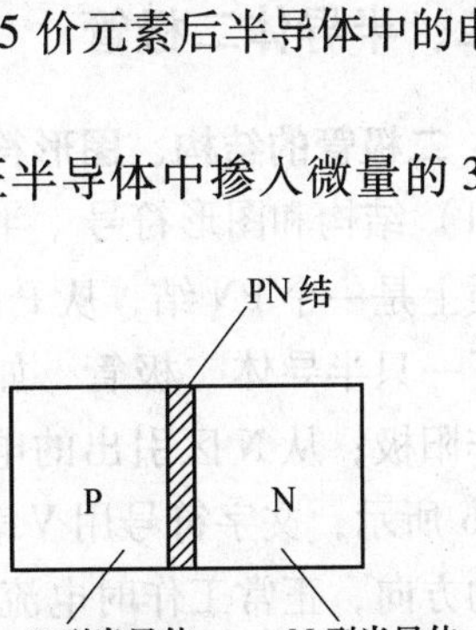

图 2-1　PN 结示意图

极管和晶体管等各种半导体器件的基础。

（2）PN 结的单向导电性　PN 结具有单向导电特性，可以通过下面的实验来验证，其实验电路如图 2-2 所示。其中，PN 结用一只具有一个 PN 结的二极管来代替，HL 为指示灯，*R* 为电路的限流电阻，*E* 为直流电源，S 为电路的开关。

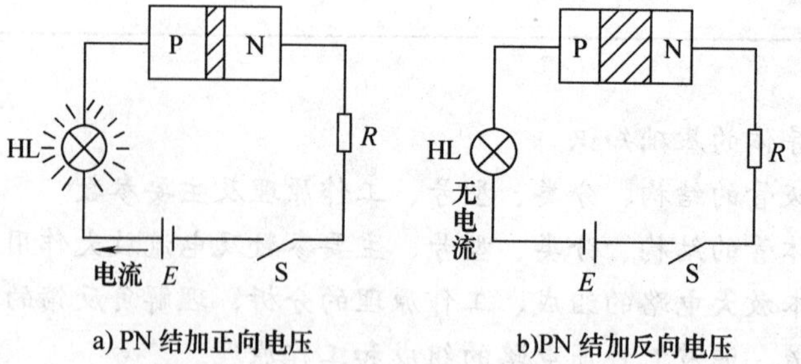

图 2-2　PN 结单向导电性的实验电路

1）PN 结加正向电压。PN 结处于导通状态。当电源正极接 P 区，负极接 N 区，此时的外加电压称为“正向电压”，或称为“正向偏置”，简称“正偏”，如图 2-2a 所示。开关 S 闭合后指示灯 HL 亮，说明此时 PN 结电阻很小，像导体一样很容易导电，这种现象称为“正向导通”。

2）PN 结加反向电压。PN 结处于截止状态。当把电源的正负极相互对调后如图 2-2b 所示。这时电源负极接 P 区，正极接 N 区，此时的外加电压称为“反向电压”，或称为“反向偏置”，简称“反偏”。开关 S 闭合后指示灯 HL 不亮，说明此时 PN 结电阻很大，像绝缘体一样不能导电，这种现象称为“反向截止”。

由以上实验可知：PN 结加正向电压导通，加反向电压截止，这是 PN 结的重要特性——单向导电性。

二、半导体二极管

1. 二极管的结构、图形符号和型号

（1）结构和图形符号　半导体二极管又叫作晶体二极管，简称二极管。二极管实质上是一个 PN 结，从 P 区和 N 区各引出一个电极，然后再封装在管壳内，就制成了一只半导体二极管，如图 2-3a 所示。从 P 区引出的电极为二极管的正极，又叫作阳极；从 N 区引出的电极为二极管的负极，又叫作阴极。电路图形符号如图 2-3b 所示，文字符号用 V 表示。图形符号中箭头的方向表示二极管正向导通时电流的方向，正常工作时电流由正极流向负极。

二极管是电子线路经常使用的器件，图 2-4 是几种常见国产二极管的外形图。

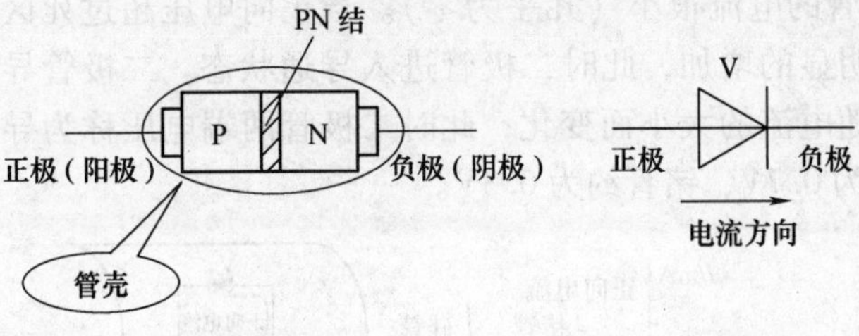

a) 结构　　b) 图形符号

图 2-3　二极管的结构和图形符号

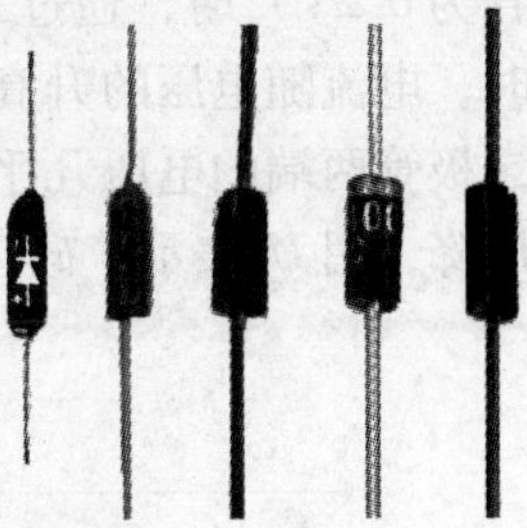

图 2-4　几种常见二极管的外形图

（2）分类　按所用材料不同，二极管可分为硅二极管和锗二极管。按用途不同，二极管有普通二极管、整流二极管、稳压二极管、开关二极管、发光二极管、光敏二极管和变容二极管等。

（3）型号　按国家标准规定，二极管的型号命名由五部分构成。型号组成部分及其含义见表 2-1。

表 2-1　二极管的型号各组成部分的含义

第一部分（数字）		第二部分（拼音）		第三部分（拼音）		第四部分（数字）	第五部分（拼音）
电极数		材料和极性		类型			
符号	意义	符号	意义	符号	意义		
2	二极管	A	N 型锗材料	P	普通二极管		
		B	P 型锗材料	W	稳压二极管		
		C	N 型硅材料	Z	整流二极管		
		D	P 型硅材料	U	光电二极管	序号	规格号（表示反向峰值电压的档次）
				K	开关二极管		
				C	参量二极管		
				L	整流堆		
				S	隧道管		

例如，2AP7 表示 N 型锗普通二极管，2DZ56C 表示 P 型硅整流二极管，规格号为 C。

2. 二极管的工作特性

加在二极管两端的电压与通过二极管电流之间的关系称为二极管的伏安特性，如图 2-5 所示。位于第一象限的曲线表示二极管的正向特性，位于第三象限的曲线表示二极管的反向特性。

（1）正向特性　所谓正向特性是指二极管加正向电压（二极管正极接高电位，负极接低电位）时的特性。

当正向电压小于某一数值（该电压称为死区电压或门槛电压，硅管为 0.5V，锗管为0.2V）时，通过二极管的电流很小（几乎为零）。当正向电压超过死区电压时，电流随电压的升高而明显的增加，此时二极管进入导通状态。二极管导通后二极管两端的电压几乎不随电流的大小而变化，此时二极管两端电压称为导通管压降，用U_T表示，硅管约为0.7V，锗管约为0.3V。

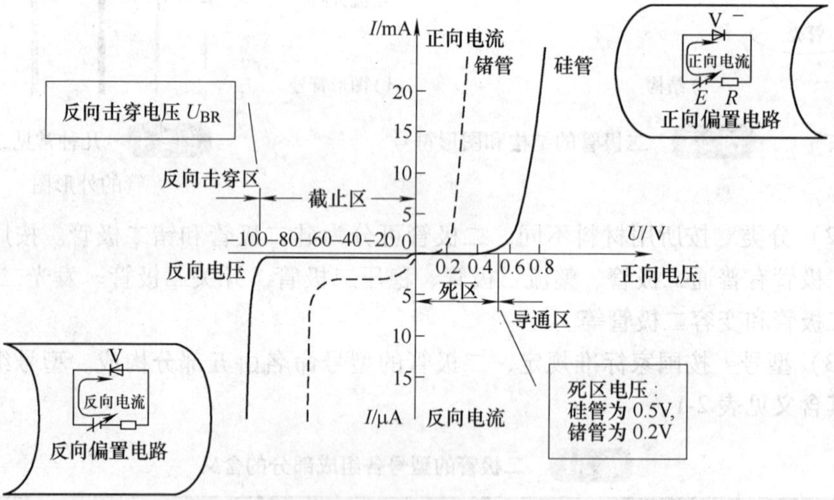

图2-5 二极管的伏安特性

提示：当二极管加正向电压时并不一定能导通，必须是正向电压达到和超过死区电压时，二极管才能导通。

（2）反向特性　所谓反向特性是指二极管加反向电压（二极管正极接低电位，负极接高电位）时的特性。

当反向电压小于某值（此电压称为反向击穿电压U_{BR}）时反向电流很小，并且几乎不随反向电压而变化，该反向电流叫作反向饱和电流，简称反向电流，用I_R表示。通常硅管的反向电流在几十微安以下，锗管的反向电流可达几百微安。在应用时反向电流越小，二极管的质量越好。

当反向电压增加到反向击穿电压U_{BR}时，反向电流急剧增大，这种现象称为“反向击穿”。反向击穿破坏了二极管的单向导电性，如果没有限流措施，二极管可能因电流过大而损坏。

在使用二极管时，电路中应该串联适当的限流电阻，以免因电流过大而损坏二极管。

提示：当二极管加反向电压时不能导通，但反向电压达到反向击穿电压（很高的反向电压）时，二极管会反向击穿。

（3）二极管的主要参数

1）最大整流电流I_{FM}。它是指允许通过二极管平均电流的最大值。正常工作时通过二极管的电流应该小于此值，否则，二极管可能会因过热而损坏。

2）最高反向工作电压 U_{RM}。它是指允许加在二极管两端反向电压的最大值（一般情况下 $U_{RM}=1/2U_{BR}$），正常工作时二极管两端所加电压最大应小于此值，否则，二极管将会反向击穿损坏。

以上两个参数是选用二极管的重要依据。

第二节 晶体管及其基本应用

一、晶体管的基础知识

晶体管外部有三个电极，内部有三层半导体，形成两个 PN 结。对应的三层半导体分别为发射区、基区和集电区，从三个区引出的三个电极分别为发射极、基极和集电极，分别用符号 E、B、C 或 e、b、c 表示。发射区与基区之间的 PN 结称为发射结，集电区与基区之间的 PN 结称为集电结。按照两个 PN 结的组合方式不同，晶体管分为 NPN 型和 PNP 型两大类，其结构和图形符号如图 2-6 所示。晶体管的文字符号用 V 表示。图中，箭头方向表示发射结正向偏置时发射极电流的方向，箭头朝外的是 NPN 型晶体管，箭头朝里的是 PNP 型晶体管。

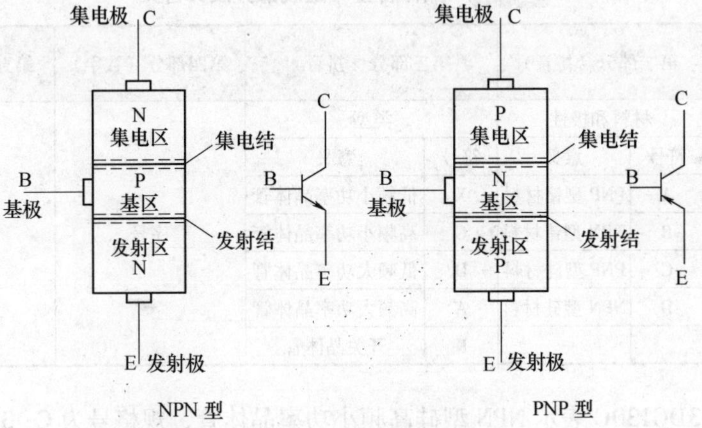

图 2-6 晶体管的结构示意图和表示符号

提示：虽然发射区和集电区半导体类型一样，但发射区掺杂浓度比集电区高；在几何尺寸上，集电区面积比发射区面积大，所以，它们并不对称，发射极和集电极不能互换使用。

常见国产晶体管的外形，如图 2-7 所示。

1. 种类

晶体管的种类很多，按不同的分类方法可分为多种。按内部结构不同，分为

NPN 型和 PNP 型；按所用半导体材料不同，分为硅晶体管和锗晶体管；按工作频率不同，分为高频晶体管和低频晶体管；按功率不同，分为大功率晶体管和小功率晶体管；按用途不同，分为放大晶体管和开关晶体管。目前我国生产的 NPN 型晶体管多采用硅材料，而 PNP 型晶体管多采用锗材料。

图 2-7 常见晶体管的外形

2. 型号

按国家标准规定，晶体管的型号命名同二极管一样由五部分构成。晶体型号组成部分及其含义见表 2-2 所示。

表 2-2 晶体管型号组成部分及其含义

第一部分（数字）		第二部分（拼音）		第三部分（拼音）		第四部分（数字）	第五部分（拼音）
电极数		材料和极性		类型		序号	规格号
符号	意义	符号	意义	符号	意义		
3	晶体管	A	PNP 型锗材料	X	低频小功率晶体管		
		B	NPN 型锗材料	G	高频小功率晶体管		
		C	PNP 型硅材料	D	低频大功率晶体管		
		D	NPN 型硅材料	A	高频大功率晶体管		
				K	开关晶体管		

例如，3DG130C 表示 NPN 型硅高频小功率晶体管，规格号为 C；3AX52B 表示 PNP 型锗低频小功率晶体管，规格号为 B。

二、晶体管的电流放大作用

1. 晶体管的工作电压

晶体管要实现电流放大，必须满足一定的外部条件，即发射结加正向电压，集电结加反向电压。由于 NPN 型和 PNP 型晶体管极性不同，所以外加电压的极性也不同，如图 2-8 所示。

对于 NPN 型晶体管，C、B、E 三个电极的电位必须符合：$U_C > U_B > U_E$；对于

PNP 型晶体管，电源的极性与 NPN 型相反，C、B、E 三个电极的电位应符合：$U_C < U_B < U_E$。

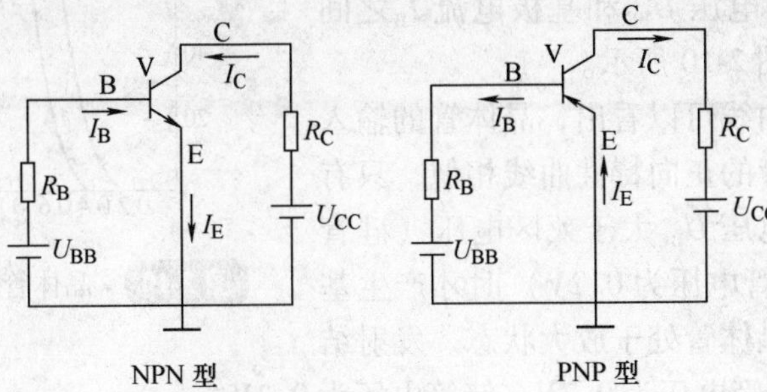

图 2-8　晶体管的工作电压

2. 晶体管的电流放大作用

$$I_C = \bar{\beta} I_B \tag{2-1}$$

集电极电流是基极电流的 $\bar{\beta}$ 倍，只要用很小的基极电流，就可以引起较大的集电极电流，即

$$\Delta I_C = \beta \Delta I_B$$

晶体管集电极电流的变化量 ΔI_C 是基极电流变化量 ΔI_B 的 β 倍，只要基极电流有较小的变化，就可以引起集电极电流较大的变化。

一般情况下，同一只晶体管的 $\bar{\beta}$ 比 β 略小，实际应用时并不严格区分。

3. 晶体管三个电极的电流分配关系

晶体管三个电极的电流关系为

$$I_E = I_B + I_C \tag{2-2}$$

其中，I_E 最大，I_C 其次，I_B 最小，所以集电极电流与发射极电流近似相等，即

$$I_C \approx I_E$$

4. 晶体管的工作特性

晶体管的工作特性可用特性曲线来反映，特性曲线有输入特性和输出特性曲线两种，该曲线可以用晶体管特性图示仪直接观察，也可以通过实验电路来测试，其测试电路如图 2-9 所示。

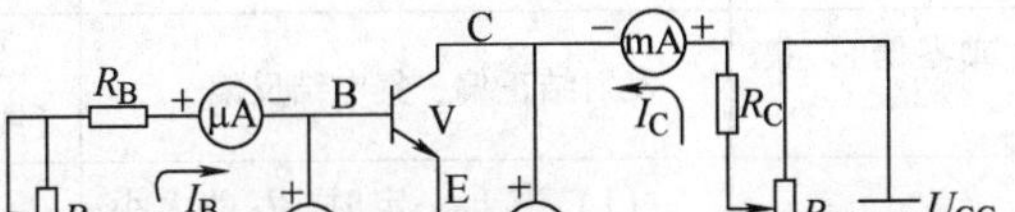

图 2-9　晶体管特性曲线的测试电路

（1）输入特性　输入特性是指在 U_{CE} 一定的条件下，加在晶体管基极与发射极之间（发射结两端）的电压 U_{BE} 和基极电流 I_B 之间的关系曲线，如图 2-10 所示。

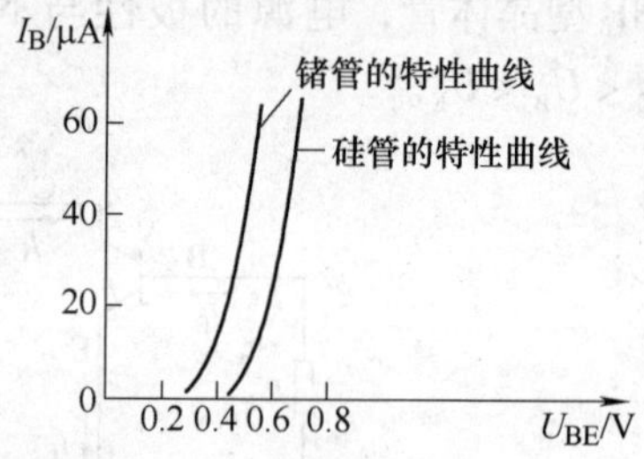

图 2-10　晶体管的输入特性曲线

由输入特性曲线可以看出，晶体管的输入特性曲线与二极管的正向特性曲线相似，只有当发射结的正向电压 U_{BE} 大于死区电压（硅管电压为 0.5V，锗管电压为 0.2V）时才产生基极电流 I_B，这时晶体管处于放大状态。发射结两端电压 U_{BE}，硅管电压为 0.7V，锗管电压为 0.3V。

（2）输出特性　输出特性是指在 I_B 一定的条件下，晶体管集电极与发射极之间的电压 U_{CE} 与集电极电流 I_C 之间的关系曲线，如图 2-11 所示。

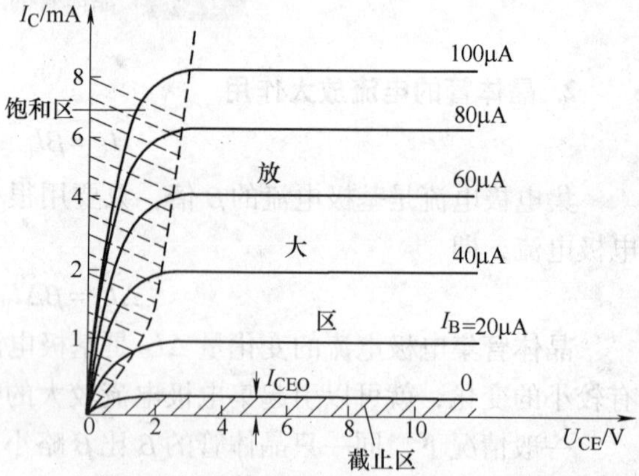

图 2-11　晶体管的输出特性曲线

每条曲线可分为线性上升、弯曲和平坦三部分。对应不同 I_B 值有不同的曲线，从而形成曲线簇。各条曲线上升部分很陡，几乎重合，平坦部分则按 I_B 值从下往上排列，I_B 的取值间隔均匀，相应的特性曲线在平坦部分也均匀，且与横轴平行。

晶体管的输出特性曲线分为三个区域，不同的区域对应着晶体管的三种不同工作状态，见表 2-3。

表 2-3　晶体管输出特性曲线的三个工作区域

名称	截止区	放大区	饱和区
范围	$I_B=0$ 曲线以下区域，几乎与横轴重合	平坦部分线性区域，几乎与横轴平行	曲线上升和弯曲部分
条件	发射结反偏（或零偏），集电结反偏	发射结正偏，集电结反偏	发射结正偏，集电结正偏（或零偏）
特征	$I_B=0$，$I_C=I_{CEO}\approx 0$	（1）当 I_B 一定时，I_C 的大小与 U_{CE} 基本无关，具有恒流特性 （2）I_B 不同，曲线也不同，I_C 受 I_B 控制，具有电流放大作用，即 $\Delta I_C=\beta\Delta I_B$	U_{CE} 很小，各电极电流都很大，I_C 不受 I_B 控制

（续）

名称	截　止　区	放　大　区	饱　和　区
工作状态	截止状态，C 极和 E 极间相当于开关断开	放大状态	饱和状态，C 极和 E 极间相当于开关接通

提示：晶体管饱和时的 U_{CE} 值称为饱和管压降，记作 U_{CES}，小功率硅管的 U_{CES} 约为 0.3V，锗管的 U_{CES} 约为 0.1V。

综上所述，对于 NPN 型晶体管：工作于放大区时，$U_C > U_B > U_E$；工作于截止区时，$U_B \leqslant U_E$；工作于饱和区时，$U_C \leqslant U_B$。PNP 型晶体管与之相反。晶体管有三种工作状态，不同的电子电路晶体管工作状态不同。在模拟电子电路中晶体管大多工作在放大状态，作为放大管使用；在数字电子电路中晶体管工作在饱和和截止状态，作为开关管使用。

三、晶体管的主要参数

晶体管的特性除了用特性曲线来描述外，还可以用有关参数来表示。这些参数反映了晶体管的性能和安全运用范围，是正确使用和合理选择管子的依据。晶体管的参数较多，这里只介绍几个主要的参数，见表 2-4。

表 2-4　晶体管的主要参数

类型	参　　数	符　号	说　　明	选　　用
电流放大系数	共射极直流电流放大系数	$\bar{\beta}$	晶体管集电极电流与基极电流的比值，即 $\bar{\beta}=I_C/I_B$，反映了晶体管的直流放大能力	同一只晶体管，在相同的工作条件下 $\bar{\beta}\approx\beta$，应用中不再区分。选晶体管时，β 值应恰当，β 太小，放大作用差；β 太大，性能不稳定，通常选用 30～100 之间的晶体管
	共射极交流电流放大系数	β	晶体管集电极电流的变化量与基极电流的变化量之比，即 $\beta=\Delta I_C/\Delta I_B$，反映了晶体管的交流电流放大能力	
极间反向电流	集电极-基极间的反向饱和电流	I_{CBO}	发射极开路时，C 极和 B 极间的反向饱和电流	I_{CBO} 越小，集电结的单向导电性越好
	集电极-发射极间反向饱和电流	I_{CEO}	B 极开路时（$I_B=0$），C 极和 E 极间的反向饱和电流，好像是从 C 极直接穿透晶体管到达 E 极的电流，故又叫作“穿透电流”	$I_{CEO}=(1+\beta)I_{CBO}$，反映了晶体管的稳定性。选晶体管时，I_{CEO} 越小，晶体管受温度影响越小，工作越稳定
极限参数	集电极最大允许电流	I_{CM}	集电极电流过大时，晶体管的 β 值要降低，一般规定 β 值下降到正常值的 2/3 时的集电极电流为集电极最大允许电流	使用时一般 $I_C < I_{CM}$，否则晶体管易烧毁。选晶体管时，$I_{CM} \geqslant I_C$

（续）

类型	参数	符号	说明	选用
极限参数	集电极-发射极间的反向击穿电压	$U_{(BR)CEO}$	基极开路时，加在C极与E极间的最大允许电压	使用时，一般 $U_{CE}<U_{(BR)CEO}$，否则易造成晶体管击穿。选晶体管时，$U_{(BR)CEO}\geqslant U_{CE}$
	集电极最大允许消耗功率	P_{CM}	集电极消耗功率的最大限额 P_{CM}的大小与环境温度有密切关系，温度升高，P_{CM}减小。对于大功率晶体管，常在晶体管上加散热器或散热片，降低晶体管的环境温度，从而提高 P_{CM}	工作时，$U_{CE}I_C<P_{CM}$，否则晶体管会因过热而损坏。选晶体管时，$P_{CM}\geqslant U_{CE}I_C$

例如，低频小功率晶体管3CX200B，其中 β 为55～400，$I_{CM}=300mA$，$U_{(BR)CEO}=18V$，$P_{CM}=300mW$。

第三节　放大电路及其应用

放大电路又称为放大器，是电子设备中最常用的一种基本单元电路。能够把信号源送来的微弱电信号（指变化的电压或电流信号）不失真地放大为所需值的装置叫作放大器，放大器的基本结构如图2-12所示。放大器由基本放大电路、信号源及负载三部分组成。输入端接于放大的信号源，输出端接负载。

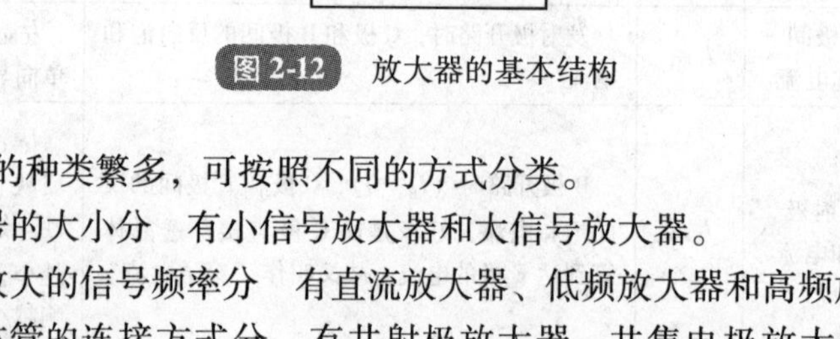

图2-12　放大器的基本结构

放大电路的种类繁多，可按照不同的方式分类。

1）按信号的大小分　有小信号放大器和大信号放大器。

2）按所放大的信号频率分　有直流放大器、低频放大器和高频放大器。

3）按晶体管的连接方式分　有共射极放大器、共集电极放大器和共基极放大器。

4）按元件集约程度来分　有分立元件放大器和集成放大器等。

本节着重介绍的是低频小信号共射极基本放大电路。

一、共射极基本放大电路

1. 共射极基本放大电路的组成及各元件的作用

图 2-13 所示为应用最广的共射极基本放大电路。信号从 1—1′端输入，从 2—2′端输出，1′端和 2′端是输入和输出的公共端，共射极放大电路因发射极是输入电路和输出电路的公共端而得名。

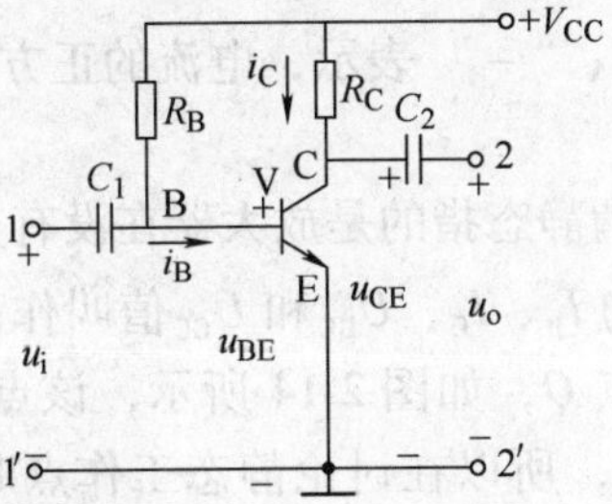

图 2-13 共射极基本放大电路

放大电路各元件的作用见表 2-5。

表 2-5 放大电路各元件的作用

元件	名称	主要作用
V	晶体管	具有电流放大作用，可以将微小的基极电流转换成较大的集电极电流，是放大器的核心
V_{CC}	直流电源	一是为电路提供能源；二是为电路提供工作电压
R_B	基极偏置电阻	为电路提供静态偏流 I_{BQ}，R_B 的阻值一般是几十千欧至几百千欧之间
R_C	集电极电阻	将晶体管的电流放大作用变换成电压放大作用。R_C 的取值一般是几千欧至几十千欧之间
C_1、C_2	耦合电容	（1）隔直流，使晶体管中的直流电流不影响输入端之前的信号源，也不影响输出端之后的负载 （2）通交流，当 C_1、C_2 的电容量足够大时，它们对交流信号呈现的容抗很小，可近似看作短路，这样可使交流信号顺利地通过 C_1、C_2 选用容量一般为几微法至几十微法的电解电容

2、放大电路中电压、电流符号及正方向的规定

在没有信号输入时，放大电路中晶体管各电极的电压、电流均为直流。当有信号输入时，电路中两个电源（直流电源和信号源）共同作用，电路中的电压和电流是两个电源单独作用时产生的电压、电流的叠加量（即直流分量与交流分量的叠加）。为了清楚地表示不同的物理量，本书将电路中出现的有关电量的符号列举出来见表 2-6。

表 2-6 电压、电流符号的规定

物理量	表示符号
直流量	用大写字母带大写下标（俗称“大大”），如：I_B、I_C、I_E、U_{BE}、U_{CE}
交流量	用小写字母带小写下标（俗称“小小”），如：i_b、i_c、i_e、u_{be}、u_{ce}、u_i、u_o
交直流叠加量	用小写字母带大写下标（俗称“小大”），如：i_B、i_C、i_E、u_{BE}、u_{CE}
交流分量的有效值	用大写字母带小写下标（俗称“大小”），如：I_b、I_c、I_e、U_{be}、U_{ce}

电压的正方向用“+”、“-”表示，电流的正方向用箭头表示。

3. 静态工作点的设置

（1）静态工作点　所谓静态指的是放大器在没有交流信号输入（即 $u_i=0$）时的工作状态。这时晶体管的 I_B、I_C、U_{BE} 和 U_{CE} 值叫作静态值。静态值分别在输入、输出特性曲线上对应着一点 Q，如图 2-14 所示，该点称为静态工作点，或简称 Q 点。由于 U_{BE} 基本是恒定的，所以在讨论静态工作点时主要考虑 I_B、I_C 和 U_{CE} 三个量，并分别用 I_{BQ}、I_{CQ} 和 U_{CEQ} 表示。

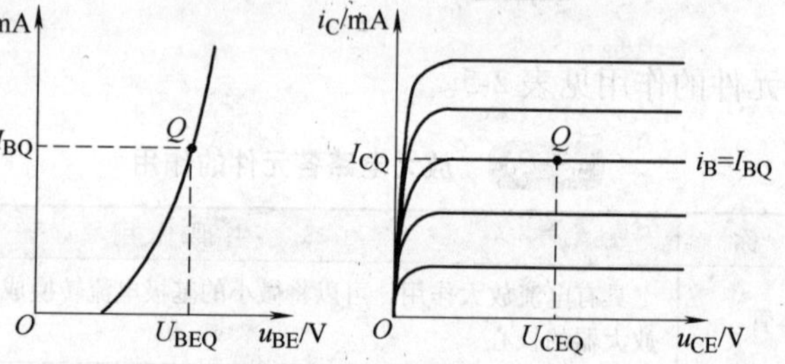

a) 输入特性曲线上的 Q 点　　b) 输出特性曲线上的 Q 点

图 2-14 静态工作点

（2）静态工作点的作用　若把基极电阻 R_B 断开，晶体管发射结无偏置电压，即 $U_{BEQ}=0$，这时，偏置电流 $I_{BQ}=0$，$I_{CQ}=0$，静态工作点在坐标原点。当 u_i 为正半周时，晶体管发射结正向偏置，但由于晶体管的输入特性曲线存在死区，所以只有当输入信号电压超过死区电压时，晶体管才能导通，产生基极电流 i_B；当输入信号电压 u_i 为负半周时，发射结反向偏置，晶体管截止，$i_B=0$，如图 2-15 所示。这时 i_B 波形与输入电压波形 u_i 不同，发生了失真。

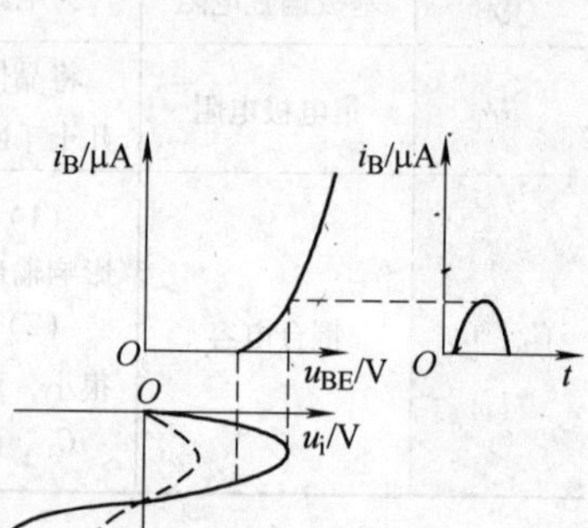

图 2-15 无偏置电阻时，u_{BE} 和 i_{BE} 的工作波形

接上基极电阻 R_B，若设置了合适的静态工作点，当输入信号电压 u_i 后，u_i 与静态时 U_{BEQ} 相叠加为发射结两端的电压，若该电压始终大于晶体管的死区电压，那么在输入电压的

整个周期内晶体管始终处于导通状态，即随输入电压 u_i 的变化均有基极电流，这样，使放大器能不失真地把输入信号得到放大，如图 2-16 所示。

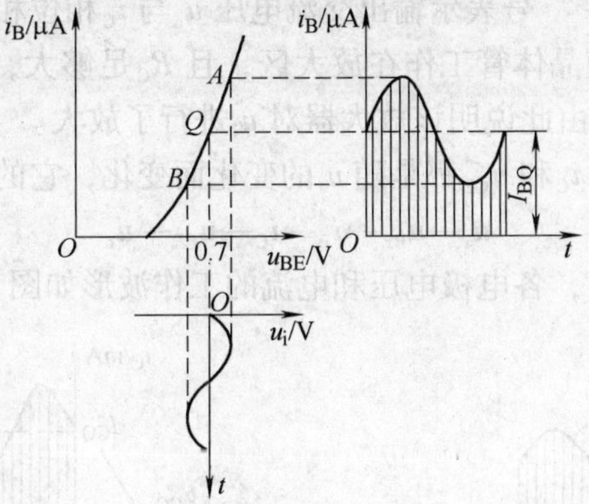

图 2-16　静态工作点合适时，u_{BE} 和 i_{BE} 的工作波形

由此可见，一个放大器必须设置合适的静态工作点，这是放大器能不失真放大交流信号的条件。

4. 工作原理

上面讨论了共射极基本放大电路的组成及各元器件的作用，明确了设置静态工作点的意义。下面讨论下共射极基本放大电路的放大原理，即给放大器输入一个交流信号电压，经放大器放大后输出信号的情况。

1）输入信号 $u_i=0$ 时，输出信号 $u_o=0$。这时在直流电源电压 V_{CC} 作用下通过 R_B 产生了 I_{BQ}，经晶体管的电流放大，转换为 I_{CQ}，I_{CQ} 通过 R_C 在 C—E 极间产生了 U_{CEQ}。I_{BQ}、I_{CQ}、U_{CEQ} 均为直流量，即静态工作点。

2）若输入信号电压 u_i，即 $u_i \neq 0$ 时，称为动态。u_i 通过电容 C_1 送到晶体管的基极和发射极之间，与直流电压 U_{BEQ} 叠加，这时基极总电压为

$$u_{BE}=U_{BEQ}+u_i$$

这里所加的 u_i 为低频小信号，工作点在输入特性曲线线性区域移动，电压和电流近似为线性关系。在 u_i 的作用下产生基极电流 i_B，这时基极总电流为

$$i_B=I_{BQ}+i_B \tag{2-3}$$

i_B 经晶体管的电流放大，这时集电极总电流为

$$i_C=I_{CQ}+i_C \tag{2-4}$$

i_C 在集电极电阻 R_C 上产生电压降 $i_C R_C$（为了便于分析，假设放大电路为空载），使集电极电压 $u_{CE}=V_{CC}-i_C R_C$。

经变换：$$u_{CE}=U_{CEQ}+(-i_C R_C)$$

即 $$u_{CE}=U_{CEQ}+u_{CE} \tag{2-5}$$

由于电容 C_2 的隔直作用，在放大器的输出端只有交流分量 u_{CE} 输出，输出的交

流电压为

$$u_o = u_{CE} = -i_C R_C \tag{2-6}$$

式（2-6）中，“－”号表示输出交流电压 u_o 与 i_C 相位相反。

只要电路参数能使晶体管工作在放大区，且 R_C 足够大，则 u_o 的变化幅度将比 u_i 变化幅度大很多倍，由此说明该放大器对 u_i 进行了放大。

电路中，u_{BE}、i_B、i_C 和 u_{CE} 都是随 u_i 的变化而变化，它的变化作用顺序如下：

$$u_i \rightarrow u_{BE} \rightarrow i_B \rightarrow i_C \rightarrow u_{CE} \rightarrow u_o$$

放大器动态工作时，各电极电压和电流的工作波形如图 2-17 所示。

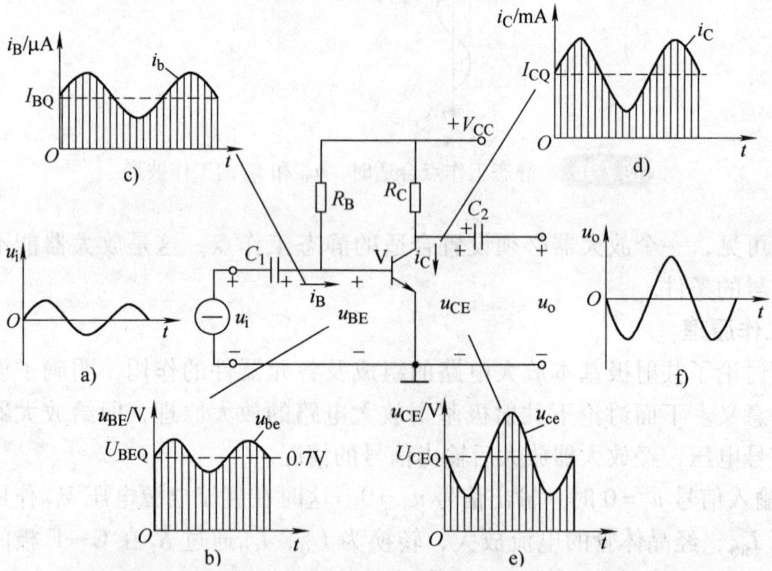

图 2-17　共射极基本放大电路各电极电压、电流的工作波形

从工作波形可以看出：

➢ 输出电压 u_o 的幅度比输入电压 u_i 的幅度大，说明放大器实现了电压放大。u_i、i_b、i_c 三者频率相同，相位相同，而 u_o 与 u_i 相位相反，这叫作共射极放大器的“倒相”作用。

➢ 动态时，u_{BE}、i_B、i_C、u_{CE} 都是直流分量和交流分量的叠加，波形也是两种分量的合成。

➢ 虽然动态时各部分电压和电流大小随时间变化，但方向却始终保持和静态时一致，所以静态工作点 I_{BQ}、I_{CQ}、U_{CEQ} 是交流放大的基础。

提示：电压放大作用是一种能量转换作用，即在很小的输入功率控制下，将电源的直流功率转变成了较大的输出功率，放大器的输出功率比输入功率大。虽然升压变压器可以增大电压幅度，但由于它的输出功率总比输入功率小，所以不能称它为放大器。

5. 共射极基本放大电路的分析

共射极基本放大电路的分析方法有近似估算法和图解法。在分析低频小信号放大器时，一般采用估算法较为简便；用图解法比较直观。以下重点介绍近似估算法。

已知电路各元器件的参数，利用公式通过近似计算来分析放大器性能的方法称为近似估算法。

当放大器输入交流信号后，放大器中同时存在着直流分量和交流分量两种成分。由于放大器中通常都存在电抗性元件，所以直流分量和交流分量的通路是不一样的。在进行电路分析和计算时注意把两种不同分量作用下的通路区别开来，这样将使电路的分析更方便。

（1）静态工作点　由于静态只研究直流，为分析方便起见，可根据直流通路进行分析。

所谓直流通路是指直流电流流通的路径。因电容具有隔直作用，所以在画直流通路时，把电容看作断路，图 2-18b 为图 2-18a 的直流通路。

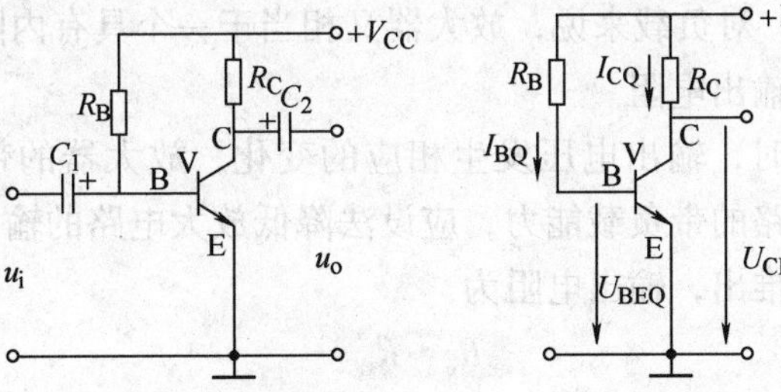

a) 共射极基本放大电路　　b) 直流通路

图 2-18　共射极放大电路

由直流通路可推导出有关近似估算静态工作点的公式，见表 2-7。

表 2-7　近似估算静态工作点的公式

静态工作点的公式		说　明
基极偏置电流	$I_{BQ}=\dfrac{V_{CC}-U_{BEQ}}{R_B}\approx\dfrac{V_{CC}}{R_B}$	晶体管 U_{BEQ} 很小（硅管为 0.7V，锗管为 0.3V），与 V_{CC} 相比可忽略不计
静态集电极电流	$I_{CQ}\approx\beta I_{BQ}$	根据晶体管的电流放大原理
静态集电极电压	$U_{CEQ}=V_{CC}-I_{CQ}R_C$	根据回路电压定律

（2）放大器的输入电阻、输出电阻和电压放大倍数　由于输入、输出电阻及电压放大倍数均反映的是交流分量的关系，为了方便计算，只需画交流通路来进行分析。

所谓交流通路是指交流电流流通的路径。在画交流通路时，因电容通交流，而直流电源的内阻又很小，所以把电容和直流电源都视为交流短路。图 2-19 为图 2-18a 的交流通路。

1）输入电阻 R_i　放大器的输入电阻是指从放大器的输入端看进去的交流等效电阻。晶体管的基极与发射极间可等效为 r_{BE}，r_{BE} 可按下面经验公式进行估算，即

$$r_{BE}=300+(1+\beta)\frac{26}{I_{EQ}} \tag{2-7}$$

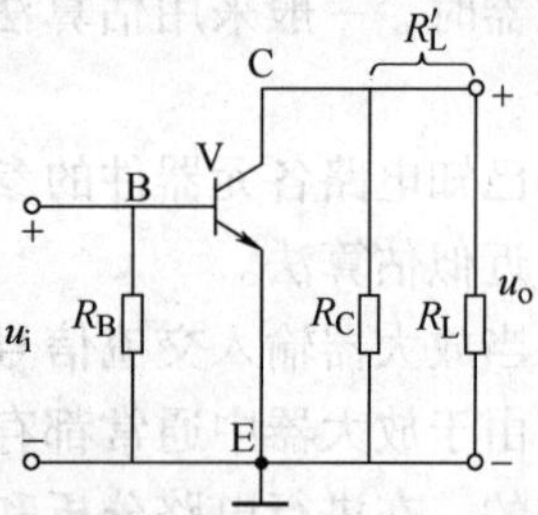

图 2-19　放大电路的交流通路

其中，I_{EQ} 为静态时发射极电流，单位为 mA。一般情况下，$r_{BE}\approx 1\text{k}\Omega$。放大器的输入电阻为

$$R_i\approx r_{BE} \tag{2-8}$$

对信号源来说，放大器是其负载，输入电阻 R_i 表示信号源的负载电阻。一般情况下，希望放大器的输入电阻尽可能大些，这样，向信号源（或前一级电路）汲取的电流小，有利于减轻信号源的负担。

2）输出电阻 R_o　对负载来说，放大器又相当于一个具有内阻的信号源，这个内阻就是放大电路的输出电阻。

当负载发生变化时，输出电压发生相应的变化，放大器的带负载能力差。因此，为了提高放大电路的带负载能力，应设法降低放大电路的输出电阻。

通过交流通路可推出，输出电阻为

$$R_o\approx R_C \tag{2-9}$$

3）电压放大倍数 A_u　所谓电压放大倍数是指输出电压 u_o 与输入信号 u_i 之比，即

$$A_u=\frac{u_o}{u_i} \tag{2-10}$$

通过交流通路，可推出空载时的电压放大倍数为

$$A_u=-\frac{\beta R_c}{r_{BE}} \tag{2-11}$$

有载时的电压放大倍数为

$$A_u=-\frac{\beta R'_L}{r_{BE}} \tag{2-12}$$

其中，$R'_L=R_C /\!/ R_L=\dfrac{R_C R_L}{R_C+R_L}$

例 2-1　在如图 2-18 所示共射极基本放大电路中，设 $V_{CC}=12\text{V}$，$R_B=300\text{k}\Omega$，$R_C=2\text{k}\Omega$，$\beta=50$，$R_L=2\text{k}\Omega$。试求静态工作点、输入电阻 R_i、输出电阻 R_o 及空载与有载两种情况下的电压放大倍数。

解：静态偏置电流为　$I_{BQ}\approx\frac{V_{CC}}{R_B}=\frac{12}{300\times10}mA=0.04mA=40\mu A$

静态集电极电流为　$I_{CQ}\approx\beta I_{BQ}=50\times0.04mA=2mA$

静态集电极电压为　$U_{CEQ}=V_{CC}-I_{CQ}R_C=12V-2\times2V=8V$

晶体管的交流输入电阻为

$$r_{BE}=300+(1+\beta)\frac{26}{I_{EQ}}=300\Omega+(1+50)\frac{26}{2}\Omega=950\Omega\approx0.95k\Omega$$

放大器的输入电阻为　$R_i\approx r_{BE}=0.95k\Omega$

放大器的输出电阻为　$R_o\approx R_C=2k\Omega$

空载时，放大器的电压放大倍数为　$A_u=-\frac{\beta R_C}{r_{BE}}=-\frac{50\times2}{0.95}\approx-106$

有载时，等效负载电阻为　$R'_L=\frac{R_C R_L}{R_C+R_L}=1k\Omega$

放大器的电压放大倍数为　$A_u=-\frac{\beta R'_L}{r_{BE}}=-\frac{50\times1}{0.95}\approx-53$

（3）波形失真与静态工作点的关系

1）工作点偏高易引起饱和失真　当输出信号波形负半周被部分削平，这种现象叫作“饱和失真”。

产生饱和失真的原因：Q 点偏高。如图 2-20 中的 Q'点，输入信号的正半周有一部分进入饱和区，使输出信号的负半周被部分削平。

消除失真的方法：增大 R_B，减小 I_{BQ}，使 Q 点适当下移。

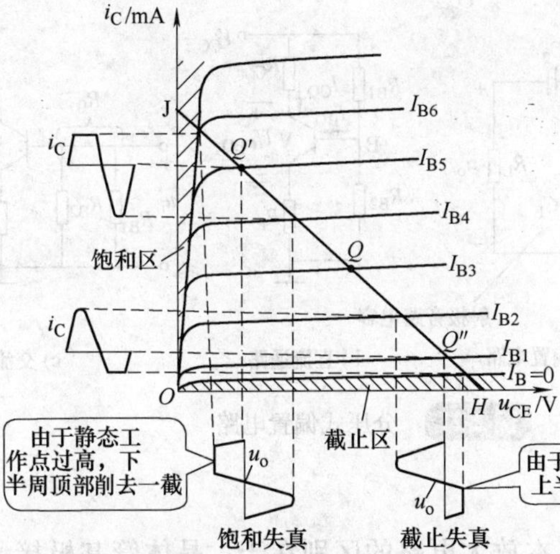

图 2-20　波形失真与静态工作点的关系

2）工作点偏低易引起截止失真　当输出信号的正半周被部分削平，这种现象叫作“截止失真”。

产生截止失真的原因：Q 点偏低。如图 2-20 中的 Q''点，输入信号电压负半周有一部分进入截止区，使输出信号正半周被部分削平。

消除截止失真的方法：减小 R_B，增大 I_{BQ}，使 Q 点适当上移。

饱和失真和截止失真分别是因为工作点进入饱和区和截止区（非线性区）而发生的失真。所以饱和失真和截止失真统称为“非线性失真”。

由上分析可知，静态工作点的位置对放大器的性能和输出波形都有很大影响。如果静态工作点偏高，放大器在加入交流信号以后容易产生饱和失真，此时 u_o的负半周将被削底；如果工作点偏低，则易产生截止失真，即 u_o的正半周将被削顶。这两种情况都不符合不失真放大的要求。若需满足较大信号幅度的要求，静态工作点最好尽量靠近交流负载线的中点。

二、分压式射极偏置电路

共射极基本放大电路的结构虽简单，但它最大的缺点是静态工作点不稳定，当环境温度变化、电源电压波动，更换晶体管时都会使静态工作点偏离原来的位置，使输出信号发生非线性失真，严重时会使放大器不能正常工作。工作点不稳定的各种因素中，温度是主要因素。

要使温度变化时，保持静态工作点稳定不变，可采用分压式射极偏置电路。如图 2-21a 所示为分压式射极偏置电路。下面讨论这种电路的结构特点和工作原理。

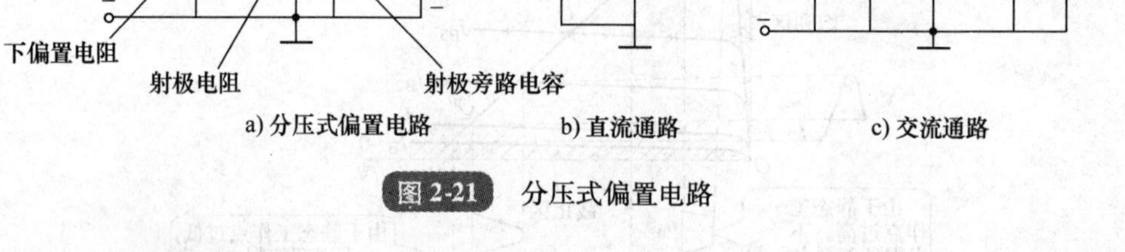

图 2-21 分压式偏置电路

1. 电路组成

与前面介绍的共射极基本放大电路的区别在于：晶体管基极接了两个分压电阻 R_{B1}和 R_{B2}，发射极串联了电阻 R_E和电容器 C_E。

1）利用上偏置电阻 R_{B1}和下偏置电阻 R_{B2}组成串联分压器，为基极提供稳定的静态工作电压 U_{BQ}。

图 2-21b 所示为分压式射极偏置电路的直流通路。若流过 R_{B1} 的电流为 I_1，流过 R_{B2} 的电流为 I_2，则 $I_1 = I_2 + I_{BQ}$。

如果电路满足条件 $I_2 >> I_{BQ}$，则基极电压为

$$U_{BQ} \approx \frac{R_{B2}}{R_{B1}+R_{B2}} V_{CC}$$

由此可见，U_{BQ} 只取决于 V_{CC}、R_{B1} 和 R_{B2}，它们都不随温度的变化而变化，所以 U_{BQ} 将稳定不变。

2）利用发射极电阻 R_E，自动使静态电流 I_{EQ} 稳定不变。

由直流通路可看出，$U_{BQ} = U_{BEQ} + U_{EQ}$。式中，$U_{EQ}$ 为发射极电阻 R_E 上的电压。

若满足 $U_{BQ} >> U_{BEQ}$，则 $I_{EQ} \approx \frac{U_{BQ}}{R_E}$

可见，静态电流 I_{EQ} 也是稳定的。

综上所述，如果电路能满足 $I_2 \gg I_{BQ}$ 和 $U_{BQ} \gg U_{BEQ}$ 两个条件，由静态工作电压 U_{BQ}、静态工作电流 I_{EQ}（或 I_{CQ}）将主要由外电路参数 V_{CC}、R_{B1} 和 R_{B2} 和 R_E 决定，与环境温度、晶体管的参数几乎无关。

2. 估算静态工作点

通过直流通路可求出电路的静态工作点公式见表 2-8。

表 2-8 静态工作点公式

静态工作点公式		说明
静态基极电位	$U_{BQ} \approx \frac{R_{B2}}{R_{B1}+R_{B2}} V_{CC}$	$I_2 \gg I_{BQ}$
静态发射极电流	$I_{EQ} \approx \frac{U_{BQ}}{R_E}$	$U_{BQ} \gg U_{BEQ}$
静态集电极电流	$I_{CQ} \approx I_{EQ}$	集电极电流 I_{CQ} 和发射极电流 I_{EQ} 相差不大
静态偏置电流	$I_{BQ} = \frac{I_{CQ}}{\beta}$	根据晶体管电流放大原理 $I_{CQ} = \beta I_{BQ}$
静态集电极电压	$U_{CEQ} = V_{CC} - I_{CQ}(R_C + R_E)$	根据回路电压定律

3. 估算输入电阻、输出电阻和电压放大倍数

图 2-21c 所示为分压式偏置电路的交流通路，交流通路与共射极基本放大电路的交流通路相似，等效电路也相似，其中 $R_B = R_{B1} // R_{B2}$。因此，输入电阻、输出电阻和电压放大倍数的估算公式完全相同。

4. 特点

分压式偏置电路的静态工作点稳定性好，对交流信号基本无削弱作用。如果放大电路满足 $I_2 \gg I_{BQ}$ 和 $U_{BQ} \gg U_{BEQ}$ 两个条件，那么静态工作点将主要由直流电源和电路参数决定，与晶体管的参数几乎无关。在更换晶体管时，不必重新调整静态

工作点，这给维修工作带来很大的方便。所以分压式偏置电路在电气设备中得到非常广泛的应用。

例 2-2 在图 2-21a 中，若 $R_{B1}=7.6k\Omega$，$R_{B2}=2.4k\Omega$，$R_C=2k\Omega$，$R_L=2k\Omega$，$R_E=1k\Omega$，$V_{CC}=12V$，晶体管的 $\beta=60$。求：（1）放大电路的静态工作点；（2）放大电路的输入电阻 R_i、输出电阻 R_o 及电压放大倍数 A_{uL}。

解：（1）基极电压 $U_{BQ}\approx\dfrac{R_{B2}}{R_{B1}+R_{B2}}V_{CC}=\dfrac{2.4\times12}{2.4+7.6}V=2.88V$

静态集电极电流 $I_{CQ}\approx I_{EQ}=\dfrac{U_{BQ}}{R_E}=\dfrac{2.88}{1\times10^3}A=2.88mA$

静态偏置电流 $I_{BQ}=\dfrac{I_{CQ}}{\beta}=\dfrac{2.88}{60}\mu A\approx36\mu A$

静态集电极电压 $U_{CEQ}=V_{CC}-I_{CQ}(R_C+R_E)=12V-2.88mA\times(1k\Omega+2k\Omega)V=3.36V$

（2）$r_{be}=300+(1+\beta)\dfrac{26}{I_{EQ}}=300+(1+60)\dfrac{26}{2.88}\approx850\Omega=0.85k\Omega$

放大器的输入电阻 $R_i\approx r_{be}=0.85k\Omega$

放大器的输出电阻 $R_o\approx R_C=2k\Omega$

放大器的电压放大倍数 $A_{uL}=-\dfrac{\beta R'_L}{r_{be}}$

其中 $R'_L=\dfrac{R_C R_L}{R_C+R_L}=\dfrac{2\times4}{2+4}=1.33k\Omega$

$$A_{uL}=-\frac{\beta R'_L}{r_{be}}=-\frac{60\times1.33}{0.85}\approx-94$$

三、射极输出器

1. 电路组成

如图 2-22a 所示，输出信号是从发射极取出的，故称该电路为“射极输出器”。输入信号 u_i 经耦合电容 C_1 加到基极与“⊥”之间，输出信号 u_o 由发射极与“⊥”之间经耦合电容 C_2 输出。交流通路如图 2-22c 所示，由此可看出，输入和输出的公共端为集电极，因此，该电路又称为“共集电极放大电路”。

电阻 R_E 是联系输出和输入的公共支路，所以 R_E 为反馈元件，它在输出电路中接在输出端，所以是电压反馈，在输入电路中接在发射极，所以是串联反馈，利用瞬时极性法，可判断 R_E 为电路引入了负反馈，且为电压串联负反馈。

2. 射极输出器的特点

1）电压放大倍数小于 1，且接近于 1。

2）输出电压与输入电压大小近似相等，相位相同。这个特性称为射极输出器的电压跟随特性，所以，射极输出器又称为射极跟随器，简称射随器。

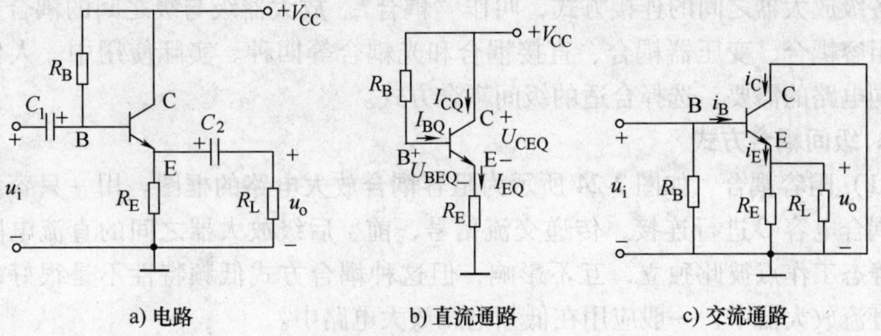

图 2-22 射极输出器

3）输入电阻很大，输出电阻很小。这个特性称为阻抗变换特性，射极输出器是一种阻抗变换器。

综上所述，射极输出器是一种典型的电压串联负反馈电路，它具有输入电阻大而输出电阻很小的特点，并且输出与输入电压大小近似相等，相位相同，电压放大倍数近似为1。尽管射极输出器的电压放大倍数略小于1，但因其输出电流为基极电流的（$1+\beta$）倍，具有电流放大作用，因此它仍具有一定的功率放大能力。

3. 电路应用

射极输出器具有输入电阻很高、输出电阻很低及电压跟随作用，有一定的电流和功率放大作用，因而它的应用十分广泛。

1）用作多级放大电路的输入级，因输入电阻很大，可减轻信号源的负担。

2）用作多级放大电路的输出级，因输出电阻很小，可以提高带负载能力。

3）用作多级放大电路的中间级，因其具有电压跟随作用，且输入电阻大对前级的影响小，输出电阻小，对后级的影响也小，所以，用作中间级起缓冲、隔离作用。

四、多级放大器

在实际应用中，要把一个微弱的信号放大几千倍或几万倍甚至更大，仅靠单级放大器是不够的，通常需要把若干单级放大器连接起来，将信号进行逐级放大。多级放大电路的组成框图如图 2-23 所示。多级放大电路由输入级、中间级及输出级三部分组成。

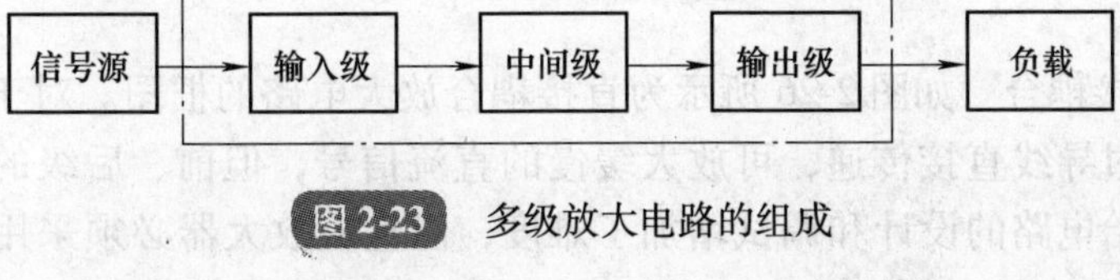

图 2-23 多级放大电路的组成

各级放大器之间的连接方式，叫作“耦合”。放大器级与级之间的耦合方式主要有阻容耦合、变压器耦合、直接耦合和光耦合等四种。实际使用中，人们将按照不同电路的需要，选择合适的级间耦合方式。

1. 级间耦合方式

（1）阻容耦合　如图 2-24 所示为阻容耦合放大电路的框图。用一只容量足够大的耦合电容 C 进行连接，传递交流信号，前、后级放大器之间的直流电路被隔离，静态工作点彼此独立，互不影响，但这种耦合方式低频特性不是很好，不能用于直流放大器中，一般应用在低频电压放大电路中。

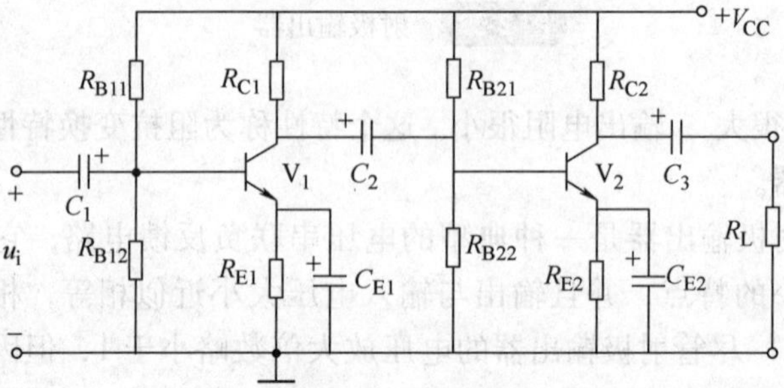

图 2-24　阻容耦合

（2）变压器耦合　如图 2-25 所示为变压器耦合放大电路的框图。通过变压器进行连接，将前级输出的交流信号通过变压器耦合到后级，通过变压器能够隔离前、后级的直流联系，各级电路的静态工作点彼此独立，互不影响。同时耦合变压器还有阻抗变换作用，有利于提高放大器的输出功率，但由于变压器体积大，低频特性差，又无法集成，所以一般应用于高频调谐放大器或功率放大器中。

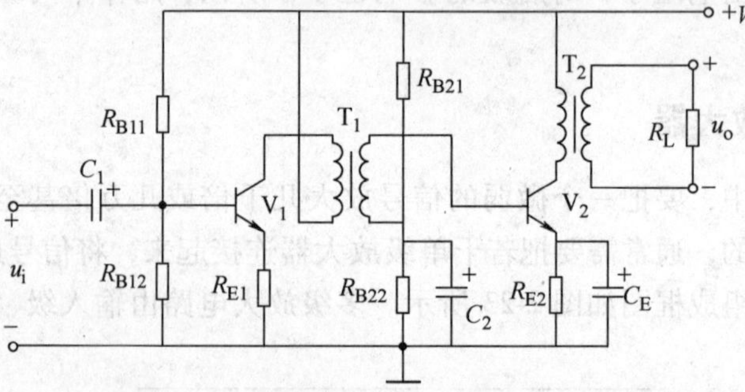

图 2-25　变压器耦合

（3）直接耦合　如图 2-26 所示为直接耦合放大电路的框图。对于无耦合元器件，信号通过导线直接传递，可放大缓慢的直流信号，但前、后级的静态工作点互相影响，给电路的设计和调试增加了难度，但直流放大器必须采用这种耦合方式，直接耦合便于电路的集成化，因此广泛应用于集成电路中。

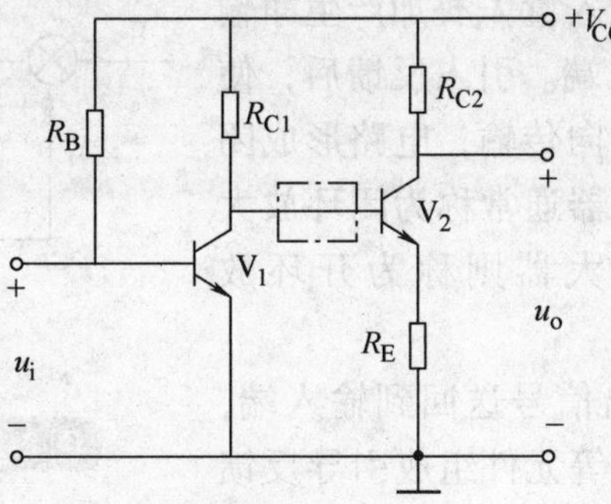

图 2-26 直接耦合

2. 多级放大器的近似估算

（1）估算多级放大器的电压放大倍数 A_u 可以证明，多级放大器的电压放大倍数 A_u 等于各级电压放大倍数之积，对于一个 n 级放大器有

$$A_u = A_{u1}A_{u2}\cdots A_{un} \tag{2-13}$$

其中，A_{u1}、A_{u2} 和 A_{un} 分别为第一级的电压放大倍数、第二级的电压放大倍数和第 n 级的电压放大倍数。

不过，要特别注意的是，这里所反映的各级放大倍数并不是孤立的，而是要考虑后级对前级的影响。在求每一个单级的放大倍数时，应考虑到下级放大器的输入电阻也是前级负载的一部分。

（2）估算多级放大器的输入电阻 R_i 和输出电阻 R_o 多级放大器的输入电阻 R_i 等于第一级放大器的输入电阻 R_{i1}，即

$$R_i = R_{i1} \tag{2-14}$$

多级放大器的输出电阻 R_o 等于最后一级放大器的输出电阻 R_{on}，即

$$R_o = R_{on} \tag{2-15}$$

但计算输入、输出电阻时必须考虑级间的影响。

五、放大电路中的反馈

将放大器输出信号的一部分或全部，经过一定的电路送回到放大器的输入端，并与输入信号相合成的过程称为反馈。如果反馈信号与输入信号极性相同，使净输入信号得到增强的反馈称为正反馈；如果反馈信号起削弱输入信号的作用，使净输入信号减小的反馈称为负反馈。

1. 反馈的组成结构

反馈放大器由基本放大电路 A 和反馈电路 F 两部分组成，如图 2-27 所示为反馈放大器框图。图中“⊗”称为比较环节，表示信号在此叠加，箭头表示信号的

传输方向。输出量 X_o 经反馈电路处理获得反馈量 X_f 送回到输入端，与输入量 X_i 叠加产生净输入量 X_i' 加到放大器的输入端。引入反馈后，使信号既有正向传输又有反向传输，电路形成闭合的环路，因此反馈放大器通常称为闭环放大器，而未引入反馈的放大器则称为开环放大器。

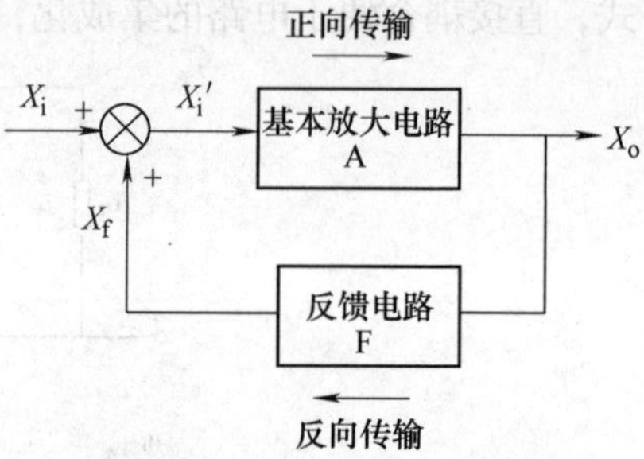

图 2-27　反馈放大器框图

为了把放大器的输出信号送回到输入端，通常用电阻、电容、电感等元件组成引导反馈信号的电路，该电路叫作反馈电路，又叫作反馈网络。构成反馈电路的元件叫作反馈元件，反馈元件联系着放大器的输出电路与输入电路，并影响放大器的输入电路。

2. 反馈的分类

按照不同的分类方法，反馈可分为多种类型。

（1）正反馈和负反馈　正反馈是指反馈信号 X_f 与输入信号 X_i 极性相同，使净输入信号 X_i' 增加，如图 2-28 所示为正反馈框图。负反馈是指反馈信号 X_f 与输入信号 X_i 极性相反，使净输入信号 X_i' 减小，如图 2-29 所示为负反馈框图。

提示：正反馈使放大器的放大倍数增加，负反馈使放大器的放大倍数减小。

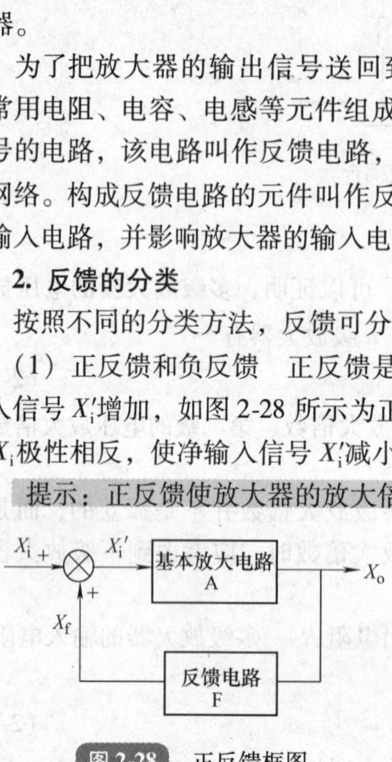

图 2-28　正反馈框图

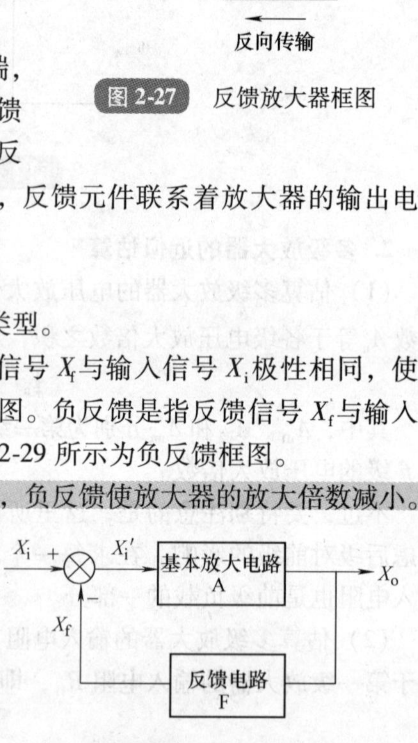

图 2-29　负反馈框图

（2）电压反馈和电流反馈　电压反馈是指反馈信号 X_f 取自输出端负载两端的电压 u_o，如图 2-30 所示为电压反馈框图。电流反馈是指反馈信号取自输出电流 i_o，如图 2-31 所示为电流反馈框图。

图 2-30　电压反馈框图

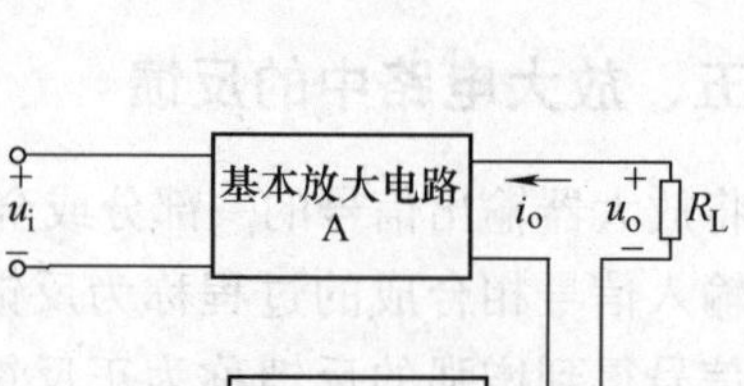

图 2-31　电流反馈框图

在运用瞬时极性法时要注意：

1）晶体管各电极的相位关系，发射极与基极瞬时极性相同，集电极与基极瞬时极性相反。

2）反馈电路中的电阻、电容等元件，一般认为它们在信号传输过程中不产生附加相移，对瞬时极性没有影响。

（3）串联反馈和并联反馈 串联反馈是指反馈电路与信号源相串联，如图 2-32 所示为串联反馈框图。并联反馈是指反馈电路与信号源相并联，如图 2-33 所示为并联反馈框图。

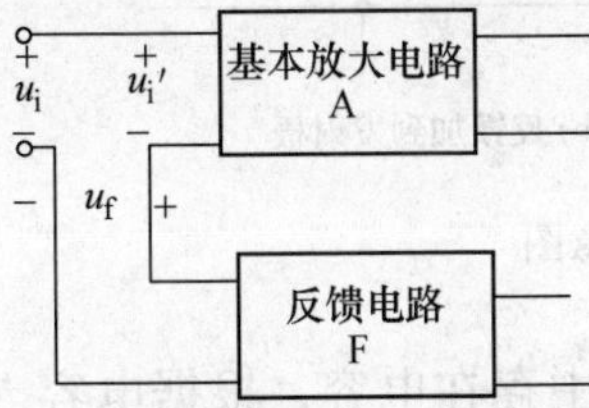

图 2-32 串联反馈框图

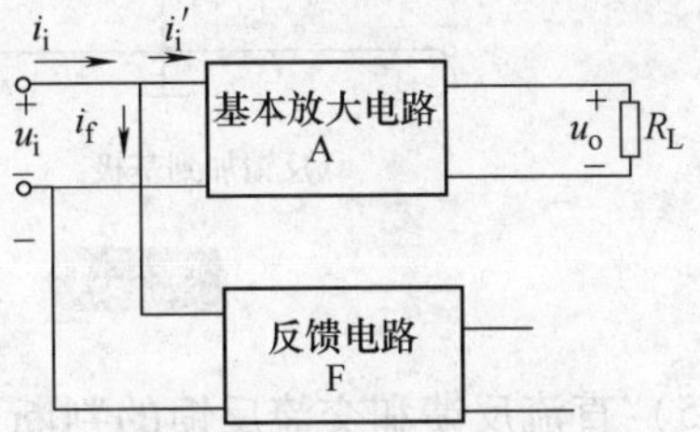

图 2-33 并联反馈框图

提示：串联反馈，反馈信号在输入端以电压形式出现；并联反馈，反馈信号在输入端以电流形式出现。

（4）直流反馈和交流反馈 直流反馈是指反馈量只含有直流量。交流反馈是指反馈量只含有交流量。

3. 反馈的判断

（1）有无反馈的判断 反馈放大器的特征是存在反馈元件，反馈元件是联系放大器的输出与输入的桥梁。因此，能否从电路中找到反馈元件是判断有无反馈的关键。

（2）反馈极性的判断 反馈极性的判断一般采用瞬时极性法判断，具体步骤如下：

1）假设输入信号在某一瞬间对地为“＋”。

2）从输入端到输出端依次标出放大器各点的瞬时极性。

3）反馈信号的极性与输入信号进行比较，确定反馈极性。

假设加到晶体管基极的输入信号瞬时极性为“＋”，经放大器放大，回送到基极的反馈信号瞬时极性若为“⊖”，是负反馈；反之，则是正反馈，如图 2-34a 所示。送回到发射极的反馈信号瞬时极性若为“⊕”，是负反馈；反之，则是正反馈，如图 2-34b 所示。

（3）电压反馈和电流反馈的判断 电压反馈和电流反馈的判断方法是看反馈元件在输出回路的连接方法，若反馈元件接在输出端为电压反馈；若不接在输出端（一般接发射极）为电流反馈。

（4）串联反馈和并联反馈的判断 串联反馈和并联反馈的判断方法是看反馈元件在输入回路的连接方法，若反馈元件接在输入端为并联反馈；若不接在输入端（一般接发射极）为串联反馈。

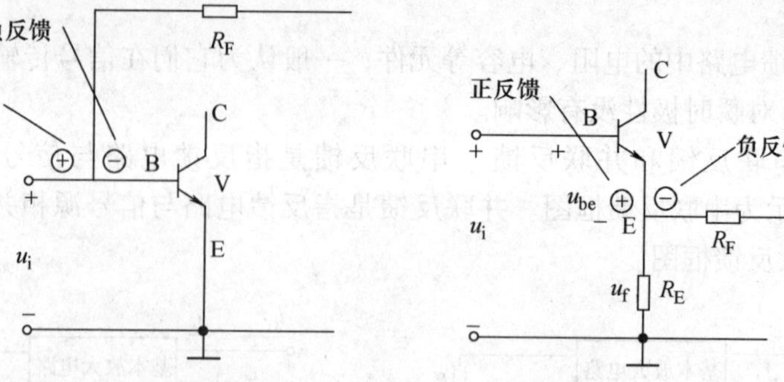

a) 反馈加到基极　　b) 反馈加到发射极

图 2-34　判断反馈极性示意图

（5）直流反馈和交流反馈的判断　若反馈电路中存在电容，根据电容“通交隔直”的特性来进行判断。

例 2-3　如图 2-35 所示电路，试判断电路的反馈类型。

解：①是看联系，这是一个两级放大电路，通过 R_F、R_{E1} 把第二级和第一级放大电路联系起来，这两级放大电路之间存在反馈；②是看输出，由于反馈元件接在输出端，所以是电压反馈；③是看输入，反馈元件接在输入回路的发射极，所以是串联反馈；④是看电容，在反馈支路中无电容，所以交、直流均存在反馈；⑤是看极性，若假设第一级基极输入瞬时极性为“+”，则经第一级放大，集电极输出信号为“-”，再经第二级放大，集电极输出信号为“+”，经 R_F、R_{E1} 送回第一级放大器发射极，反馈电压 u_f 为“⊕”，使净输入信号 $u_{be}=u_i-u_f$ 减小，说明电路引入了负反馈。总之，放大电路通过 R_F、R_{E1} 为电路引入了电压串联交、直流负反馈，简称电压串联负反馈。

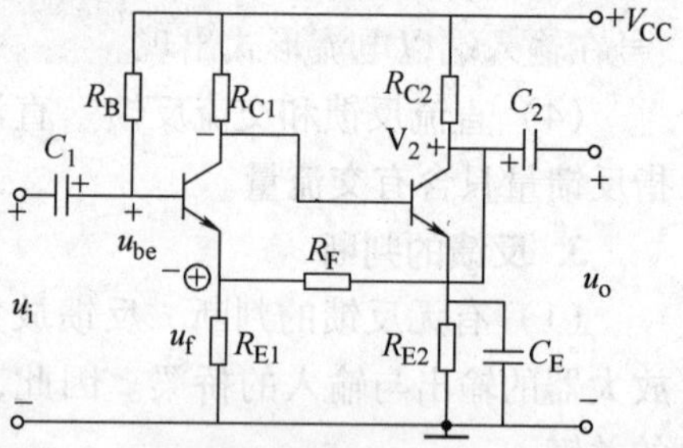

图 2-35　放大电路

4. 负反馈放大器的四种基本类型

在实际应用中，负反馈放大器的电路形式多种多样，其特点各异。若同时考虑反馈支路与输入、输出电路的连接方式，负反馈放大器可归纳为以下四种类型（正反馈也有四种类型，在此从略），即分别为电压串联负反馈、电压并联负反馈、电流串联负反馈和电流并联负反馈四种类型。

5. 负反馈对放大器性能的影响

（1）提高放大倍数的稳定性　电压负反馈能稳定输出电压，电流负反馈能稳定输出电流。

（2）减小放大器的非线性失真　引入负反馈不能彻底消除非线性失真。如果输入信号本身就有失真，引入负反馈也无法改善，因为负反馈所能改善的只是放大器所引起的非线性失真。

（3）改变放大器的输入电阻和输出电阻

1）串联负反馈使输入电阻增大。

2）并联负反馈使输入电阻减小。

3）电压负反馈使输出电阻减小。

4）电流负反馈使输出电阻增大。

此外，在放大电路中引入负反馈后，还能提高电路的抗干扰能力，改善电路的频率响应，展宽频带宽度等。

总之，在放大电路中引入负反馈是以牺牲放大倍数为代价，换来放大器各方面性能的改善。若在电路中引入正反馈，对放大电路的影响与之相反，虽使放大倍数增加了，但却使放大器性能变差，所以，一般在放大电路中不引入正反馈，正反馈主要应用于振荡电路中。

第四节　整流、滤波稳压电路

直流稳压电源是各种电子电路常用的直流电源，常用的直流稳压电源由整流电路、滤波电路和稳压电路三部分组成。稳压电路可以保证当电网电压或负载变化时输出电压维持稳定。

一、整流电路

将交流电变换成脉动直流电的电路称为整流电路。整流电路分为单相整流电路和三相整流电路。单相整流电路分为最基本的单相半波整流电路和应用最广的单相桥式整流电路。

1. 单相半波整流电路

（1）电路组成及工作原理　单相半波整流电路如图 2-36 所示。电源变压器将电压 u_1 变为整流电路所需的电压 u_2。

若二极管的正向管压降为零。当 $u_2>0$ 时，V 导通，输出电压 $u_L=u_2$；当 $u_2<0$ 时，V 截止，$i_L=0$，$u_L=0$。下一个周期到来重复上述过程。如图 2-37 所示为其输出的工作波形。

可见，交流电变化一周，负载 R_L 上只有半周输出电压，输出的电压波形为方向不随时间变化，大小随时间变化的脉动直流电，所以称为半波整流。

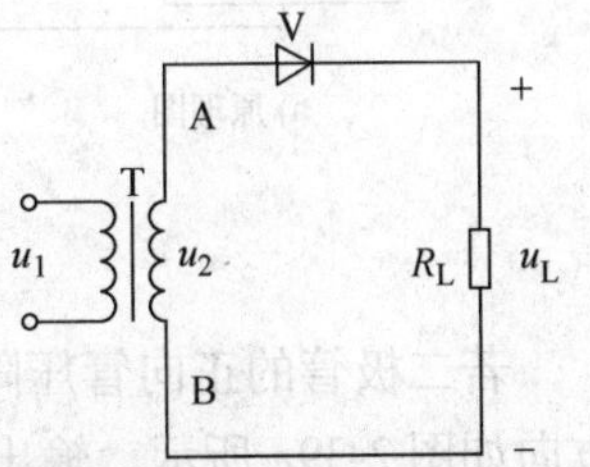

图 2-36　单相半波整流电路

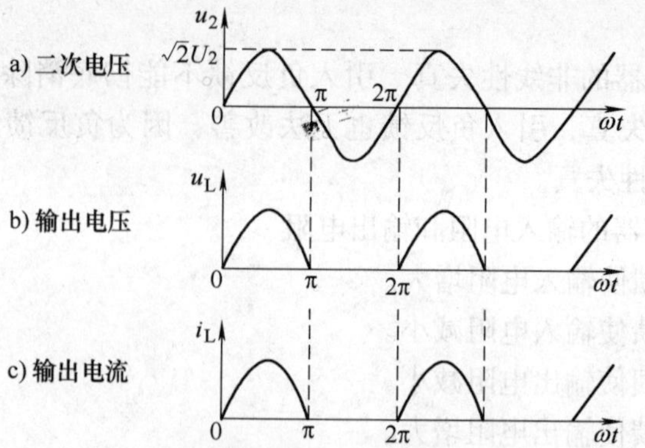

图 2-37 工作波形

（2）主要参数计算　单相半波整流电路参数的有关计算公式，见表 2-9。

表 2-9　单相半波整流电路参数的有关计算公式

电 路 参 数	计 算 公 式
输出电压的平均值	$U_L = 0.45U_2$
输出电流的平均值	$I_L = \frac{U_L}{R_L}$
通过二极管的平均电流	$I_F = I_L$
二极管承受的最大反向电压	$U_{RM} = \sqrt{2}U_2$

注：U_2为变压器二次电压的有效值。

实际选择整流二极管时，$I_{FM} \geqslant I_F$，$U_{RM} \geqslant U_{Rm}$。

2. 单相桥式整流电路

（1）电路组成和工作原理　单相桥式整流电路如图 2-38a 所示。图 2-38b 为一种习惯画法，图 2-38c 是一种简化画法。

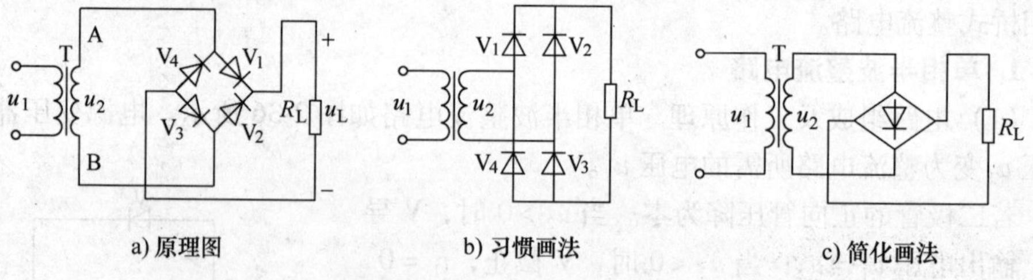

图 2-38 单相桥式整流电路

若二极管的正向管压降为零。当 $u_2>0$ 时，V_1、V_3 导通，V_2、V_4 截止，电流方向如图 2-39a 所示，输出电压 $u_L=u_2$；当 $u_2<0$ 时，V_2、V_4 导通，V_1、V_3 截止，电流方向如图 2-39b 所示，$u_L=-u_2$。下一个周期到来重复上述过程。

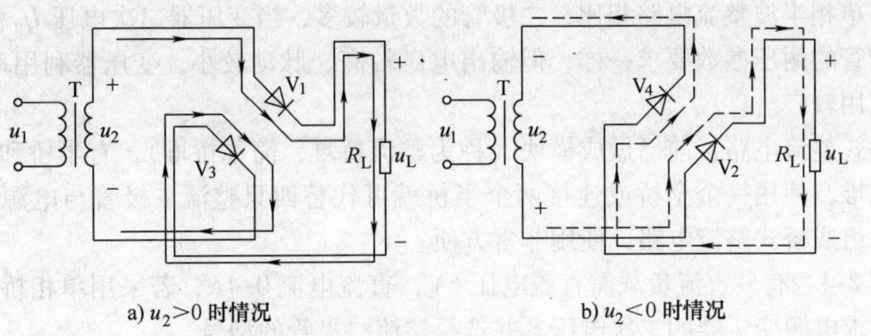

图 2-39　单相桥式整流电流通路

如图 2-40 所示为其输出的工作波形。

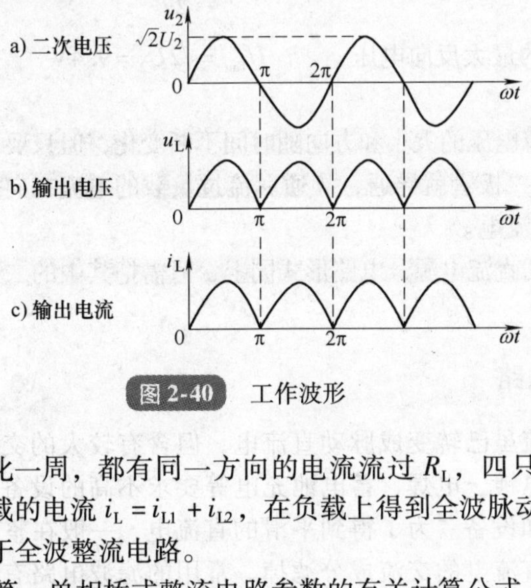

图 2-40　工作波形

可见，交流电变化一周，都有同一方向的电流流过 R_L，四只二极管，两只两只轮流导通，通过负载的电流 $i_L = i_{L1} + i_{L2}$，在负载上得到全波脉动的直流电压和电流，这种整流电路属于全波整流电路。

（2）主要参数计算　单相桥式整流电路参数的有关计算公式，见表 2-10。

表 2-10　单相桥式整流电路参数的有关计算公式

电路参数	计算公式
输出电压的平均值	$U_L = 0.9U_2$
输出电流的平均值	$I_L = \frac{U_L}{R_L}$
通过二极管的平均电流	$I_F = \frac{1}{2}I_L$
二极管承受的最大反向电压	$U_{RM} = \sqrt{2}U_2$

实际选择整流二极管时，$I_{FM} \geqslant I_F$，$U_{RM} \geqslant U_{Rm}$。

与单相半波整流电路相比，二极管的数量较多，当变压器二次电压 U_2 相同时，对二极管的耐压参数要求一样，但输出电压较高、脉动较小，变压器利用率高等，所以应用较广。

桥式整流电路目前已做成模块（称为整流桥堆，简称桥堆），有半桥和全桥两种整流堆，使用一个全桥或连接两个半桥就可代替四只整流二极管与电源变压器相连，组成桥式整流电路，使用非常方便。

例 2-4 有一直流负载需直流电压 6V，直流电流 0.4A，若采用单相桥式整流电路，求电源变压器的二次电压，并选择整流二极管的型号。

解：由 $U_L = 0.9U_2$

变压器二次电压为 $$U_2 = \frac{U_L}{0.9} = \frac{6}{0.9}\text{V} \approx 6.7\text{V}$$

通过二极管的平均电流 $$I_F = \frac{1}{2}I_L = \frac{1}{2} \times 0.4\text{A} = 0.2\text{A}$$

二极管承受的最大反向电压 $$U_{Rm} = \sqrt{2}U_2 = 9.4\text{V}$$

提示：

1）尽管交流电压的大小和方向随时间不断变化，但只要二极管正极的电位高于负极的电位，二极管就导通，导通后流过负载的电流方向是不变的，负载上得到的是脉动的直流电。

2）若需负的直流电源，电路形式同上，只需把其中的二极管的两个引脚极性颠倒一下即可。

二、滤波电路

交流电经整流虽已转变成脉动直流电，但含有较大的交流分量，这种不平滑的直流电仅能在电镀、电焊、蓄电池充电等要求不高的设备中使用，不能适用于大多数电子电路和设备。为了得到平滑的直流电，一般在整流电路之后需接入滤波电路，把脉动直流电的交流成分滤掉。常用的滤波电路有电容滤波电路、电感滤波电路、复式滤波电路等。

1. 电容滤波电路

（1）电路组成和工作原理 图 2-41a 所示为一单相半波整流电容滤波电路。其中 C 为容量很大的电解电容器，且与负载 R_L 并联。

假设接通电源前，电容 C 两端电压为零。

当 $u_2 > 0$ 时，V 导通，u_2 向 C 充电，忽略二极管正向电阻，则充电速度很快达到 u_2 的峰值，此后 u_2 按正弦规律下降，而 C 两端电压不能突变，仍保持较高的电压，这时 $u_C > u_2$，V 承受反向电压截止，C 通过 R_L 进行放电，由于 C 和 R_L 较大，放电速度很慢，随着放电的进行 u_C 下降，直到下一个周期 $u_2 > u_C$ 时，V 再次导通，

C 再次被充电，如此重复。通过这种周期性充放电，使输出电压波形变得平滑，达到滤波的目的。图 2-41b 所示实线为其输出电压波形。

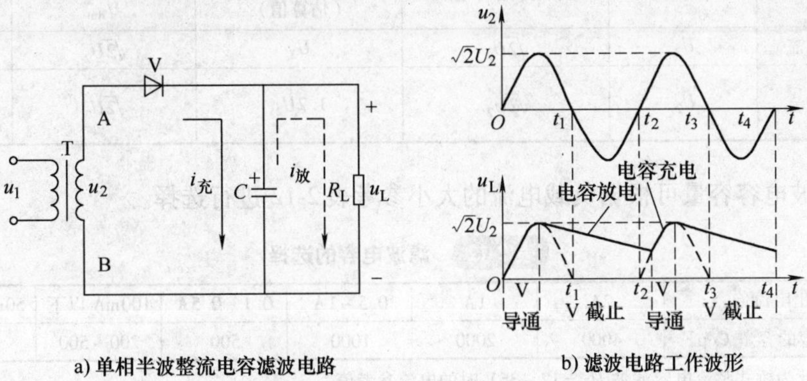

a) 单相半波整流电容滤波电路　　b) 滤波电路工作波形

图 2-41　单相半波整流电容滤波电路

图 2-42a 所示为桥式整流电容滤波电路，图 2-42b 所示实线为其输出电压波形。

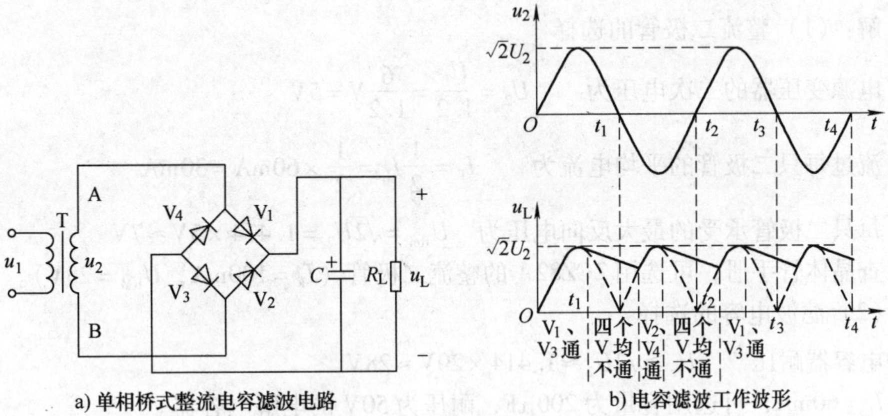

a) 单相桥式整流电容滤波电路　　b) 电容滤波工作波形

图 2-42　桥式整流电容滤波电路

对电容滤波的工作原理也可做如下分析：

电容具有隔直通交作用，对于整流输出脉动直流电中的直流成分，电容相当于开路，因此其直流成分都加在负载两端，而脉动直流电中的交流成分，大部分经过电容旁路，因此负载中的交流成分很小，负载电压变得平滑。

（2）有关参数计算　半波整流和桥式整流经电容滤波后，其电压和电流的估算公式见表 2-11。

表 2-11 单相整流电容滤波电路的电压和电流的估算公式

整流电路形式	输入交流电压（有效值）	电容滤波电路输出电压 U_L		整流器件上电压、电流	
		负载开路时电压	带负载时的电压（估算值）	最大反向电压 U_{Rm}	通过的电流 I_F
半波整流	U_2	$\sqrt{2}U_2$	U_2	$\sqrt{2}U_2$	I_L
桥式整流	U_2	$\sqrt{2}U_2$	$1.2U_2$	$\sqrt{2}U_2$	$\frac{1}{2}I_L$

滤波电容容量可根据负载电流的大小参考表 2-12 进行选择。

表 2-12 滤波电容的选择

输出电流 I_L	2A	1A	0.5～1A	0.1～0.5A	100mA 以下	50mA 以下
滤波电容的容量 $C/\mu F$	4000	2000	1000	500	200～500	200

注：此为桥式整流电容滤波 $U_L=12\sim36V$ 时的电流参考值。

提示：滤波电容容量较大，一般用电解电容，应注意电容的正极接高电位，负极接低电位，否则易击穿爆裂。电容器的耐压应大于它实际工作时所能承受的最大电压。

例 2-5 在桥式整流电容滤波电路中，若要求输出直流电压为 6V，负载电流为 60mA。试选择合适的整流二极管和滤波电容。

解：（1）整流二极管的选择

电源变压器的二次电压为 $U_2=\frac{U_L}{1.2}=\frac{6}{1.2}V=5V$

流过每只二极管的平均电流为 $I_F=\frac{1}{2}I_L=\frac{1}{2}\times60mA=30mA$

每只二极管承受的最大反向电压为 $U_{Rm}=\sqrt{2}U_2=1.414\times5V\approx7V$

查晶体管手册，可选用 2CZ82A 的整流二极管（$I_F=100mA$，$U_{RM}=25V$）。

（2）滤波电容的选择

电容器耐压 $U_c\geqslant\sqrt{2}U_2\approx1.414\times20V\approx28V$

$I_L=60mA$，可选用容量为 200μF，耐压为 50V 的电解电容器。

（3）电路特点

1）接入滤波电容后，二极管导通时间变短，通过二极管的电流增大，特别是在接通电源瞬间会产生很大的浪涌电流。一般浪涌电流是正常工作电流 I_L 的（5～7 倍），所以选二极管参数时，正向平均电流的参数应选大一些。

2）经电容滤波后，输出波形变得平滑，输出电压的平均值升高。

3）电容放电时间常数 $\tau=R_LC$ 越大，输出电压 U_L 越高，滤波效果也越好；反之，则输出电压越低且滤波效果越差，如图 2-43 所示。所以，电容滤波电路适用于负载电流较小的场合。

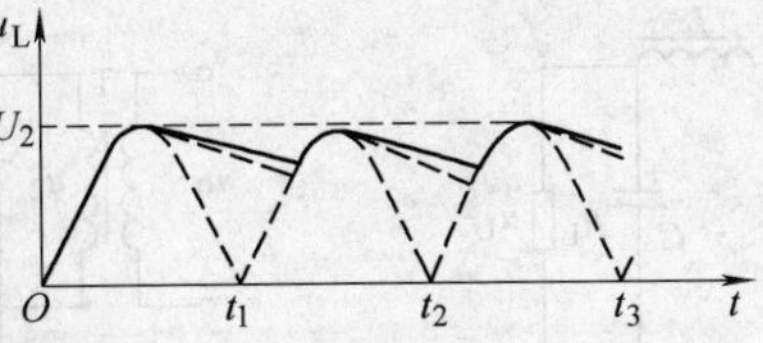

图 2-43 R_LC 变化对电容滤波的影响

2. 电感滤波电路

当一些电气设备需要脉动小，输出电流大的直流电源时，若采用电容滤波电路，则电容容量必很大，二极管的冲击电流也很大，这就使得二极管和电容器的选择很困难，在此情况下，往往采用电感滤波电路。

图 2-44a 所示为电感滤波电路。其中，电感 L 与负载 R_L 串联。

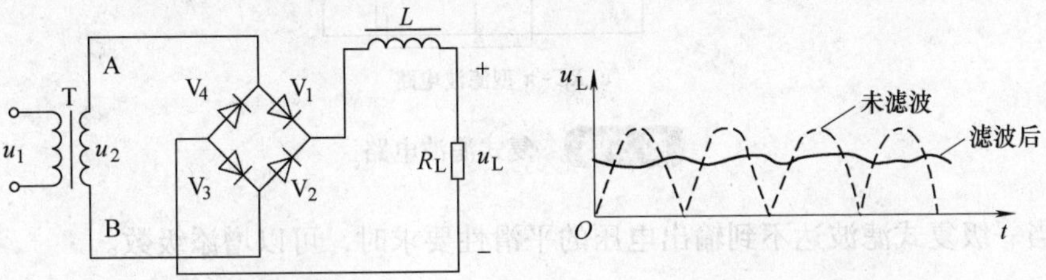

a) 电感滤波电路　　b) 电感滤波工作波形

图 2-44 带有电感滤波的单相桥式整流电路

电感对交流呈现很大的阻抗，交流成分降到了电感上，电感线圈的直流电阻很小，若忽略导线的电阻，直流成分直接加在负载上，因而降低了输出电压的脉动成分，达到滤波的目的。如图 2-44b 所示实线为电感滤波后的工作波形。电感滤波电路，对整流二极管没有电流冲击。一般来说，电感量 L 越大，R_L 越小，滤波效果越好，所以，电感滤波电路适用于负载电流较大的场合。

3. 复式滤波电路

为了进一步减小输出电压的脉动程度，可用电容和电感组成各种形式的复式滤波电路。

如图 2-45a 所示为 $LC-\Gamma$ 型滤波电路，图 2-45b 所示为 $LC-\pi$ 型滤波电路。其中 $LC-\Gamma$ 型滤波电路，实质上是经过了电感电容两次滤波，所以其输出的直流电压和电流就更平滑了。$LC-\pi$ 型滤波，由于有三个元件进行滤波，所以滤波效果比 $LC-\Gamma$ 型滤波效果好。

图 2-45c 所示为 $RC-\pi$ 型滤波电路。在负载电流不大的情况下，为降低成本，缩小体积，减轻重量，选用电阻器 R 来代替 L。但电阻 R 对交流和直流成分均产生压降，故会使输出电压下降。一般 R 取几十到几百欧。

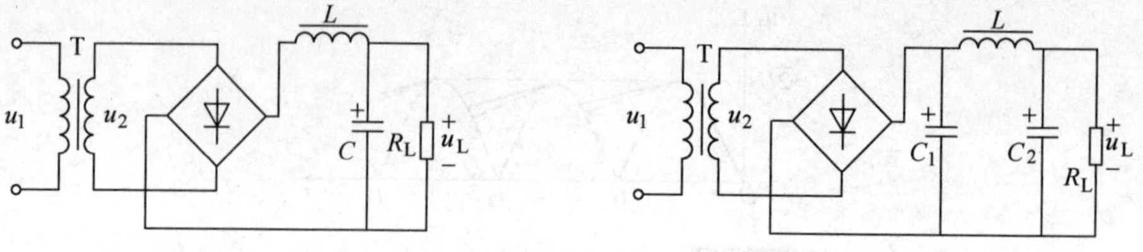

a) LC-Γ 型滤波电路　　b) LC-π 型滤波电路

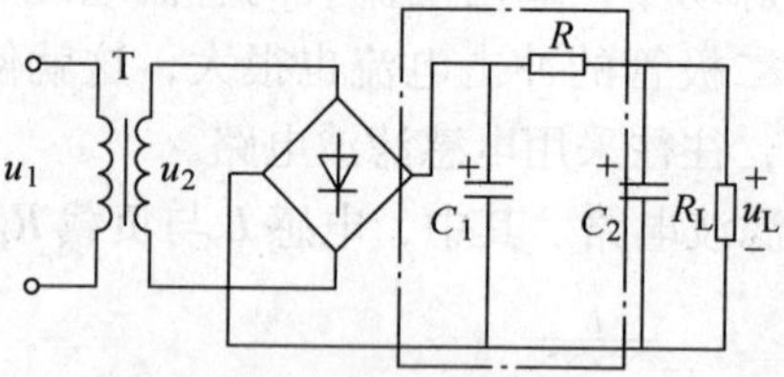

c) RC-π 型滤波电路

图 2-45　复式滤波电路

当一级复式滤波达不到输出电压的平滑性要求时，可以增添级数。

三、稳压电路

交流电经整流、滤波后已经变成比较平滑的直流电，但还不够稳定，如果电源电压波动或负载发生变化时，输出直流电压也随着变化。例如电网电压升高时，输出的直流电压必然增大；又如负载增加，负载电流增大，负载上的电压相应减小。为了获得稳定性好的直流电源，在整流滤波之后还要接入稳压电路。

1. 稳压二极管

（1）工作特性　稳压二极管是一种特殊的面接触型半导体硅二极管。稳压二极管的伏安特性如图 2-46a 所示。通过伏安特性曲线可以看出正向特性与普通二极管相似，而反击穿特性曲线很陡。图 2-46b 为稳压二极管的图形符号。

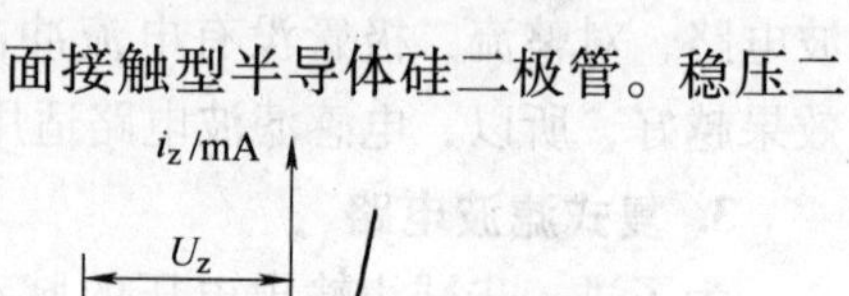

a) 伏安特性曲线　　b) 图形符号

图 2-46　稳压二极管

在正常情况下，稳压二极管工作在反向击穿区，由于曲线很陡，反向电流在很大范围内变化时其两端电压却基本保持不变，因而具有稳压作用。只要控制反向电流不超过一定值，管子就不会因过热而损坏。

硅稳压二极管应用时应注意：

1）普通二极管不允许工作在反向击穿区，稳压二极管工作在反向击穿区。

2）在电路中需反接（即稳压二极管的负极接电路中的高电位，正极接低电位）才能稳定电压（稳压二极管加正向电压时性质与普通二极管相同）。若接反，相当于电源短路，电流过大会使稳压二极管过热烧毁。

3）稳压二极管必须在电源电压高于它的稳压值时才能稳压。

4）使用时当一个稳压二极管的稳压值不够，可以用多个稳压管串联使用，但绝对不能并联使用。

（2）主要参数　稳压二极管的主要参数反映了稳压二极管的性能及使用极限，是我们使用管子和选择管子的依据，稳压二极管的主要参数见表2-13。

表2-13　稳压二极管的主要参数

名　称	符　号	说　明
稳定电压	U_z	稳压二极管的反向击穿电压，是稳压二极管正常工作时两端所呈现的电压
最大稳定电流	I_{Zmax}	稳压二极管正常工作时允许通过的最大电流，使用时，实际电流不得超过此值，否则会损坏
最小稳定电流	I_{zmin}	稳压二极管进入正常工作状态所必需的最小电流，使用时，通过稳压管的电流不能小于此值，否则稳压管将截止
稳定电流	I_Z	稳压二极管正常工作时反向电流的参考数值，一般情况，稳定电流在最大稳定电流和最小稳定电流之间
最大耗散功率	P_{ZM}	稳压二极管正常工作时所能承受的最大耗散功率。在数值上，它等于稳定电压 U_Z 和最大稳定电流 I_{zmax} 的乘积，即 $P_{ZM}=UzI_{zmax}$ 在实际应用中，由于稳定电压是固定的，为了使稳压二极管的实际耗散功率小于 P_{ZM}，必须限定通过稳压管的电流，使之不超过最大稳定电流 I_{zmax}，否则温度过高，会影响稳压效果，甚至损坏稳压二极管。一般情况下，大功率稳压二极管工作时要加装散热装置

此外，还有动态电阻和温度系数等参数。动态电阻反映了稳压二极管的稳压性能，动态电阻越小，稳压性能越好。温度系数是指温度变化对稳定电压的影响作用，反映了稳压二极管的温度稳定性。温度系数越小，温度稳定性越好，即稳定电压受温度变化的影响越小。

一般情况，在要求温度稳定性较高的场合，可以用具有温度补偿作用的稳压二极管，如2DW230，如图2-47所示。使用时一只稳压二极管处于反向击穿状态，另一只稳压二极管处于正向导通状态，两只稳压二极管相互补偿。

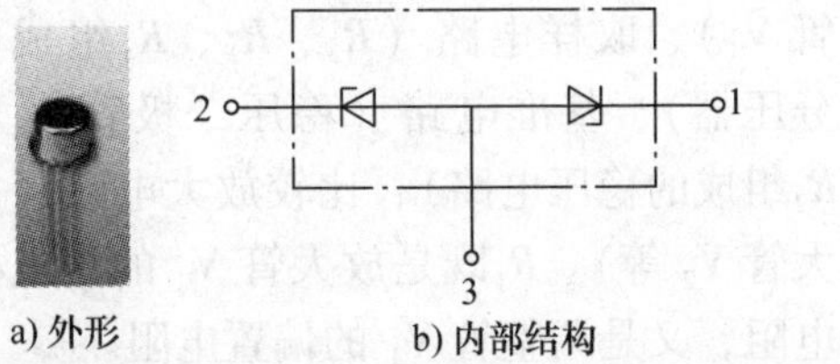

a) 外形　b) 内部结构

图2-47　具有有温度补偿的稳压二极管2DW230

2. 简单稳压电路

图 2-48 为简单稳压电路。图中稳压二极管 V_Z反向并联在负载 R_L两端，所以又称为并联稳压电路。

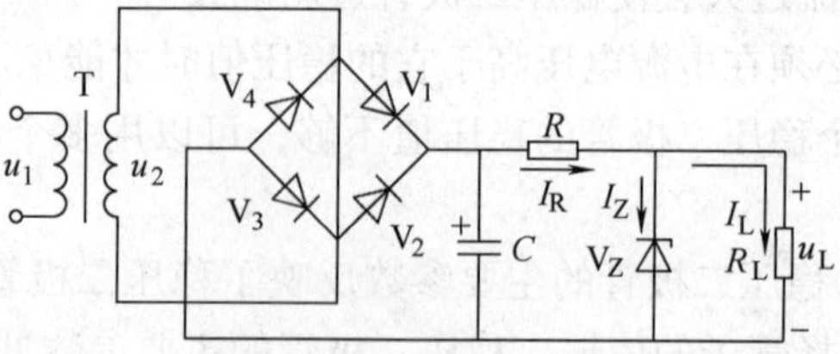

图 2-48　简单稳压电路

稳压过程原理如下：

1）当负载电阻不变，电网电压升高时。稳压过程如下：

$$U_1\uparrow \to U_L\uparrow \to I_z\uparrow \to I_R\uparrow \to U_R\uparrow \to U_L\downarrow$$

反之亦然。

2）当电网电压不变，负载电阻减小时。稳压过程如下：

$$R_L\downarrow \to U_L\downarrow \to I_z\downarrow \to I_R\downarrow \to U_R\downarrow \to U_L\uparrow$$

反之亦然。

综上所述，利用稳压二极管电流的变化，引起限流电阻 R 两端电压的变化，达到稳压的目的。

并联稳压电路的结构简单，设计制作容易，但输出电压受到稳压二极管自身参数的限制，因此适用于输出电压固定且负载电流变化不大的场合。当负载电流较大且要求稳压性能较好时，可采用串联稳压电路。

3. 晶体管串联稳压电路

（1）电路组成及原理　图 2-49 所示为带放大环节的晶体管串联稳压电路。它由四个部分组成，即调整部分（调整管 V_1）、取样电路（R_3、R_P、R_4组成的分压器）、基准电路（稳压二极管 V_Z和 R_2组成的稳压电路）、比较放大电路（放大管 V_2 等）。R_1既是放大管 V_2 的集电极电阻，又是调整管 V_1 的偏置电阻。

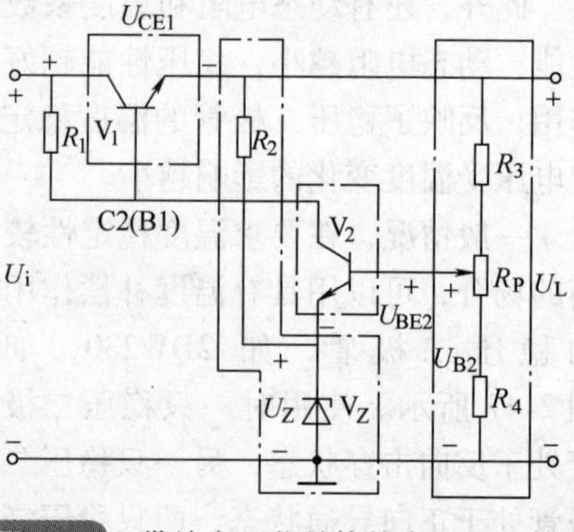

图 2-49　带放大环节晶体管串联稳压电路

稳压原理如下：

当电网电压升高或 R_L 增大时，输出电压有上升的趋势，其稳压过程如下：

$$U_L\uparrow\rightarrow U_{B2}\uparrow\rightarrow U_{BE2}\uparrow\rightarrow I_{B2}\uparrow\rightarrow U_{C2}(U_{B1})\downarrow\rightarrow U_{CE1}\uparrow$$

$$(R_L\downarrow)$$

$$U_L\downarrow$$

可简化概括为

$$U_L\uparrow\rightarrow U_{CE1}\uparrow$$

$$U_L\downarrow$$

同理，当电网电压降低或 R_L 减小时，稳压过程与之相反。可简化概括为

$$U_L\downarrow\rightarrow U_{CE1}\downarrow$$

$$U_L\uparrow$$

由以上分析，串联型稳压电路主要由四大部分组成，分别为取样电路、比较放大电路、基准电路和调整管。其组成框图如图 2-50 所示。

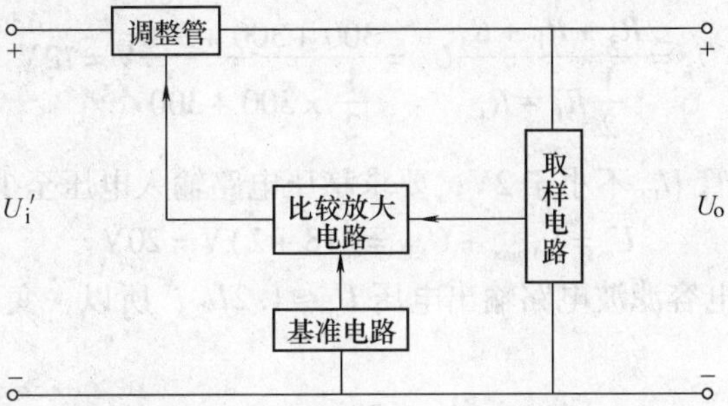

图 2-50　串联稳压电路的组成框图

（2）输出电压的调节

当忽略 V_2 管的基极电流时，有

$$U_{B2}=\frac{R_4+R_{P(下)}}{R_3+R_4+R_P}U_L \tag{2-13}$$

忽略 U_{BE2}，式（2-13）整理得

$$U_L=\frac{R_3+R_4+R_P}{R_4+R_{P(下)}}U_Z \tag{2-14}$$

调节 R_P 可以调节输出电压 U_L 的大小，使其在一定的范围内变化。忽略晶体管 V_2 的基极电流，当 R_P 滑动触点移至最上端时，这时输出电压最小，则

$$U_L=\frac{R_3+R_4+R_P}{R_4+R_P}U_Z \tag{2-15}$$

当 R_P 滑动触点移至最下端时，这时输出电压最大，则

$$U_L=\frac{R_3+R_4+R_P}{R_4}U_Z \tag{2-16}$$

例 2-6 在如图 2-49 所示晶体管串联稳压电路中，已知基准电压 $U_Z=6V$，$R_1=R_P=R_2=300\Omega$，调整管的管压降 U_{CE}不小于 2V，U_{BE}忽略不计。求：

（1）稳压电路输出电压 U_L的调节范围。

（2）R_P滑动触点位于中点时的 U_L。

（3）为使调整管能正常工作，变压器二次电压有效值 U_2至少应取多少？

解：（1）当 R_P滑到最上端时，输出电压最小

$$U_{Lmin}=\frac{R_3+R_4+R_P}{R_4+R_{P(下)}}U_Z=\frac{300+300+300}{300+300}\times 6V=9V$$

当 R_P滑到最下端时，输出电压最大

$$U_{Lmax}=\frac{R_3+R_4+R_P}{R_4+R_{P(下)}}U_Z=\frac{300+300+300}{300+0}\times 6V=18V$$

所以，输出电压的调节范围是：$9V\leqslant U_L\leqslant 18V$

（2）R_P滑动触点位于中点时，有

$$U_L=\frac{R_3+R_P+R_4}{\frac{1}{2}R_P+R_4}U_Z=\frac{300+300+300}{\frac{1}{2}\times 300+300}V=12V$$

（3）因为晶体管 U_{CE}不小于 2V，要求稳压电路输入电压至少为

$$U_i=U_{Lmax}+U_{CE}=(18+2)V=20V$$

又因桥式整流电容滤波电路输出电压 $U_i\approx 1.2U_2$，所以，变压器二次电压的有效值为

$$U_2=\frac{U_i}{1.2}=\frac{20}{1.2}V=16.7V$$

第三章　常用电工仪器仪表使用知识

☺ 学习目标

1. 掌握常用电工仪器仪表的基础知识。
2. 掌握电流表的使用与维护。
3. 掌握电压表的使用与维护。
4. 掌握万用表的使用与维护。
5. 掌握钳形电流表的使用与维护。
6. 掌握绝缘电阻表的使用与维护。

第一节　电工测量基础知识

一、常用电工仪器仪表的分类

电工指示仪表通常按下列方法加以分类：

（1）按工作原理分类　主要分为磁电系、电磁系、电动系和感应系四大类。其他还有整流系、铁磁电动系等。

（2）按使用方法分类　有安装式和便携式两种。

（3）按准确度等级分类　有0.1、0.2、0.5、1.0、1.5、2.5和5.0共七个准确度等级。数字越小，准确度等级越高。

（4）按被测电工量分类　有电流表、电压表、电能表、万用表、功率表和频率表等。

（5）按使用条件分类　有A、B、C组类型的仪表。A组仪表适用于环境温度为0～40℃；B组仪表适用于环境温度为－20～50℃；C组仪表适用于环境温度为－40～60℃。它们的相对湿度条件均为85%范围内。

常见的电工仪表如图3-1～图3-5所示。

图3-1　交流电压表

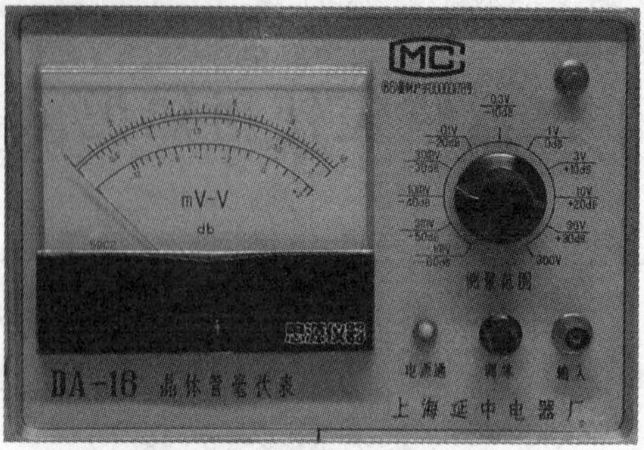

图 3-2　模拟式交流电压表

图 3-3　交流电压表

图 3-4　直流电流表

图 3-5　钳形电流表

二、电工指示仪表的组成及原理

电工指示仪表主要由测量机构和测量线路两部分组成。测量机构的作用是将被测量转换成仪表可动部分的机械偏转角。测量线路的作用是把各种不同的被测量转换成过渡量。

1. 磁电系仪表

它由固定的永久磁铁和可动的通电线圈组成。其中游丝的作用是产生反作用力矩；将电流引入可动线圈。在磁电系测量机构的基础上加上适当的测量线路可以组成直流电流表、直流电压表和万用表等。而在电磁系测量机构的基础上可以组成交流电流表和交流电压表等。

磁电系仪表是根据通电导体在磁场中受力的原理制成的，如果在磁电系仪表的基础上加上半导体整流器就能构成“整流系仪表”。磁电系仪表具有标尺刻度均匀、准确度高、灵敏度高、功率消耗小的优点，但也有过载能力小，只能测直流等缺点。整流系仪表只能用于测量交流量。

2. 电磁系仪表

电磁系仪表由固定的线圈和可动的铁片组成，按结构形式的不同，可分为吸引型和排斥型两种。其中游丝的作用是只产生反作用力矩。电磁系仪表是根据铁磁物质在磁场中被磁化后，产生电磁吸力（或推斥力）的原理制成。它具有交直流两用，过载能力强等优点；但也有标尺刻度不均匀，受外磁场影响大等缺点。

三、常用电工仪器仪表的符号

表 3-1　常用电工仪器仪表符号

符　号	含　义	符　号	含　义
	表示磁电系仪表	⊓	表示标度尺位置为水平的
	表示整流系仪表	⊥	表示标度尺位置为垂直的
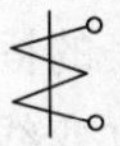	表示电磁系仪表		表示 A 组仪表
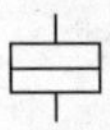	表示电动系仪表		表示 B 组仪表
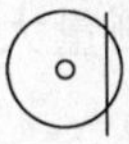	表示感应系仪表		表示 C 组仪表
	表示仪表的准确度等级为 1.5 级		表示 Ⅰ 级防外磁场
	表示绝缘强度试验电压为 2kV	—	表示直流
	表示不进行绝缘强度试验	～	表示交流
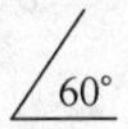	表示标度尺位置与水平面倾斜成 60°	— ～	表示交直流两用

四、电工测量仪表的选择

1）电气测量仪表的准确度等级一般不得低于 2.5 级。但发电机控制盘上的仪表以及直流系统的仪表应不低于 1.5 级。在缺少 1.5 级仪表时，可用 2.5 级仪表加以调整，使其在正常工作条件下，误差达到 1.5 级的标准。

2）与仪表连接的分流器、附加电阻、电流互感器、电压互感器的准确度等级应不低于 1.5 级。而仅作电流或电压测量时，1.5 级和 2.5 级的仪表允许使用 1.0 级的互感器；非重要回路的 2.5 级电流表允许使用 3.0 级的互感器。

3）在有可能出现短时间冲击过负荷的电气设备上，应安装标有过负载电流标记的电流表。

4）对于500V及以下的直流电路中，允许使用直接接入的电流表和带分流器的电流表。

第二节　电工仪表使用知识

一、电流表的使用与维护

1. 电流表的分类与组成

电流表分为直流电流表和交流电流表两大类。而直流电流表的核心是磁电系测量机构；直流电流表主要由磁电系测量机构与分流电阻两大部分组成。

电磁系交流电流表主要由电磁系测量机构组成，由于电磁系电流表的固定线圈直接串联在被测电路中，所以，要制造不同量程的电流表时，只要改变线圈的线径和匝数即可。

电磁系交流电流表分为安装式和便携式两大类。

安装式电磁系电流表一般制成单量程，但最大量程不超过200A；测量大电流时，要与电流互感器配合使用。

2. 电流表的使用与维护

使用与维护电流表时要做到以下几点：

1）选择电流表时要求其内阻小些好。

2）使用直流电流表测量电流时，除了使电流表与被测电路串联外，还要使电流从“+”端流入，“-”端流出。

3）测电流时，所选择的量程应使电流表指针指在刻度标尺的后1/3段。

4）测量交流大电流时，一般用电流互感器将一次侧的大电流转换成二次侧的5A的小电流，然后再进行测量。

5）钳形电流表不必切断电路就可以测量电路中的电流。

二、电压表的使用与维护

1. 电压表的分类与组成

电压表根据被测电流的不同分为直流电压表和交流电压表。直流电压表的核心是磁电系测量机构，主要是由磁电系测量机构与分压电阻串联后组成。

交流电压表主要是由电磁系测量机构与分压电阻串联后组成，分为安装式和便携式两大类。安装式交流电压表一般做成单量程，但最大量程不超过600V。要测量更高的交流电压时，要与电压互感器配合使用。

2. 电压表的使用与维护

使用与维护电压表时应注意以下问题：

1）选择电压表时要求其内阻大些好。

2）使用直流电压表时，除了使电压表与被测电路两端并联外，还应使电压表的“+”极与被测电路的高电位端相连，“-”极与被测电路的低电位端相连。

3）交流电压表使用时不分“+”、“-”极性，其指示值是交流电压的有效值。

4）当无法确定被测电压的大约数值时，应先用电压表的最大量程测试后，再换成合适的量程。转换量程时，要先切断电源，再转换量程。

5）为安全起见，600V 以上的交流电压，一般不直接接入电压表，而是通过电压互感器将一次侧的高电压变换成二次侧的 100V 后再进行测量。

根据串联电阻具有分压作用的原理，扩大电压表量程的方法就是给量程小的电压表串联一只适当的分压电阻，此时，通过测量机构的电流仍为原来的小电流 I_C 不变，并且 I_C 与被测电压 U 成正比。因此，可以用仪表指针偏转角的大小来反映被测电压的数值，从而扩大了电压表的量程。

三、万用表的使用与维护

1. 万用表的结构和原理

万用表主要由测量机构、测量线路和转换开关三部分组成。

（1）测量机构的作用　把过渡电量转换为仪表指针的机械偏转角，万用表的测量机构通常采用磁电系直流微安表，其满偏电流为几微安到几百微安。测量机构的满偏电流越小，灵敏度越高，万用表的灵敏度一般用电压灵敏度来表示。

（2）测量线路的作用　把各种不同的被测电量（如电流、电压、电阻等）转换为磁电系测量机构所能接受的微小直流电流（即过渡电量）。

（3）转换开关的作用　把测量线路转换为所需要的测量种类和量程。万用表的转换开关一般采用多层多刀多掷开关。图 3-6 为万用表的外形。

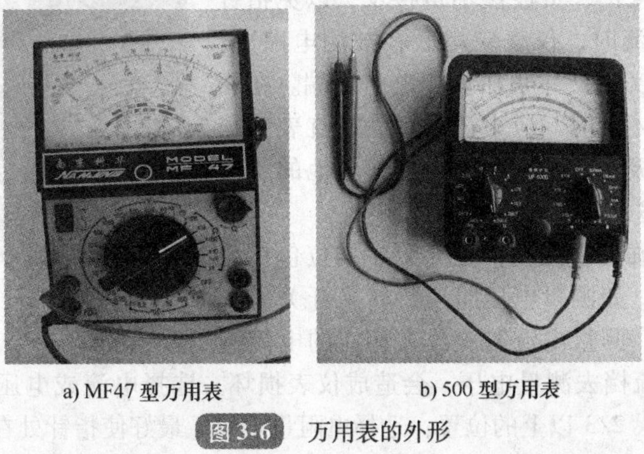

a) MF47 型万用表　　b) 500 型万用表

图 3-6　万用表的外形

万用表的基本工作原理主要是建立在欧姆定律和电阻串并联规律的基础之上。电压灵敏度是万用表的主要参数之一。对一只万用表来说，当它拨到电压档时，电压量程越高，电压档内阻越大。但是，各量程内阻与相应电压量程的比值却是一个常数，该常数就是电压灵敏度，单位是 Ω/V。电压灵敏度的意义是：电压灵敏度越高，其电压挡的内阻越大，对被测电路的影响越小，测量准确度越高。

2. 模拟式万用表的正确使用方法

（1）使用之前要调零　为了减小测量误差，在使用万用表之前应先进行机械调零。在测量电阻之前，还要进行欧姆调零，如图 3-7 所示。

a) 机械调零

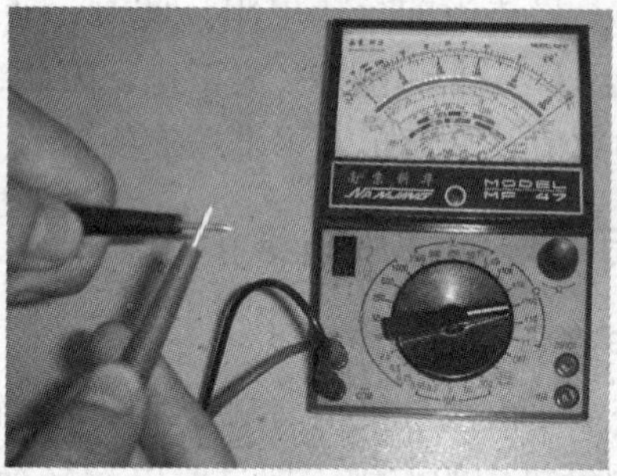

b) 欧姆调零

图 3-7　万用表调零

（2）要正确接线　万用表面板上的插孔和接线柱都有极性标记。使用时将红表笔与“+”极性孔相连，黑表笔与“－”极性孔相连。测量直流量时，应注意正、负极性不得接反，以免指针反转。测量电流时，仪表应串联在被测电路中；测量电压时，仪表要并联在被测电路两端。在用万用表测量晶体管时，应牢记万用表的红表笔与内部电池的负极相接，黑表笔与内部电池的正极相接，如图 3-8 所示。

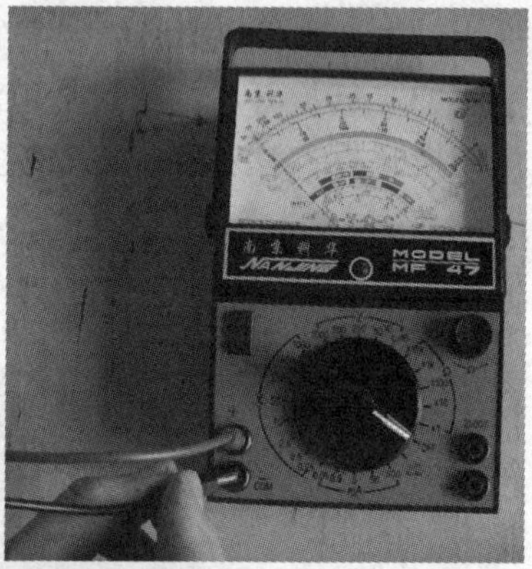

图 3-8　正确接线

（3）要正确选择测量档位　测量档位包括测量对象和量程。如测量电压时应将转换开关放在相应的电压档，测量电流时应放在相应的电流档等。如误用电流档去测量电压，会造成仪表损坏。选择电流或电压量程时，应使指针处在标度尺 2/3 以上的位置；选择电阻量程时，最好使指针处在标度尺的中间位置。这样做的目的是尽量减小测量误差。测量时，当不能确定被测电流、电压的数值范围，应先将转换开关转至对应的最大量程，然后根据指针的偏转程度逐步减小至合适量程，如图 3-9 所示。

（4）测量

1）测电阻。右手握持两表笔，左手拿住电阻器中间处，将表笔跨接在电阻器的两引线上，如图 3-10 所示。

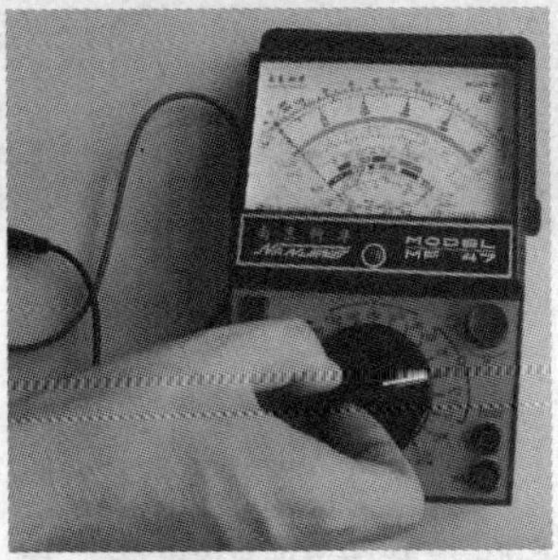

图 3-9 选择合适的档位

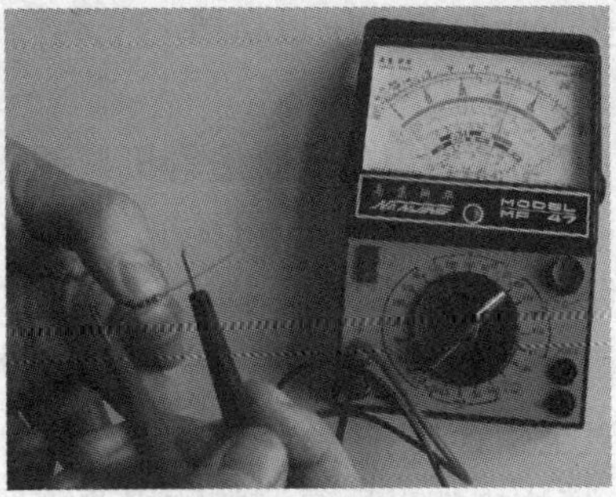

图 3-10 测量电阻

2）测电流。

① 将开关量程放置在直流档，根据被测电流选择合适的量程。测量时，将测试表笔串联于被测电路中，电流流入端与红表笔相接，流出端与黑表笔相接。

② 若电源内阻和负载电阻都很小，应尽量选择较大的电流量程。不能带电变换档位和量程。

③ 测量较大电流，需将红表笔插入 2500A 档。

3）测电压。

① 如果测量直流电压，一定要注意极性，红表笔放置在高电位，黑表笔放置在低电位。

② 测量时表笔接触测量部位要准确，接触良好，不要碰触其他电路，否则将影响测量结果，甚至损坏万用表及测量电路。

③ 对于测量相对于某一参考点的电位时，可将表笔一端固定在参考点进行单手操作。如图 3-11 所示。测量高内阻电源电压时，应尽量选择较高的电压量程，以减少表头内阻对量程结果的影响。测量带感抗电路的电压时，必须在切断电源前脱开万用表。

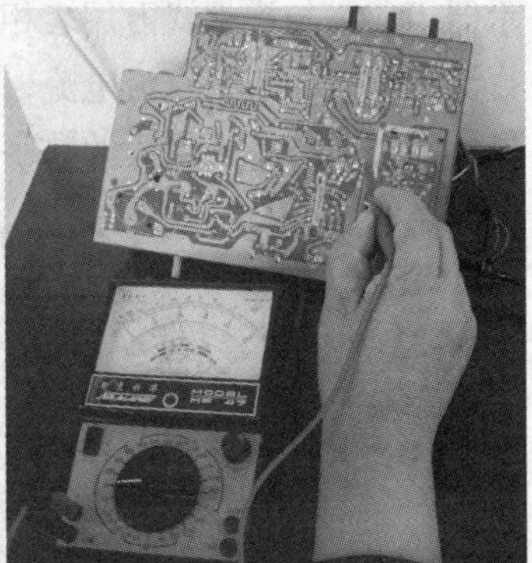

图 3-11 单手操作

4）读数要正确 在万用表的表盘上有许多条标度尺，分别用于不同的测量对象。所以测量时要在对应的标度尺上读数，同时应注意标度尺读数和量程的配合，避免出错。

① 将两表笔与电阻两端接触，使指针指向中心位置附近。此时，将指针所指读数乘以欧姆量程，就得出被测电阻的阻值。

② 读表是反映测量结果的主要环节，测量电压和电流时看第二条刻度线，如图 3-12 所示。

图 3-12　读数

（5）维护保养　使用完毕，应将万用表转换开关置于交流电压最高档。

3. 操作注意事项

1）万用表使用之前要进行机械调零。

2）测量电阻前要先进行欧姆调零。将两表笔短路，观察指针是否指在零位。如果指针没有指在欧姆零位，可以左右调整欧姆调零器，直至指针指在欧姆零位。

3）使用中如果反复调整欧姆调零器，指针仍然没有指在欧姆零位，就应该检查表内电池的电压是否低于 1. 2V。

4）严禁在被测电阻带电的情况下用万用表的欧姆档测量电阻。

5）用万用表测量电阻时，所选择的倍率档位应使指针处于表盘的中间段。

6）万用表使用后，最好将转换开关置于交流电压最高档或空档。

4. 数字式万用表的使用与维护

数字式万用表的外形如图 3-13 所示。袖珍式数字式万用表的结构框图如图 3-14 所示。它由功能选择、R/V 转换、V/V 转换、量程选择、A-D 转换、显示逻辑及显示器组成，与模拟式万用表相比，有两个要点：第一，数字式万用表测量的基本量是直流电压，而不是直流电流；第二，在数字式万用表中，用 A-D 转换、显示逻辑及显示器组成的单一量程的数字电压代替了模拟式万用表中简单的磁电系表头。

数字式电压表　　数字式万用表

图 3-13　数字式万用表的外形

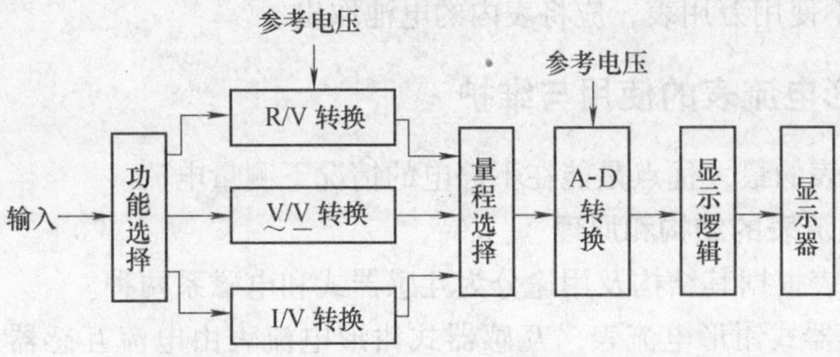

图 3-14 袖珍式数字式万用表的结构框图

数字式万用表的使用方法如下：

1）测量电阻。数字式万用表的使用方法与普通万用表的使用方法相似。使用前要进行调零，然后将红表笔插入“V · Ω”孔内，合理选择量程，将两表笔并联到被测电阻的两端，如图 3-15 所示。

2）测量直流电压。根据直流电压选择合适的量程，然后将万用表的两表笔与被测电路并联。选择不同的量程，其测量精度不同，不能用大量程去测量小电压，如图 3-16 所示。

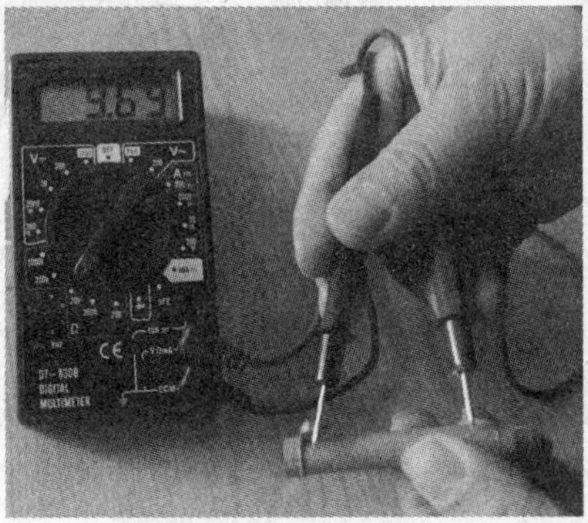

图 3-15 测量电阻

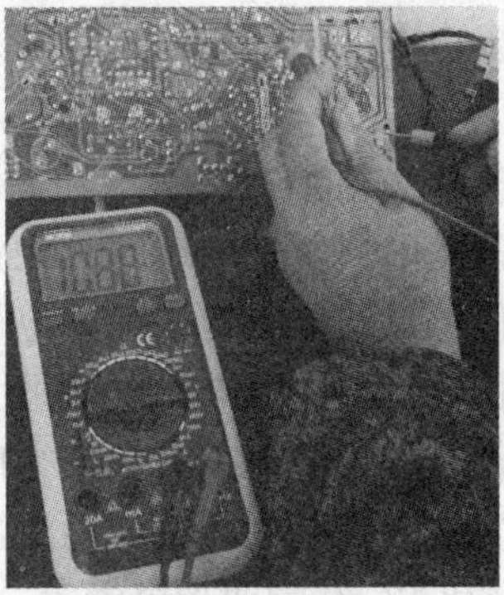

图 3-16 测量直流电压

3）测量交流电压。交流电压档只能测量频率 500Hz 以下的正弦信号，读数为被测交流电压的有效值，如图 3-17 所示。

4）万用表使用后，最好将转换开关置于交流电压最高档、空档或 OFF 档，以防下次测量时由于疏忽而损坏万用表。严禁在被测电阻带电的情况下用万用表的欧姆档测量电阻。在进行高电压测量或测量点附近有高电压时，一定要注意人身和仪表的安全。

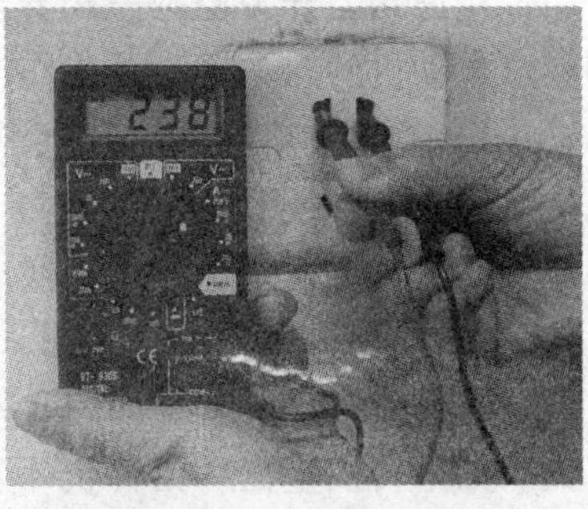

图 3-17 测量交流电压

5）长期不使用万用表，应将表内的电池取出。

四、钳形电流表的使用与维护

钳形电流表的最大优点是能在不停电的情况下测量电流。

1. 钳形电流表的结构和原理

钳形电流表根据其结构及用途分为互感器式和电磁系两种。

（1）互感器式钳形电流表　互感器式钳形电流表由电流互感器和整流系仪表组成，如图 3-18 所示，它只能测量交流电流。

图 3-18　互感器式钳形电流表

（2）电磁系钳形电流表　电磁系钳形电流表主要由电磁系测量结构组成，其示意图如图 3-19 所示。其工作原理为：处在铁心钳口中的导线相当于电磁系测量机构中的线圈。当被测电流通过导线时，在铁心中产生磁场，使可动铁片磁化，产生电磁推力，带动指针偏转，指示出被测电流的大小。由于电磁系仪表的可动部分的偏转方向与电流极性无关，所以可以交、直流两用。常用的有 MG20 型和 MG30 型钳形电流表。

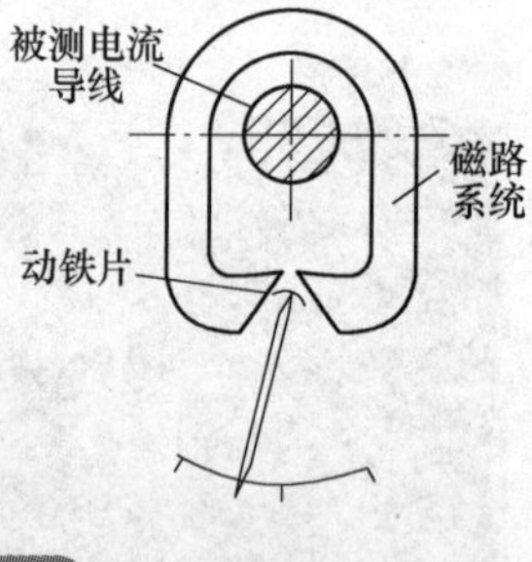

图 3-19　电磁系钳形电流表示意图

2. 钳形电流表的使用与维护

用三相刀开关控制三相异步电动机的起动，然后用钳形电流表正确测量三相异步电动机的起动电流及工作电流。

1）测量前将电动机与电源连接好，测量前先检查钳形表有无损坏。

2）估计被测电流的大小，选择合适的量程。若无法估计被测电流的大小，则应先从最大量程开始，逐步换成合适的量程。转换量程应在退出导线后进行。

3）测量并读取测量结果。合上电源开关，将被测电流导线置于钳口内的中心位置，以免增大误差，如图 3-20 所示；若量程不对，应在退出钳口后转换量程开关。如果转换量程后指针仍不动，需继续减小量程至较小量程，此时仪表指针指示电动机空载电流。

4）使用时钳口的结合面要保持良好的接触，如有杂声，应将钳口重新开合一次；若杂声依然存在，应检查钳口处有无污垢存在，如有可用酒精或汽油擦干净后再进行测量，如图 3-21 所示。

图 3-20　测量并读取测量结果

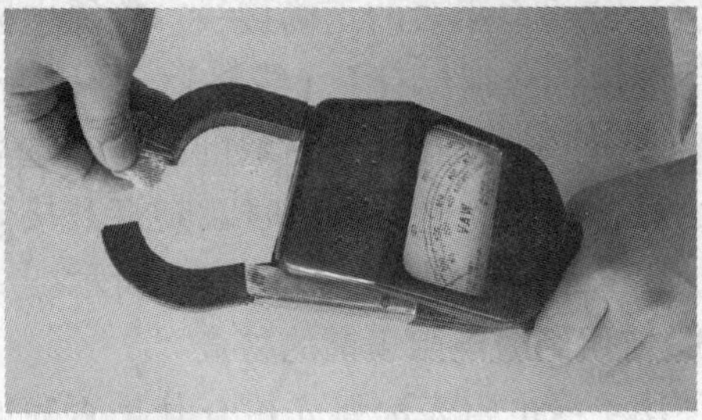

图 3-21　用酒精或汽油擦调试钳口

5）测量 5A 以下较小电流时，可将被测导线多绕几圈再放入钳口测量，被测的实际电流值就等于仪表读数除以放进钳口中的导线的圈数，如图 3-22 所示。

6）测量完毕，应将仪表的量程开关置于最大量程位置上，以防下次使用时，由于使用者疏忽而造成仪表损坏。

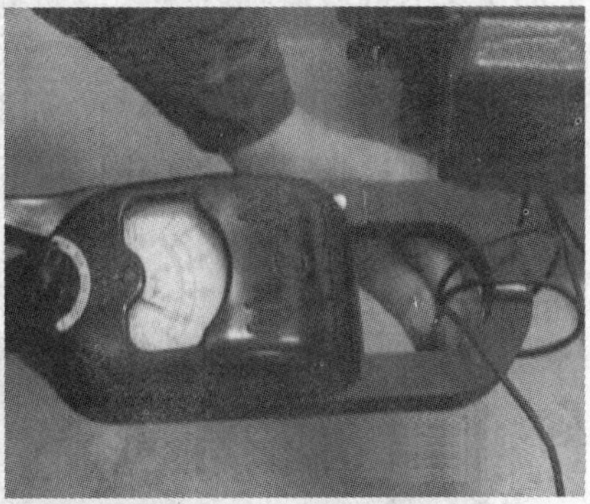

图 3-22　测量 5A 以下小电流

五、绝缘电阻表的使用与维护

1. 绝缘电阻表的结构及特点

绝缘电阻表主要由磁电系比率表、手摇直流发电机和测量线路三大部分组成，如图 3-23 所示。其用途是测量电气设备的绝缘电阻。磁电系比率表的特点是，其指针的偏转角与通过两动圈电流的比率有关，而与电流的大小无关。

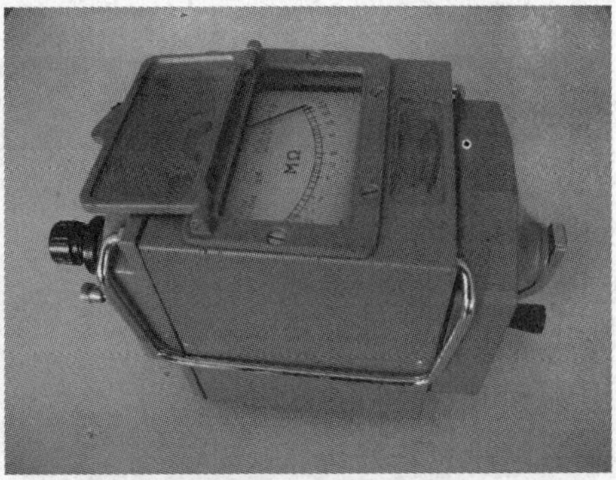

图 3-23　绝缘电阻表

2. 绝缘电阻表的使用与维护

（1）正确选择绝缘电阻表　选择绝缘电阻表的原则，一是其额定电压一定要与被测电气设备或线路的工作电压相适应。二是绝缘电阻表的测量范围也应与被测绝缘电阻的范围相符合，以免引起大的读数误差。

（2）绝缘电阻表的正确接线　绝缘电阻表有三个接线端钮，分别标有 L（线路）、E（接地）和 G（屏蔽），使用时应按测量对象的不同来选用。当测量电力设备对地的绝缘电阻时，应将 L 接到被测设备上，E 可靠接地即可，如图 3-24 所示。

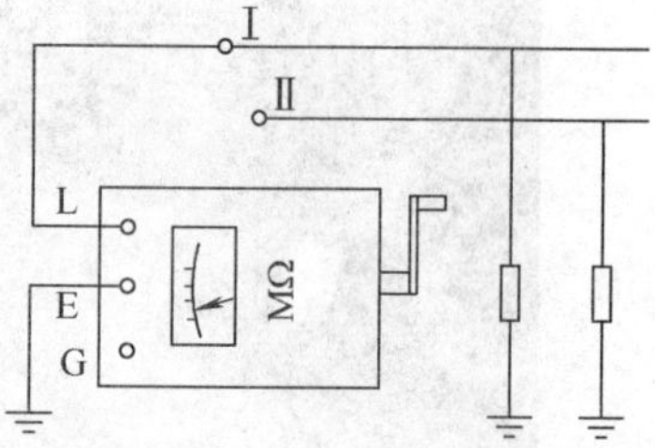

图 3-24　绝缘电阻表的接线

3. 使用绝缘电阻表前的检查

使用绝缘电阻表前要先检查其是否完好。检查步骤是：在绝缘电阻表未接通被测电阻之前，摇动手柄使发电机达到 120r/min 的额定转速，观察指针是否指在标度尺的"∞"位置。再将端钮 L 和 E 短接，缓慢摇动手柄，观察指针是否指在标度尺的"0"位置。如果指针不能指在相应的位置，表明绝缘电阻表有故障，必须检修后才能使用，如图 3-25 所示。

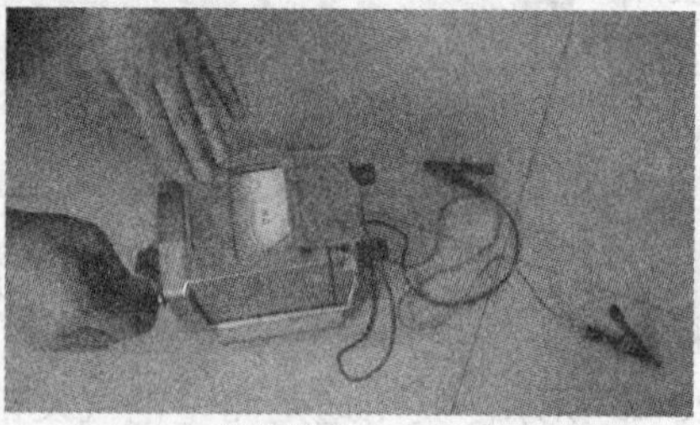

空转检查

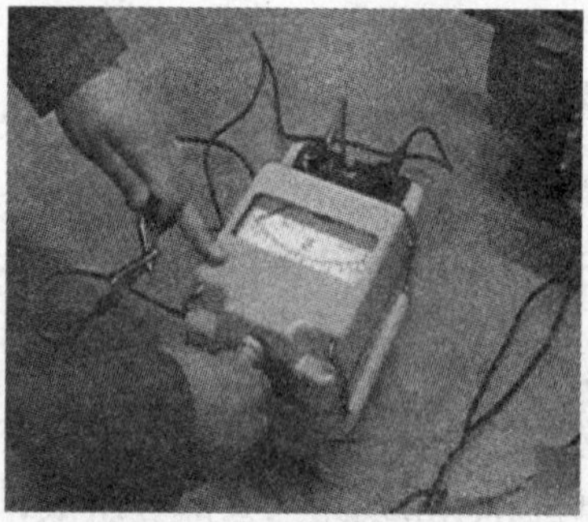

短接检查

图 3-25　绝缘电阻表使用前的检查

4. 测量绝缘电阻

以三相异步电动机为例说明其操作方法。

1）先测量各相绕组对地的绝缘电阻。将绝缘电阻表的 E 端接电动机的外壳，L 端接在电动机 U 相绕组接线端上，如图 3-26 所示。摇动手柄应由慢渐快增加到 120r/min，手摇发电机时要保持匀速。若发现指针指零，应立即停止摇动手柄。应注意，读

图 3-26　绝缘电阻表 E 端、L 端的接线

数应在匀速摇动手柄1min以后读取。

测量电动机V相绕组对地的绝缘电阻：将绝缘电阻表的L端改接在V相绕组接线端，摇动手柄1min以后读取读数。用相同的方法测量电动机W相绕组对地的绝缘电阻。

2）测量电动机绕组相与相之间的绝缘电阻。将绝缘电阻表的L端和E端分别接在每两相绕组接线端，摇动手柄1min以后读取读数。

3）记录测量结果。将各测量结果用笔记录，根据测量结果，电动机各相绕组对地的绝缘电阻和各相绕组之间的绝缘电阻均大于500MΩ，完全符合技术要求。

5. 操作注意事项

1）测量绝缘电阻必须在被测设备和线路停电的状态下进行。对含有大电容的设备，测量前应先进行放电，测量后也应及时放电，放电时间不得小于2min，以保证人身安全。

2）绝缘电阻表与被测设备间的连接导线不能用双股绝缘线或绞线，应用单股线分开单独连接，以避免线间电阻引起的误差。

3）摇动手柄时应由慢到快至额定转速120r/min。在此过程中，若发现指针指零，说明被测绝缘物发生短路事故，应立即停止摇动手柄，避免表内线圈因发热而损坏。

4）测量具有大电容设备的绝缘电阻，读数后不能立即停止摇动绝缘电阻表，以防止已充电的设备放电而损坏绝缘电阻表。应在读数后一边降低手柄转速，一边拆去接地线。在绝缘电阻表停止转动和被测物充分放电之前，不能用手触及被测设备的导电部分。

5）测量设备的绝缘电阻时，应记下测量时的温度、湿度、被测设备的状况等，以便于分析测量结果。

第四章　常用电工工具、量具的使用及材料选型知识

☺ 学习目标

1. 掌握常用电工工具使用知识。
2. 掌握常用电工量具使用知识。
3. 掌握常用电工材料的分类及选用知识。

第一节　常用电工工具使用知识

电工常用工具是指一般专业电工都要运用的常备工具。常用的工具有验电器、螺钉旋具、钢丝钳、尖嘴钳、断线钳、剥线钳、电工刀、活扳手等。作为一名维修电工，必须掌握电工常用工具的使用方法。

一、验电器

验电器是检验导线和电气设备是否带电的一种电工常用检测工具，它分为低压验电器和高压验电器两种。

1. 低压验电器

低压验电器有笔式和螺钉刀式两种，如图4-1所示。

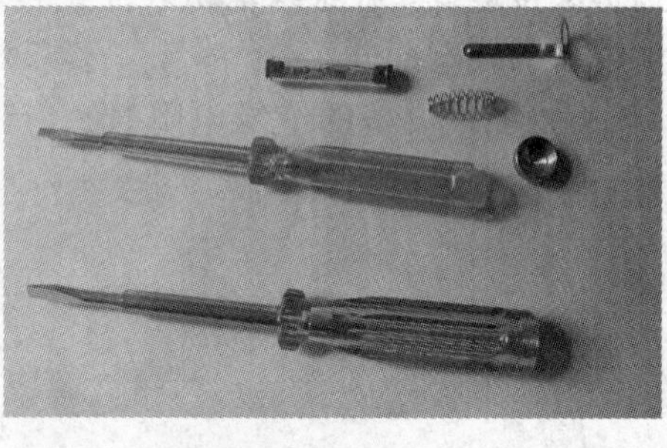

图4-1　低压验电器

笔式低压验电器由氖泡、电阻、弹簧、笔身和笔尖等组成。使用低压验电器时，必须按图4-2所示的正确方法握笔，以手指触及笔尾的金属体，使氖管小窗背光朝自己。

错误握法

正确握法

图4-2　低压验电器的使用方法

当用低压验电器测带电体时，电流经带电体、电笔、人体、地形成回路，只要带电体与大地之间的电位差超过60V，电笔中的氖泡就发光。低压验电器测试范围为60～500V。低压验电器的作用见表4-1。

表4-1　低压验电器的作用

作　　用	要　　点
区别电压高低	测试时可根据氖管发光的强弱来判断电压的高低
区别相线与零线	在交流电路中，当验电器触及导线时，氖管发光的即为相线，正常情况下，触及零线是不发光的
区别直流电与交流电	交流电通过验电器时，氖管里的两极同时发光；直流电通过验电器时，氖管里两个极只有一个发光
区别直流电的正、负极	把验电器连接在直流电的正、负极之间，氖管中发光的一极即为直流电的负极

2. 高压验电器

10kV高压验电器由金属钩、氖管、氖管窗、固紧螺钉、护环和握柄组成，如图4-3所示。高压验电器的使用如图4-4所示。

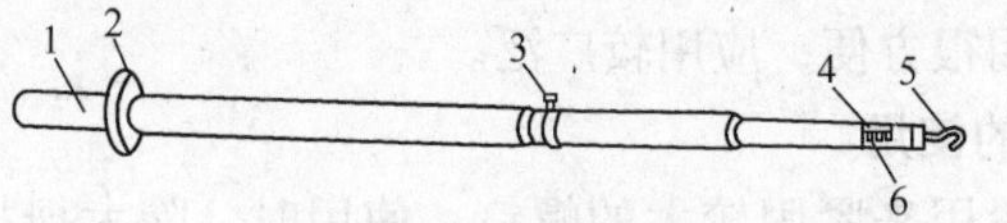

图4-3　高压验电器

1—握把　2—互环　3—紧固螺钉　4—氖管窗　5—金属钩　6—氖管

操作注意事项：

1）验电器使用前，应在已知带电体上测试，证明验电器确实良好方可使用。

2）使用时，应使高压验电器逐渐靠近被测物体，直到氖管发亮；只有在氖管不发亮时，人体才可以与被测物体试接触。

3）室外使用高压验电器时，必须在气体条件良好的情况下才能使用。在雨、雪、雾及湿度较大的天气中，不宜使用。

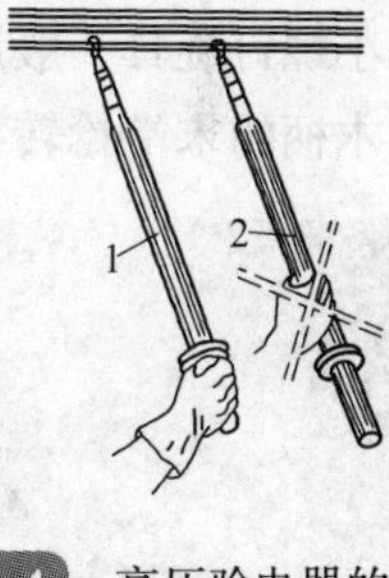

图4-4　高压验电器的使用

1—正确　2—错误

4）高压验电器测试时，必须戴上符合要求的绝缘手套；不可一个人单独测试，身旁必须有人监护；测试时要防止发生相间或对地短路事故；人体与带电体应保持足够的安全距离，10kV高压的安全距离为0.7m以上。

二、螺钉旋具

螺钉旋具是紧固或拆卸螺钉的工具。螺钉旋具的种类有很多，按头部形状可分为一字型和十字型，如图 4-5 所示。

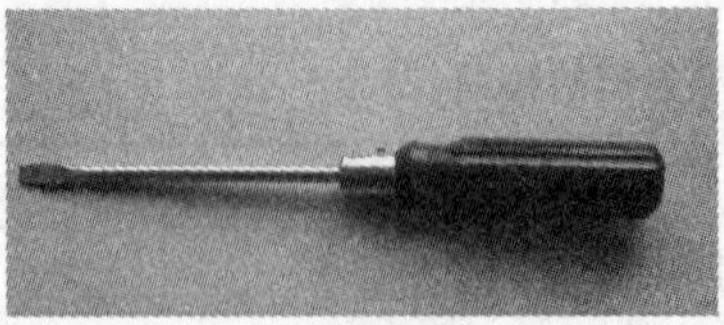

一字形螺钉旋具

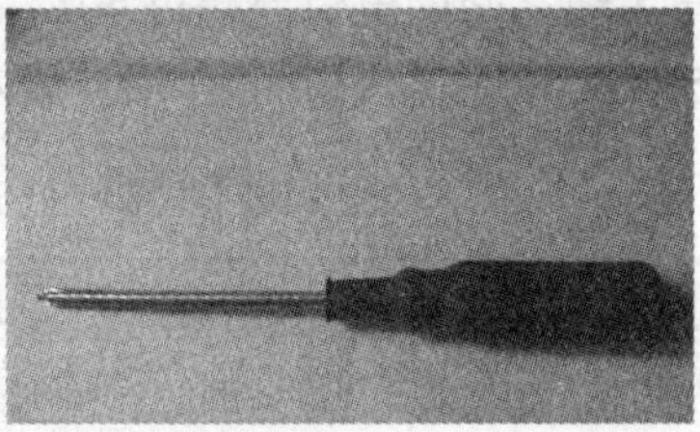

十字形螺钉旋具

图 4-5　螺钉旋具

一字型螺钉旋具常用规格有 50mm、100mm、150mm 和 200mm 等，电工必备的是 50mm 和 150mm 两种。十字型螺钉旋具专供紧固和拆卸十字槽的螺钉，常用的规格有Ⅰ、Ⅱ、Ⅲ和Ⅳ四种。

磁性旋具按握柄材料可分为木质绝缘和塑胶绝缘柄。它的规格齐全，分十字型和一字型。金属杆的刀口端焊有磁性金属材料，可以吸住待拧紧的螺钉，能准确定位、拧紧，使用很方便，应用较广泛。

1. 大螺钉旋具的使用

大螺钉旋具一般用来紧固较大的螺钉。使用时，除大拇指、食指和中指要夹住握柄外，手掌还要顶住柄的末端，这样就可以防止旋具转动时滑脱，如图 4-6 所示。

2. 小螺钉旋具的使用

小螺钉旋具一般用来紧固电气装置接线桩头上的小螺钉，使用时，可用手指顶住木柄的末端捻转，如图 4-7 所示。

图 4-6　大螺钉旋具的使用方法

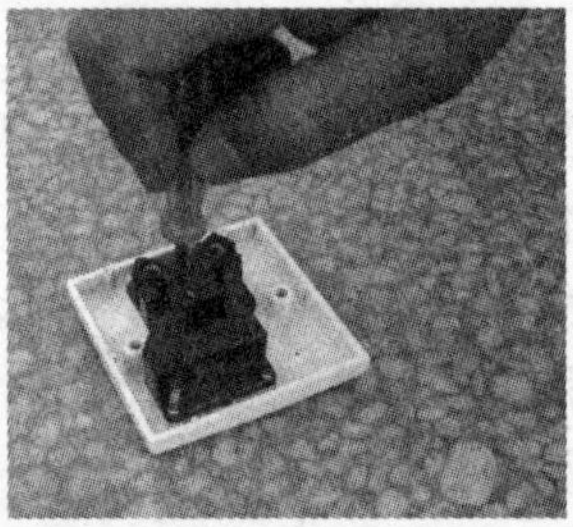

图 4-7　小螺钉旋具的使用方法

操作注意事项：

1）电工不可使用金属杆直通的螺钉旋具，否则容易造成触电事故。

2）使用螺钉旋具紧固和拆卸带电的螺钉时，手不得触及旋具的金属杆，以免发生触电事故。

3）为了避免螺钉旋具的金属杆触及临近带电体，应在金属杆上穿绝缘套管。

4）使用较长的螺钉旋具时，可用右手压紧并旋转手柄，左手握住螺钉旋具中间部分，以使螺钉刀不致滑脱。此时左手不得放在螺钉的周围，以免螺钉刀滑出时将手划伤。

三、钢丝钳

钢丝钳有铁柄和绝缘柄两种，绝缘柄为电工用钢丝钳，常用的规格有 150mm、175mm 和 200mm 三种。

电工钢丝钳由钳头和钳柄两部分组成。钳头由钳口、齿口、刀口和铡口四部分组成。其用途很多，钳口用来弯绞和钳夹导线线头；齿口用来剪切或剖削软导线绝缘层；铡口用来铡切导线线芯、钢丝或铅丝等较硬金属丝。其外形如图 4-8 所示。

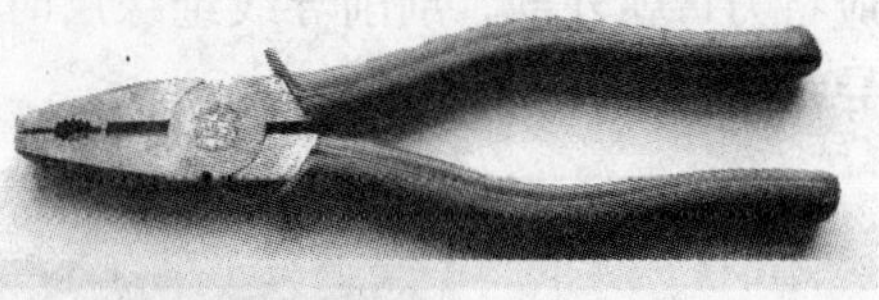

图 4-8　电工钢丝钳的外形

操作注意事项：

1）使用前，必须检查绝缘柄的绝缘是否良好。

2）剪切带电导线时，不得用刀口同时剪切相线和零线，或同时剪切两根导线。

3）钳头不可代替锤子作为敲打工具使用。

四、尖嘴钳

尖嘴钳的头部尖细，适用于在狭小的空间操作。钳柄有铁柄和绝缘柄两种，绝缘柄的耐压为 500V，主要用于切断细小的导线、金属丝；夹持小螺钉、垫圈及导线等元件；还能将导线端头弯曲成所需的各种形状。尖嘴钳外形如图 4-9 所示。

图 4-9　尖嘴钳

五、断线钳

断线钳又称斜口钳，钳柄有铁柄、管柄和绝缘柄三种。其中电工用的带绝缘柄断钱钳的外形如图 4-10 所示，绝缘柄的耐压 500V。断线钳主要用于剪断较粗的电线、金属丝及导线电缆。

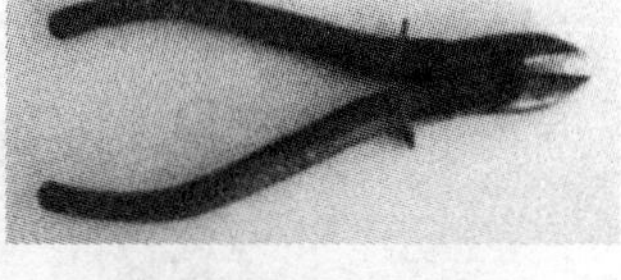

图 4-10　断线钳

六、剥线钳

剥线钳是用来剥削小直径导线绝缘层的专用工具，如图 4-11 所示。它的绝缘手柄耐压为 500V。

剥线钳使用时，将要剥削的绝缘层长度用标尺定好后，即可把导线放入相应的刃口中（比导线直径稍大），用手将柄一握紧，导线的绝缘层即被割破，且自动弹出。

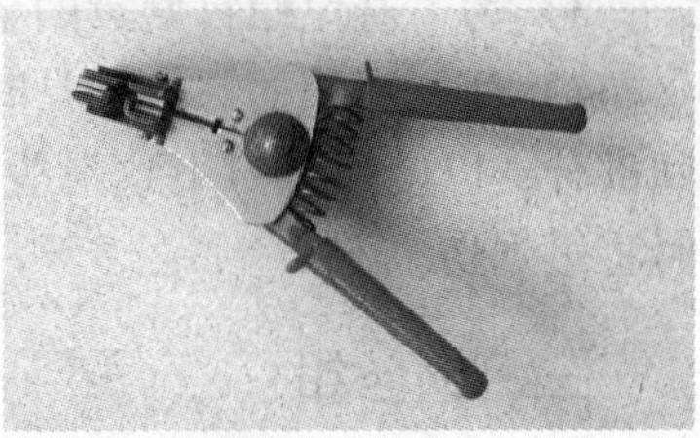

图 4-11 剥线钳

七、电工刀

电工刀是用来剖削电线线头、切割木台缺口、削制木榫的专用工具，如图 4-12 所示。使用时，应将刀口朝外剖。剖削导线绝缘层时，应使刀面与导线呈较小的锐角，以免割伤导线。

图 4-12 电工刀

操作注意事项：

1）使用电工时应注意避免伤手，不得传递未折进刀柄的电工刀。

2）电工刀用毕，随时将刀身折进刀柄。

3）电工刀刀柄无绝缘保护，不能用于带电作业，以免触电。

八、活扳手

活扳手是用来紧固和起松螺母的一种专用工具。活扳手由头部活动扳唇、呆扳唇、扳口、蜗轮和轴销等构成。蜗轮可调节扳口大小。其规格用长度 × 最大开口宽度（单位为 mm）来表示，电工常用的活扳手有 150mm × 19mm（6in）、200mm × 24mm（8in）、250mm × 30mm（10in）和 300mm × 36mm（12in）四种规格。

操作注意事项：

1）扳动大螺母时，常用较大的力矩，手应握在近柄尾处，如图 4-13a 所示。

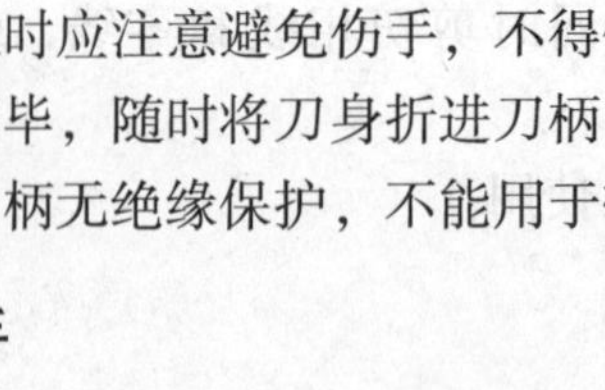

a) 扳动较大螺母的握法

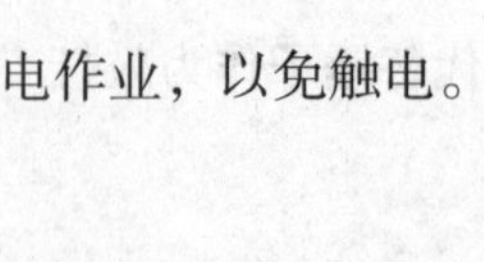

b) 扳动较小螺母的握法

图 4-13 活扳手的结构与使用

2）扳动较小螺母时，所用力矩不大，但螺母过小易打滑，故手应握在接近扳头的地方，如图 4-13b 所示，这样可随时调节蜗轮，收紧活动扳唇，防止打滑。

3）活扳手不可反用，以免损坏活动扳唇，也不可用钢管接长手柄施加较大的扳拧力矩。

4）活扳手不得当作撬棍和锤子使用。

九、喷灯

喷灯是一种利用喷射火焰对工件进行加热的工具，常用来焊接铅包电缆的铅包层、大截面铜导线连接处的搪锡以及其他连接表面的防氧化镀锡等。喷灯火焰温度可达 900℃以上。

1. 喷灯的结构

喷灯的结构如图 4-14 所示，按其使用燃料可分为煤油喷灯、汽油喷灯和燃气喷灯三种。

燃油喷灯

燃气喷灯

图 4-14　喷灯

2. 燃油喷灯的使用

（1）加油　旋下加油阀下面的螺栓，倒入适量油液，测量以不超过筒体的 3/4 为宜。保留一部分空间的目的在于储存压缩空气，以维持必要的空气压力。加完油后应及时旋紧加油口的螺栓，关闭放油调节阀的阀杆，擦净撒在外部的油液，并认真检查是否有渗漏现象。

（2）预热　先在预热燃烧盘内注入适量汽油，用火点燃，将火焰喷头烧热。

（3）喷火　当火焰喷头烧热后，而燃烧盘内燃汽油燃完之前，用打气阀打气 3 ~ 5 次，然后再慢慢打开放油调节阀的阀杆，喷出的油雾，喷灯即点燃喷火。随后继续打气，直到火焰正常为止。

（4）熄火　先关闭放油调节阀，直至火焰熄灭，再慢慢旋松加油口螺栓，放出筒体内的压缩空气。

操作注意事项：

1）喷灯在加油、放油及检修过程中，均应在熄火后进行。加油时应将油阀上螺栓先慢慢放松，待气体放尽后方开盖加油。

2）煤油喷灯筒体内不得掺加汽油。

3）喷灯使用过程中应注意筒体的油量，一般不得少于筒体容积的1/4。油量太少会使筒体发热，易发生危险。

4）打气压力不应过高。打完气后，应将打气柄卡牢在泵盖上。

5）喷灯工作时应注意火焰与带电体之间的安全距离，距离10kV以下带电体应大于1.5m；距离10kV以上带电体应大于3m。

3. 燃气喷灯的使用

（1）燃气式喷灯的特点

① 使用简单、安全、携带方便、不怕强风的工作场所。

② 倒置或任何角度均可使用，不会熄火。

③ 采用304钢（相当于我国的06Cr19Ni10不锈钢），质轻坚固，永不生锈。

④ 气瓶装卸快速，不用时可卸下挂置，防止漏气，节省瓦斯。

⑤ 是传动汽油、煤油式喷灯的大革新。

（2）燃气式喷灯的使用

① 把气瓶斜放入底座圆槽内，以气瓶下压底座。

② 压下底座后，气瓶靠紧握臂上之弧板，然后迅速放开气瓶，使气瓶嘴进入进气口。

③ 微开气阀，让微量燃料溢出，迅速点火。然后再开火焰，约20s后任何角度均可使用。

④ 停止使用时，关闭气阀确定火已熄灭。把气瓶移出进气口，挂置。

操作注意事项：

1）燃料瓶与喷灯结合后，请检查结合处有无漏气之异味或气声，也可浸入水中察看，若有漏气现象，请勿点火使用。

2）清除喷火嘴之污垢，可利用附于底座下之通针。

4. 喷灯的维护

1）喷灯用完后，应放尽气体，存放在不受潮的地方。

2）不得用重物碰撞喷灯出现裂纹，影响安全使用。

3）喷灯螺栓、螺母等有滑丝现象应及时更换。

第二节　常用电工量具使用知识

一、钢直尺

钢直尺是一种简单的长度量具，尺面上刻有尺寸刻线，最小刻线距为0.5mm，它的长度规格有 150mm、300mm、1000mm 等多种。可以用来量取尺寸、测量工具，也可以作划直线的导向工具，如图 4-15 所示。

图 4-15　钢直尺

二、游标卡尺

游标卡尺是一种中等精度的量具，如图 4-16 所示。它可以直接测量出工件的内外尺寸和深度尺寸。

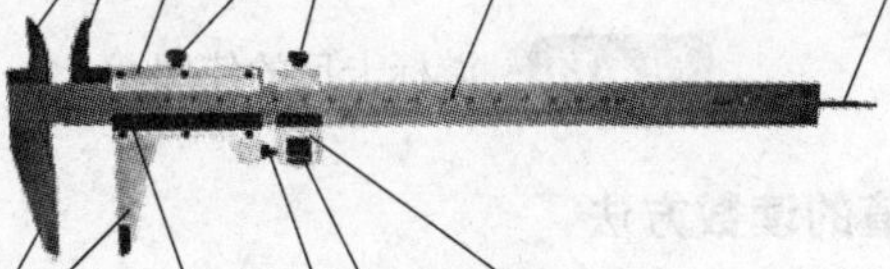

图 4-16　游标卡尺

1. 刻线原理

以 0. 02mm 游标卡尺为例来说明其刻线原理。尺身每小格为 1mm，在游标上把 49mm 分为 50 格，当两量爪合并时，游标上 50 格刚好与尺身的 49mm 对正。如图 4-17 所示，因此游标刻线每小格为 49mm/50 = 0. 98mm。读数值为尺身与游标每格之差 1mm − 0. 98mm = 0. 02mm。

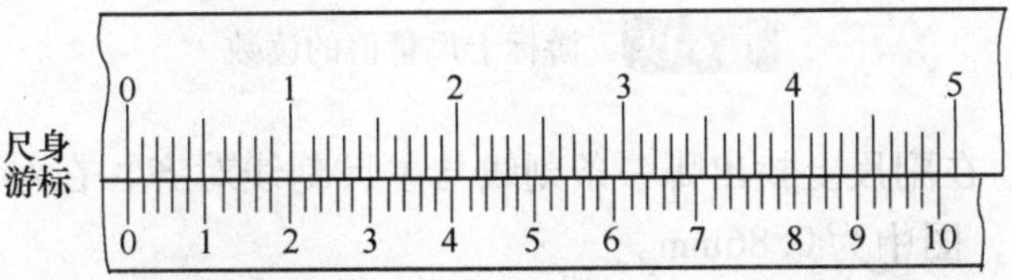

图 4-17　0. 02mm 游标卡尺的刻线原理

2. 游标卡尺的使用

用游标卡尺测量尺寸前，应擦净量爪两测量面，将两测量面接触贴合，校准零位并用透光法检测两测量面的密合性。应密不透光，否则，应进行修理。

测量时，应将两量爪张开到略大于被测尺寸，将固定量爪的测量面帖靠着工件。然后轻轻用力移动副尺，使活动量爪的测量面也靠紧工件，并使卡尺测量面的连线垂直于被测量面。最后把制动螺钉拧紧，并读出所测数值。游标卡尺的使用如图 4-18 所示。

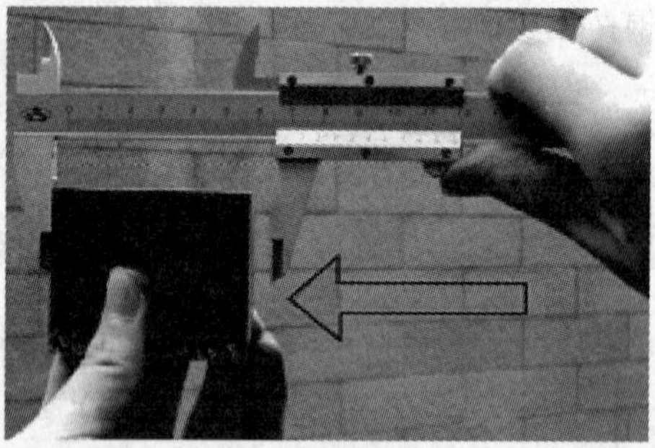

正确用法

错误用法

图 4-18　游标卡尺的使用

3. 游标卡尺测量值的读数方法

1）读整数。副尺零线左边主尺的第一条刻线是整数的毫米值，图 4-19 中为 28mm。

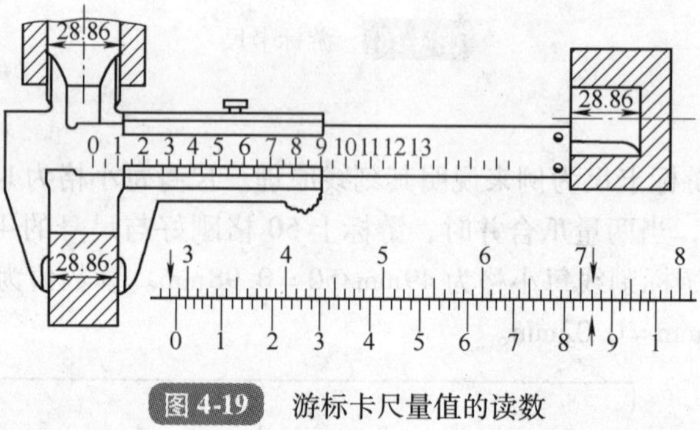

图 4-19　游标卡尺量值的读数

2）读小数。在副尺上找出哪一条刻线与主尺刻线对齐，在对齐处从副尺上读出毫米的小数值，图中为 0. 86mm。

3）将上述两数值相加，即为游标卡尺测量尺寸，即工件尺寸为 28. 86mm。

三、千分尺

千分尺是一种精度较高的量具，外径千分尺的外形及结构如图 4-20 所示。

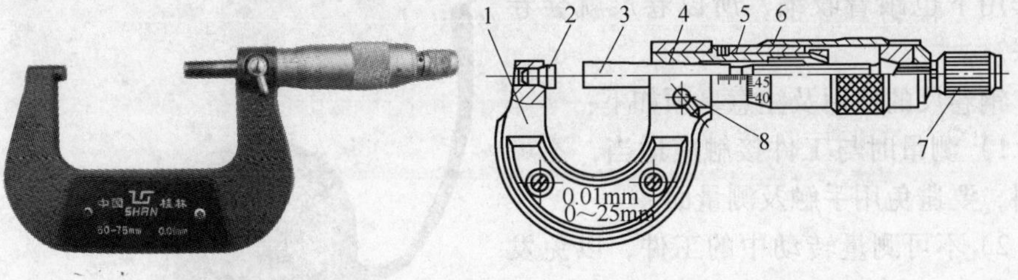

外形　　　　结构

图 4-20　外径千分尺的外形及结构

1—尺架　2—测砧　3—测微螺杆　4—螺纹轴套　5—固定套筒　6—微分筒　7—棘轮　8—锁紧装置

1. 刻线原理

外径千分尺测微螺杆螺距为 0.5mm，当微分筒每转一周时，测微螺杆便沿轴线移动 0.5mm。微分筒的外锥面上分为 50 格，所以当微分筒每转过一小格时，测微螺杆便沿轴线移动 0.5mm/50 = 0.01mm，在外径千分尺的固定套管上刻有轴向中线，作为微分筒的读数基准线，基准线两侧分布有 1mm 间隔的刻线，并相互错开 0.5mm。上面一排刻线标出的数字，表示毫米整数值；下面一排刻线未标数字，表示对应于上面刻线的半毫米值。

2. 千分尺的使用

用千分尺测量和读数的步骤如下：

测量前将千分尺测量面擦净，然后检查零位的准确性。

1）将工件被测表面擦净，以保证测量准确。

2）用单手或双手握持千分尺对工件进行测量，一般先传动活动套筒，当千分尺的测量面刚接触到工件表面时改用棘轮，当听到测力控制装置发出嗒嗒声，停止转动，即可读数。

3）读数时，要先看清内套筒（即固定套筒）上露出的刻线，读出毫米数或半毫米数。然后在看清外套筒（活动套筒）的刻线和内套筒的基准线所对齐的数值（每格为 0.01mm），将两个读数相加，其结果就是测量值，如图 4-21 所示。

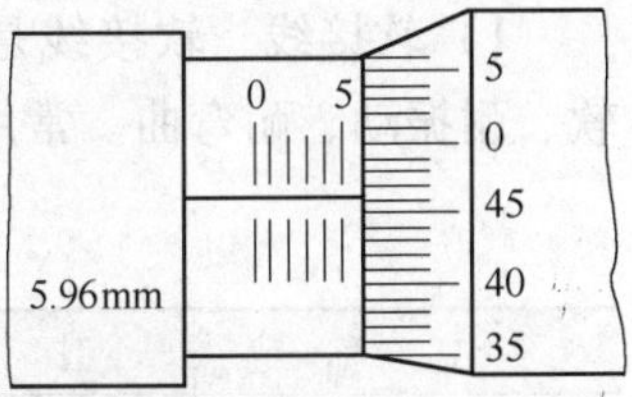

图 4-21　外径千分尺的读数

使用时要注意不能用千分尺测量粗糙的表面；使用后应擦净测量面并加润滑油防锈，放入盒中。

四、钢卷尺

钢卷尺一般是公制的，有 150cm、200cm 和 500cm 等，如图 4-22 所示。

钢卷尺能卷起来是因为卷尺里面装有弹簧，在拉出测量长度时，实际是拉长标尺及弹簧的长度，一旦测量完毕，卷尺里面的弹簧会自动收缩，标尺在弹簧力的作用下也跟着收缩，所以卷尺就会卷起来。

钢卷尺的使用及注意事项如下：

1）测量时与工件接触应适当，不可偏斜，要避免用手触及测量面。

2）不可测量转动中的工件，以免发生危险。

3）不可任意敲击、乱丢或乱放卷尺。

4）卷尺收缩的时候容易伤到手，在使用中应注意。

图 4-22　钢卷尺

5）使用后，应清洁干净。保存的时候不要放在潮湿的地方。

6）应每年检验 1 次，校验尺寸是否合格。

第三节　常用电工材料及应用

一、常用导电材料的分类及选用

1. 常用导电材料的分类

导线品种很多，按照它们的性能、结构、制造工艺及使用特点，分为裸线、电磁线、绝缘电线电缆和通信电缆四种。电工常用的为裸线、电磁线和绝缘电线电缆。

（1）裸线　这类产品只有导体部分，没有绝缘和护层结构。按产品形状和结构，分为圆单线、软接线、型线和裸绞线四种。修理电机、电器时经常用到的是软接线和型线。

1）软接线　软接线是由多股铜线或镀锡铜线绞合编织而成的，其特点是柔软、耐振动、耐弯曲。常用软接线品种见表 4-2。

表 4-2　常用软接线品种

名　称	型　号	主要用途
裸铜电刷线 软裸铜电刷线	TS TS	供电机、电器线路电刷用
裸铜软绞线	TRJ TRJ-3 TRJ-4	移动式电气设备连接线，如开关等 要求较柔软的电气设备连接线，如接地线、引出线等 供要求特别柔软的电气设备连接线用，如晶闸管的引线等
软裸铜编织线	TRZ	移动式电气设备和小型电炉连接线

2）型线　型线是非圆形截面的裸电线。常用型线品种见表 4-3。

表 4-3　常用型线品种

名　称	名　称	型　号	主要用途
扁线	硬扁铜线 软扁铜线 硬扁铝线 软扁铝线	TBV TBR LBV LBR	适用于电机、电器、安装配电设备及其他电工制品
母线	硬铜母线 软铜母线 硬铝母线 软铝母线	TMV TMR LMV LMR	适用于电机、电器、安装配电设备及其他电工制品，也可作输配电的汇流排
铜带	硬铜带 软铜带	TDV TDR	适用于电机、电器、安装配电设备及其他电工制品
铜排	梯形铜排	TPT	供制造直流电机换向器用

（2）电磁线　电磁线应用于电机、电器及电工仪表中，作为绕组或元件的绝缘导线。目前大多数采用铜线很少采用铝线，常用的电磁线有漆包线和绕包线两类。

1）漆包线。漆包线的绝缘层是漆膜，广泛用于中小型电动机及微型电动机、干式变压器及其他电工产品。

2）绕包线。绕包线是用玻璃丝、绝缘纸或合成树脂薄膜紧密绕包在导线芯上，形成绝缘层，也有在漆包线上再绕包绝缘层的。除薄膜绝缘层外，其他的绝缘层均须经过胶粘绝缘漆浸渍处理，以提高其绝缘性能、力学性能和防潮性能，所以它们实际上是组合绝缘。绕包线一般用于大中型电工产品。根据绕包线的绝缘结构，可分为纸包线、薄膜绕包线、玻璃丝包线及玻璃丝包漆包线四类。

（3）绝缘电线　常用的绝缘电线型号、名称和用途见表4-4。

表 4-4　常用的绝缘电线型号、名称和用途

型　号	名　称	用　途
BLXF BXF BLX BX BXR	铝芯氯丁橡胶线 铜芯氯丁橡胶线 铝芯橡胶线 铜芯橡胶线 铜芯橡胶软线	适用于交流额定电压500 V 以下或直流1 000V 以下的电气设备及照明装置
BV BLV BVR BVV BLW BVVB BLVVB VB-105	铜芯聚氯乙烯绝缘电线 铝芯聚氯乙烯绝缘电线 铜芯聚氯乙烯绝缘软电线 铜芯聚氯乙烯绝缘聚氯乙烯护套圆型电线 铝芯聚氯乙烯绝缘聚氯乙烯护套电线 铜芯聚氯乙烯绝缘聚氯乙烯护套平型电线 铜芯聚氯乙烯绝缘聚氯乙烯护套平型电线 铜芯耐热 105℃聚氯乙烯绝缘电线	适用于各种交流、直流电器装置，电工仪器、仪表，电信设备，动力及照明线路固定敷设

（续）

型　号	名　称	用　途
RV RVB RVS RVV RVVB RV-105	铜芯聚氯乙烯绝缘软电线 铜芯聚氯乙烯绝缘平型软电线 铜芯聚氯乙烯绝缘绞型软电线 铜芯聚氯乙烯绝缘聚氯乙烯护套圆型连接软电线 铜芯聚氯乙烯绝缘聚氯乙烯护套平型连接软电线 铜芯耐热105℃聚氯乙烯绝缘联结软电线	适用于各种交流、直流电器，电工仪器，家用电器，小型电动工具，动力及照明装置的连接
RFB RFS	复合物绝缘平型软电线 复合物绝缘绞型软电线	适用于交流额定电压250V以下或直流500V以下的各种移动电器、无线电设备和照明灯座接线
RXS RX	橡胶绝缘棉纱编织软电线	适用于交流额定电压300V以下的电器、仪表、家用电器及照明装置

2. 选择导线截面积的原则及方法

（1）选择原则　导线和电缆截面积必须满足表4-5中的条件。

表4-5　导线和电缆截面积须满足的条件

条　件	要　求
发热条件	导线和电缆在通过正常最大负荷电流即计算电流时产生的发热温度，不应超过其正常运行时的最高允许温度
电压损耗条件	导线和电缆在通过正常最大负荷电流即计算电流时产生的电压损失，不应超过正常运行时允许的电压损失
经济电流密度条件	10kV及以下线路通常不按经济电流密度选择 35kV及以上线路宜按此选择，使线路的年运行费用最小
机械强度条件	导线截面积不应小于其最小允许截面积

对于电缆，不必校验其机械强度，但需校验其短路热稳定度；对于绝缘导线和电缆，还应满足工作电压的要求。

计算电流是计算负荷在额定电压下的正常工作电流，它是选择导体、电器、计算电压偏差、功率损耗等的依据。

（2）选择方法

1）按发热条件选择导线和电缆截面积。

① 三相系统中相线截面积的选择。按发热条件选择三相系统中的相线截面积，应使其最大允许电流 I_{al} 不小于通过相线的计算电流 I_{30}，即

$$I_{al} \geqslant I_{30}$$

② 中性线（N 线）截面积的选择。一般三相四线制线路的中性线截面，应不小于相线截面积的 50%。

③ 保护线（PE 线）截面积的选择。根据短路热稳定度的要求，保护线（PE 线）的截面积 S_{PE} 为

a. 当 $S_{\phi} \leqslant 16mm^2$ 时，$S_{PE} \geqslant A_{\phi}$。

b. 当 $16mm^2 < S_{\phi} \leqslant 35mm^2$ 时，$S_{PE} \geqslant 16mm^2$。

c. 当 $S_{\phi} > 35mm^2$ 时，$S_{PE} \geqslant 0.5\ A_{\phi}$。

④ 保护中性线（PEN 线）截面积的选择。保护中性线兼有保护线和中性线的双重功能，因此，其截面积选择应同时满足上述保护线和中性线的要求，取其中的最大值。

2）按经济电流密度选择导线和电缆截面积。所谓经济电流密度，是指线路年运行费用最低时所对应的电流密度。按经济电流密度 J_{ec} 计算经济截面积 S_{ec} 的公式为

$$S_{ec} = I_{30}/J_{ec}$$

按上式计算出 S_{ec} 后，应选最接近的标准截面积（可取较小的标准截面积），然后校验其他条件。

3）按允许电压损失选择导线和电缆截面积。高压配电线路的电压损失，一般不超过线路额定电压的 5%；从变压器低压侧母线到用电设备受电端的低压线路的电压损失，一般不超过用电设备额定电压的 5%；对视觉要求较高的照明线路，则为 2% ~3%。如线路的电压损失超过了允许值，则应适当加大导线的截面积，使之满足允许的电压损失要求。

对照明线路或较长线路，一般以按允许电压损失选择导线和电缆截面积；对电流较大，线路长度较短的照明线路应按发热条件选择导线和电缆截面积；而对于电流较大，线路长度较长的照明线路按经济电流密度选择导线和电缆截面积。

二、常用绝缘材料的分类及选用

1. 常用绝缘材料的分类

绝缘材料又叫作电介质，其电阻率常大于 $10^9\Omega \cdot cm$。绝缘材料的主要作用是用来隔离不同电位的导体或导体与地之间的电流，使电流仅沿导体流通。在不同的电工产品中，根据需要不同，绝缘材料还起着不同的作用。

常用的绝缘材料一般分为气体绝缘材料、液体绝缘材料和固体绝缘材料三种。

绝缘材料的耐热性是指绝缘材料及其制品承受高温而不致损坏的能力。绝缘材料的耐热性，按其长期正常工作所允许的最高温度，可分为下列七个级别。

1）Y 级：最高允许温度为 90℃。

2）A 级：最高允许温度为 105℃。

3）E 级：最高允许温度为 120℃。

4）B 级：最高允许温度为 130℃。

5）F 级：最高允许温度为 155℃。

6）H 级：最高允许温度为 180℃。

7）C 级：最高允许温度为 180℃以上。

气体电介质主要包括有空气和六氟化硫（SF_6）气体。空气是氮气、氧气、氢气、二氧化碳等气体与少量尘埃、水蒸气的混合物，是一种天然易得的、最普通、最常见的气体电介质。正常工作状态下的六氟化硫是一种无色无臭、不燃不爆的一种惰性气体。它具有良好的绝缘性能和熄灭电弧的性能，其击穿电压为空气的 2~3 倍，其灭弧能力为空气的 100 倍。并且有优异的热稳定和化学稳定性。

绝缘油主要有矿物油和合成油两大类。

绝缘漆、胶都是以高分子聚合物为基础，能在一定条件下固化成绝缘硬膜或绝缘整体的主要绝缘材料。绝缘漆主要以合成树脂或天然树脂为漆基溶剂、稀释剂、填料等组成。绝缘漆按用途分为浸漆、漆包线漆、硅钢片漆和防电晕漆等数种。绝缘胶与无溶剂漆相似，但黏度较大，一般加有填料。特点是适形性、整体性好，耐潮、导热、电气性能优异，浇注工艺简单，易实现自动化生产。浇注胶按用途可分为电器浇注胶和电缆浇注胶两类。

2. 绝缘材料的选用

绝缘材料的主要作用是用来隔离不同电位的导体或导体与地之间的电流，使电流仅沿导体流通。在不同的电工产品中，根据需要不同，绝缘材料还起着不同的作用。

（1）绝缘漆　常用的绝缘漆分为浸渍漆、覆盖漆和硅钢片漆三种。

1）浸渍漆主要用于浸渍电机、电器的线圈和绝缘零部件，以填充其间隙和微孔，并使线圈粘结成一个结实的整体，提高了绝缘结构的耐潮、导热、击穿强度和机械强度等性能。

浸渍漆分为有溶剂漆和无溶剂漆两类。前者供浸渍在油中工作的线圈和零部件用。后者供浸渍电机线圈用。

2）覆盖漆用于覆盖经浸渍处理的线圈和绝缘零部件，在其表面形成均匀的绝缘护层，以防止机械损伤、大气影响及油污、化学腐蚀作用，同时增加外表美观。

覆盖漆有清漆和磁漆两种。前者多用于绝缘零部件表面和电器内表面的涂覆；磁漆多用于线圈和金属表面涂覆。

（2）绝缘油　绝缘油主要用于变压器、少油断路器、高压电缆、油浸纸电容器，合成油及天然植物油一般常用于电容器作浸渍剂。

（3）绝缘胶　绝缘胶主要用于浇注电缆接头、套管、20kV 以下电流互感器、10kV 及以下电压互感器等。电器浇注胶用于浇注电器。电缆浇注胶用于浇注电缆接头。

（4）绝缘制品　常用的绝缘制品有绝缘纤维制品、浸渍纤维制品和电工层压制品。

1）绝缘纤维制品 绝缘纤维制品是指绝缘纸、纸板、纸管和各种纤维织物等绝缘材料，常用植物纤维、无碱玻璃纤维和合成纤维制成。

① 绝缘纸 绝缘纸主要有植物纤维纸和合成纤维纸两大类。按用途可分为电缆纸、电话纸、电容器纸和卷缠绝缘纸等。

② 绝缘纸板和纸管 绝缘纸板可制作某些绝缘零件和作保护层用。硬钢纸板组织紧密，有良好的机械加工性，适宜作小型低压电机槽楔和其他支承绝缘零件。

钢纸管由氧化锌处理过的无胶棉纤维纸经卷绕后用来漂洗而成，有良好的机械加工性能，适用于熔断器、避雷器的管芯和电机用线路套管。

玻璃钢复合钢纸管也称作高压消弧管，可用作 10 ~ 110kV 熔断器和避雷器的消弧管。

③ 绝缘纱、带、绳和管 无碱玻璃纤维电气性能较好，用于玻璃丝包线和安装线的绝缘；中碱玻璃纤维纱用于 X 光电缆和某些电线电缆的编织保护层。

合成纤维带有聚酯纤维带和聚酯纤维与玻璃纤维交织带，用作电机线圈的绑扎。合成纤维绳主要指涤纶护套玻璃丝绳。它的耐热性好、强度大，可代替垫片蜡线作 B 级电机线圈端部绑扎。

2）浸渍纤维制品。浸渍纤维制品的漆布、漆管和绑扎带三类，均由绝缘纤维材料为底材，浸以绝缘漆制成。漆布主要用于电机、仪表、线圈和变压器线圈的绝缘。

绝缘漆管由棉、涤纶、玻璃纤维管浸以不同的绝缘漆经烘干而成作为电机、电器和仪表等设备和引出线的连接线绝缘。

3）电工层压制品。绝缘电工层压制品是以有机纤维、无机纤维作底材，浸涂不同的胶粘剂，经热压或卷制而成的层状结构绝缘材料。可制成具有优良电气、力学性能和耐热、耐油、耐霉、耐电弧、防电晕等特性的制品。电工层压制品分为层压板、层压管和棒、电容器套管芯三类。

4）电工用橡胶、塑料、绝缘薄膜及其制品。

① 电工用橡胶主要用作电线、电缆绝缘。电工用塑料质轻，电气性能优良，有足够的硬度和机械强度，在电气设备中得到广泛应用。

② 绝缘薄膜由若干种高分子材料聚合而成，主要用作电机、电器线圈和电线电缆的绕包绝缘以及作电容器介质。

③ 绝缘薄膜复合制品中的聚酯薄膜绝缘纸复合箔厚度 0. 15 ~ 0. 30mm，由一层聚酯薄膜和一层绝缘（青壳纸）组成，主要用于 E 级电机槽绝缘、端部层间绝缘。聚酯薄膜玻璃漆布复合箔厚度 0. 17 ~ 0. 24mm，由一层聚酯薄膜和一层玻璃漆布组成用于 B 级电机槽绝缘、端部层间绝缘，匝间绝缘和补垫绝缘。

④ 电工用粘带有薄膜粘带、织物粘带和无底材粘带三类。薄膜粘带中聚氯乙烯粘带用于一般电线接头包扎绝缘。聚酰亚胺薄膜粘带用作 H 级电机线圈绝缘和

槽绝缘。无底材粘带适用于高压电机线圈绝缘。

三、常用磁性材料的分类及选用

各种物质在外界磁场的作用下，都会呈现出不同的磁性，根据其磁性材料的特性，分为软磁材料和硬磁材料两大类。

（1）软磁材料　软磁材料的主要特点是磁导率高，剩磁小。这类材料在较弱的外界磁场作用下，就能产生较强的磁感应强度，而且随着外界磁场的增强，很快就达到磁饱和状态；当外界磁场去掉后，它的磁性就基本消失。常用的有电工用纯铁和硅钢片两种。

1）电工用纯铁　电工用纯铁的电阻率很低，一般只用于直流磁场，常用型号有 DT3、DT4、DT5 和 DT6 几种。

2）硅钢片　硅钢片的主要特性是电阻率高，适用于各种交变磁场。硅钢片分为热轧和冷轧两种。工业上（电机、电器）常用的硅钢片厚度有 0.35mm 和 0.5mm 两种，多用于各种变压器、电器和交直流电动机。

（2）硬磁材料　硬磁材料的主要特点是剩磁强。这类材料在外界磁场的作用下，不容易产生较强的磁感应强度，但当其达到磁饱和状态以后，即使把外界磁场去掉，它还能在较长时间内保持较强的磁性。对硬磁材料的基本要求是剩磁强，磁性稳定。目前，电动机工业上用得最普遍的硬磁材料是铝镍钴合金，主要用来制造永磁电动机和微型电动机的磁极铁心。

第五章　变压器与异步电动机

☺ 学习目标

1. 掌握变压器的结构、基本原理及分类。
2. 掌握变压器的运行特性。
3. 掌握三相异步电动机的结构、种类及基本原理。

第一节　变　压　器

变压器是一种常见的静止电气设备，它利用电磁感应原理，将某一数值的交变电压变换为同频率的另一数值的交变电压。变压器不仅对电力系统中电能的传输、分配和安全使用有重要意义，而且广泛应用于电气控制、电子技术、测试技术及焊接技术等领域。

一、单相变压器

单相变压器由彼此绝缘的薄硅钢片叠成的闭合铁心以及绕在铁心上的高、低压绕组两部分组成。绕组是电路部分，铁心是磁路部分。常用单相变压器的外形如图 5-1 所示。其中壳式单相变压器常用于单相交流电路的隔离、电压变换、阻抗变换、相位变换或三相变压器组；心式单相变压器常用于大中型变压器、高压电力变压器；自耦变压器常用于实验室或工业调节电压。

（1）铁心　铁心构成变压器磁路系统，并作为变压器的机械骨架。铁心由铁心柱和铁轭两部分组成，铁心柱上套装变压器绕组，铁轭起连接铁心柱使磁路闭合的作用。对铁心的要求是导磁性能要好，磁滞损耗及涡流损耗要尽量小，因此均采用 0. 35 mm 厚的硅钢片制作。目前国产低损耗节能变压器均用冷轧晶粒取向硅钢片，其铁损耗低，而且铁心叠装系数比较高。

根据变压器铁心的制作工艺可分叠片式铁心和卷制式铁心两种。单相小容量变压器的铁心形式如图 5-2 所示。

（2）绕组（线圈）　变压器的线圈通常称为绕组，它是变压器中的电路部分，小型变压器一般用具有绝缘性能的漆包圆铜线绕制而成，对容量稍大的变压器则用扁铜线或扁铝线绕制。

在变压器中，接到高压电网的绕组称为高压绕组，接到低压电网的绕组称为低压绕组。按高压绕组和低压绕组的相互位置和形状不同，绕组可分为同心式和交叠式两种。

a) 壳式变压器

b) 心式变压器

c) 自耦变压器

图 5-1　常用单相变压器的外形

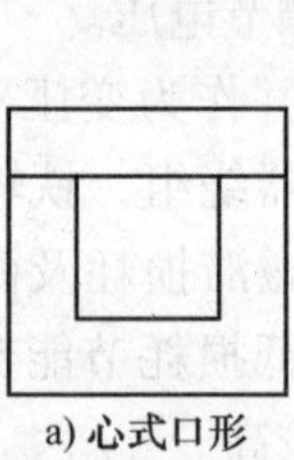

a) 心式口形

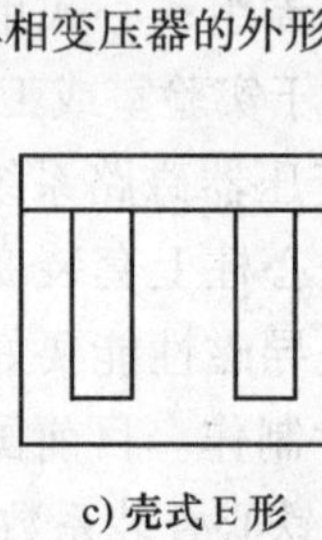

c) 壳式 E 形

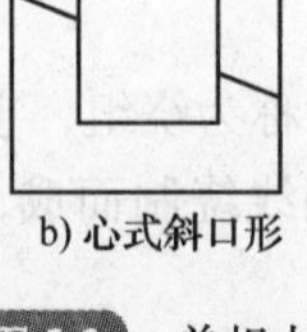

b) 心式斜口形

d) 壳式 F 形

图 5-2　单相小容量变压器的铁心形式

1）同心式绕组。同心式绕组是将高、低压绕组同心地套装在铁心柱上，如图5-3所示。为了便于与铁心绝缘，把低压绕组套装在里面，高压绕组套装在外面。对低压大电流大容量的变压器，由于低压绕组引出线很粗，也可以把它放在外面。高、低压绕组之间留有空隙，可作为油浸式变压器的油道，既利于绕组散热，又可作为两绕组之间的绝缘。

同心式绕组按其绕制方法的不同又可分为圆筒式、螺旋式和连续式等多种。同心式绕组的结构简单、制造容易，常用于心式变压器中，这是一种最常见的绕组结构形式，国产电力变压器基本上均采用这种结构。

2）交叠式绕组。交叠式绕组又称为饼式绕组，它是将高压绕组及低压绕组分成若干个线饼，沿着铁心柱的高度交替排列着。为了便于绝缘，一般最上层和最下层安放低压绕组，如图5-4所示。交叠式绕组的主要优点是漏抗小、机械强度高、引线方便。这种绕组主要用在低电压、大电流的变压器上，如容量较大的电炉变压器、电阻电焊机变压器等。

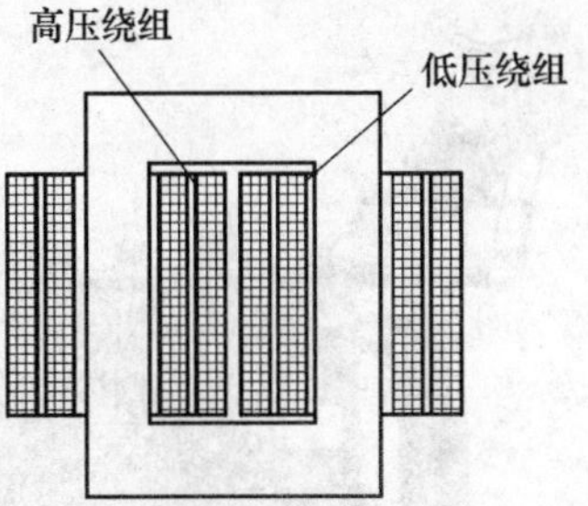

图5-3　同心式绕组

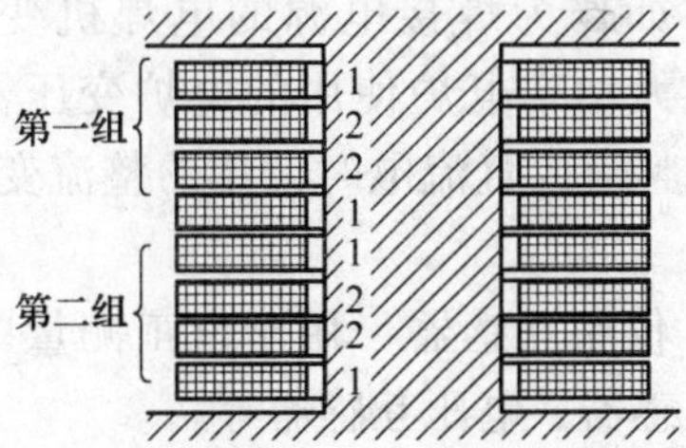

图5-4　交叠式绕组

二、变压器的基本原理

图5-5所示为变压器的基本工作原理。其主要部件是铁心和绕组。两个互相绝缘且匝数不同的绕组分别套装在铁心上，两绕组间只有磁的耦合而没有电的联系，其中接电源的绕组称为一次绕组，接负载的绕组称为二次绕组。

一次绕组加上交流电压 u_1 后，绕组中便有电流 i_1 通过，在铁心中产生与 u_1 同频率的交变磁通 Φ，根据电磁感应原理，将分别在两个绕组中感应出电动势 e_1 和 e_2，即

$$e_1 = -N_1\frac{\mathrm{d}\Phi}{\mathrm{d}t} \tag{5-1}$$

$$e_2 = -N_2\frac{\mathrm{d}\Phi}{\mathrm{d}t}$$

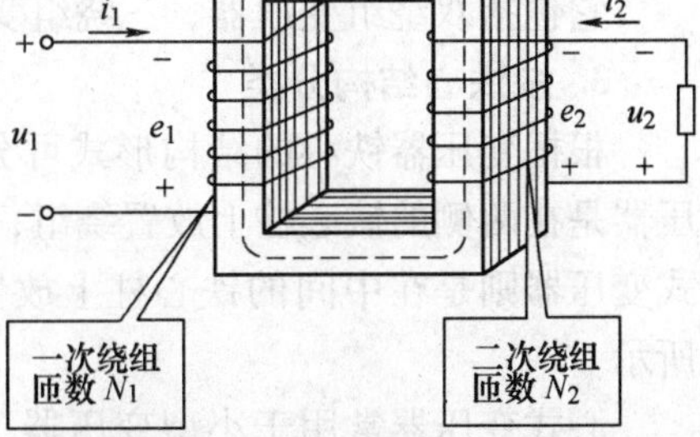

图5-5　变压器的基本工作原理

式中，“－”号表示感应电动势总是阻碍磁通的变化。若把负载接在二次绕组上，

则在电动势 e_2 的作用下，有电流 i_2 流过负载，实现了电能的传递。由式（5-1）可知，一、二次绕组感应电动势的大小（近似于各自的电压 u_1 及 u_2）与绕组匝数成正比，故只要改变一、二次绕组的匝数，就可达到改变电压的目的，这就是变压器的基本工作原理。

三、变压器的分类

变压器的种类很多，通常可按其用途、绕组结构、铁心结构、相数和冷却方式等进行分类。

1. 按用途分类

（1）电力变压器　电力变压器用作电能的输送与分配。其外形如图 5-6 所示。它是生产数量最多、使用最广泛的变压器。按其功能不同又可分为升压变压器、降压变压器、配电变压器等。电力变压器的容量从几十千伏安到几十万千伏安，电压等级从几百伏到几百千伏。

（2）特种变压器　在特殊场合使用的变压器，如作为焊接电源的电焊机变压器；专供大功率电炉使用的电炉变压器；将交流电整流成直流电时使用的整流变压器等。

（3）仪用互感器　用于电工测量中，如电流互感器、电压互感器等。

（4）控制变压器　容量一般比较小，用于小功率电源系统和自动控制系统，如电源变压器、输入变压器、输出变压器、脉冲变压器等。

图 5-6　电力变压器的外形

（5）其他变压器　如试验用的高压变压器；输出电压可调的调压变压器；产生脉冲信号的脉冲变压器；压力传感器中的差动变压器等。

2. 按绕组结构分类

它包括双绕组变压器、三绕组变压器、多绕组变压器和自耦变压器等。

3. 按铁心结构分类

根据变压器铁心的结构形式可分为心式变压器和壳式变压器两大类。心式变压器是在两侧的铁心柱上放置绕组，形成绕组包围铁心的形式，如图 5-7 所示；壳式变压器则是在中间的铁心柱上放置绕组，形成铁心包围绕组的形状，如图 5-8 所示。

心式变压器常用于小型变压器、大电流的特殊变压器，如电炉变压器、电焊机变压器；或用于电子仪器及电视机、收音机等电源变压器。

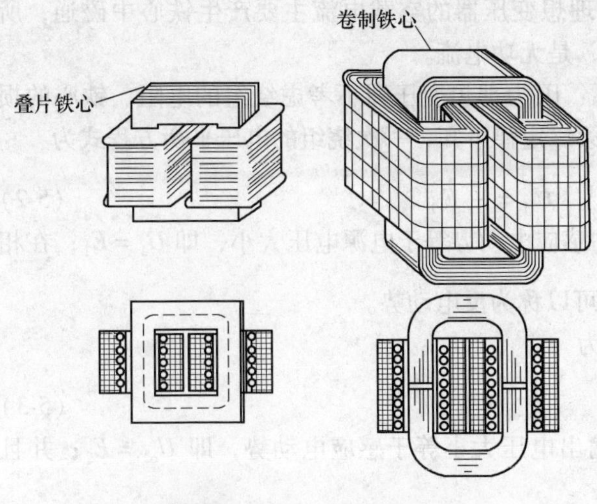

图 5-7　心式变压器的结构

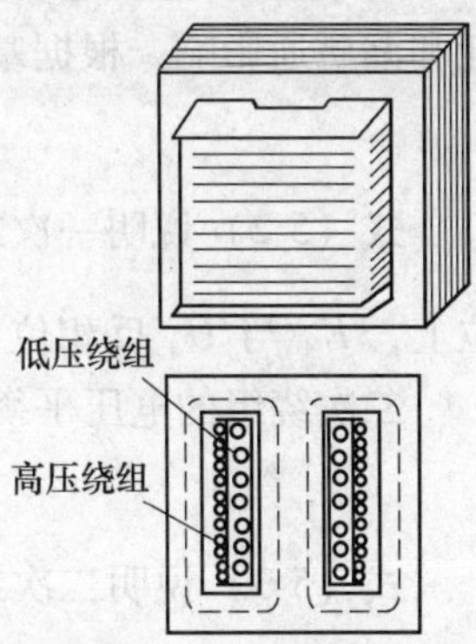

图 5-8　壳式变压器的结构

4. 按相数分类

它包括单相和三相变压器等。

5. 按冷却方式分类

它包括油浸式、风冷式、自冷式和干式变压器等。其中油浸式用于中小型电力变压器；风冷式用于大型电力变压器；自冷式用于小型变压器；干式变压器用于防火安全较高的场合。

四、单相变压器及其运行特性

1. 空载运行

所谓变压器空载运行就是变压器一次绕组加额定电压，二次绕组开路的工作状态，如图 5-9 所示。实际变压器在运行中要考虑到各种损耗，分析起来比较复杂。为了分析的简单、方便，如果不计绕组的电阻、铁心的损耗、磁路中的漏磁通和磁饱和影响的变压器称为理想变压器。理想变压器只是一个单纯的电感电路，在一些近似的计算中常用理想变压器来分析。

（1）理想变压器空载运行　变压器空载运行原理如图 5-9 所示。

当一次绕组接上交流电压 u_1 时，在一次绕组中就会有交流电流 i_0 通过并在铁心中产生交变的磁通 Φ_m。这个交变磁通不仅通过一次绕组，而且也通过二次绕组，并且在两绕组中分别产生感应电动势 e_1 和 e_2。此时，因为二次绕组没有连接负载，二次绕组中就没有电流流过，但二次绕组有输出电压 u_{o2}。

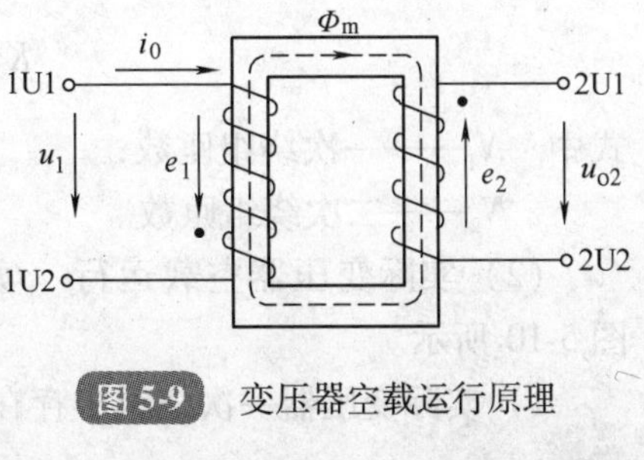

图 5-9　变压器空载运行原理

1）空载电流 i_0：变压器空载运行时流过

一次绕组的电流称为空载电流，理想变压器的空载电流主要产生铁心中磁通，所以空载电流也称为空载励磁电流，是无功电流。

2）电压和感应电动势的关系：因为理想变压器不考虑绕组的电阻、铁心的损耗和漏磁通影响，根据基尔霍夫第二定律可知，一次绕组的电压平衡方程式为

$$\dot{U}_1 = -\dot{E}_1 \tag{5-2}$$

式（5-2）说明一次绕组中的感应电动势等于电源电压大小，即 $U_1 = E_1$；在相位上，$\dot{E}_1$ 与 $\dot{U}_1$ 反相位，$\dot{E}_1$ 也可以称为反电动势。

二次绕组的电压平衡方程式为

$$\dot{U}_{o2} = \dot{E}_2 \tag{5-3}$$

式（5-3）说明二次绕组上输出电压大小等于感应电动势，即 $U_{o2} = E_2$；并且 $\dot{U}_{o2}$与 $\dot{E}_{o2}$同相位。

3）感应电动势的大小：根据电磁感应定律 $e = -N\dfrac{\Delta\Phi}{\Delta t}$可得到变压器绕组中的感应电动势为

$$E = 4.44\, fN\Phi_m \tag{5-4}$$

式中 Φ_m——主磁通幅值（Wb）；
f——频率（Hz）；
E——感应电动势有效值（V）。

式（5-4）是交流磁路的基本关系式，它表明了感应电动势的大小与电源频率 f、绕组匝数及铁心中的主磁通的幅值成正比。

由公式 $\dot{U}_1 = -\dot{E}_1$ 可知，$U_1 = E_1$，即 $U_1 = E_1 = 4.44\, fN\Phi_m$。

该公式说明铁心中的主磁通的大小取决于电源电压、频率和一次绕组的匝数，而与磁路所用的材料和磁路的尺寸无关。

4）电压比：电压比的定义是一次绕组相电动势 E_1 与二次绕组相电动势 E_2 之比，即

$$K = E_1/E_2$$

因为 $E_1 = 4.44\, fN_1\Phi_m$，$E_2 = 4.44\, fN_2\Phi_m$，可得到公式为

$$K = \frac{E_1}{E_2} = \frac{N_1}{N_2} = \frac{U_1}{U_{o2}} \tag{5-5}$$

式中 N_1——一次绕组匝数；
N_2——二次绕组匝数。

（2）实际变压器空载运行　实际变压器（有漏磁）空载运行的情况分析如图 5-10 所示。

1）实际变压器一次绕组中存在电阻 r_1，当一次绕组有空载电流流过时，会在

该电阻上产生电压降 u_{or1}。

2）空载电流产生的磁通分为两部分，其中大部分磁通通过铁心交链一次绕组和二次绕组，该磁通称为主磁通，它在一次绕组和二次绕组中分别感应出电动势 e_1 和 e_2；另一小部分磁通只通过一次绕组周围的空间形成闭路，称为漏磁通 $\dot{\Phi}_{s1}$，仅占主磁通的 0.25% 左右，它在一次线圈中产生漏抗电动势 e_{s1}。

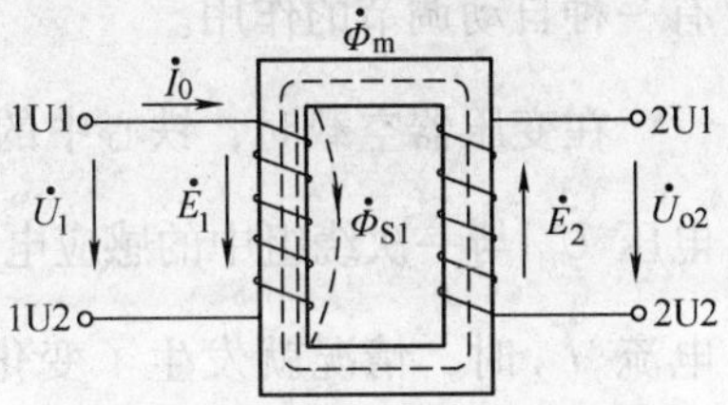

图 5-10　实际变压器（有漏磁）空载运行的情况分析

3）变压器铁心中存在铁耗。当变压器主磁通穿过铁心时，会在铁心中产生涡流损耗和磁滞损耗，该损耗称为铁损耗（简称铁耗）。

由于一次绕组电阻 r_1、空载励磁电流 i_0 和漏磁通很小，所对应的 i_{or1} 和漏抗电动势 e_{s1} 也是很小，可以忽略不计，则实际变压器电压方程为

$$\dot{U}_1 = -\dot{E}_1 \tag{5-6}$$

$$\dot{U}_{o2} = \dot{E}_2 \tag{5-7}$$

铁耗所需的能量由电源提供，当考虑变压器铁心中存在铁耗时，空载电流有两个分量组成，一是无功分量 I_{0Q}，起励磁作用；另一个是有功分量 I_{0P}，它用来供给铁心损耗。这两个分量在相位上相差 90°，所以空载电流有效值 I_0 为

$$I_0 = \sqrt{I_{0p} + I_{0Q}} \tag{5-8}$$

其中空载电流有功分量为 $I_{0P} = I_0 \sin\delta$，δ 为空载电流 i_0 超前主磁通 Φ_m 的相位角，空载电流无功分量为 $I_{0Q} = I_0 \cos\delta$，通常 I_{0P} 很小，所以，空载运行时变压器的功率因数很小。

2. 变压器的负载运行

当变压器的二次绕组接上负载后会出现什么现象呢？让我们先观察图 5-11 和图 5-12 所示的实验。

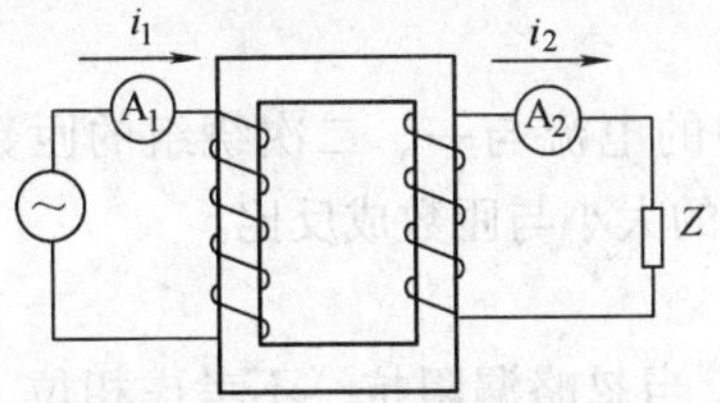

图 5-11　单相变压器负载运行原理

图 5-12　单相变压器负载运行接线

当二次绕组接上负载，一次绕组接上交流电源后，二次绕组有电流 i_2 通过，此时一次绕组的电流立即从空载电流 i_0 增加到 i_1。如果增加负载，则 i_2 增大，i_1 也随着增大。换句话说，变压器二次绕组所消耗的电功率增加（或减少）时，一次绕组从电源所取得的电功率也随着增加（或减少）。这表明，变压器在传输电能时具

有一种自动调节的作用。

在变压器空载时，铁心中的主磁通 Φ_m 仅由一次绕组空载电流 $\dot{I}_0$ 产生，外加电压 $\dot{U}_1$ 与一次绕组中的感应电动势 $\dot{E}_1$ 处于相对平衡的状态。但当二次绕组出现电流 $\dot{I}_2$ 时，情况就发生了变化，如图 5-13 所示，因为 $\dot{I}_2$ 也在铁心中产生磁通 Φ_2，由楞次定律可知，该磁通对主磁通 Φ_m 存在阻碍作用，使铁心中的主磁通 Φ_m 发生改变。根据 $U_1=E_1=4.44fN\Phi_m$，在电源电压一定时，磁通 Φ_m 要保持不变，因此，一次电流将从 I_0 增加到 I_1，其增加的电流所产生的磁通补偿 Φ_2 对 Φ_m 的阻碍作用。所以，变压器负载运行时，铁心中的磁场是由一、二次绕组中电流共同作用并产生的。

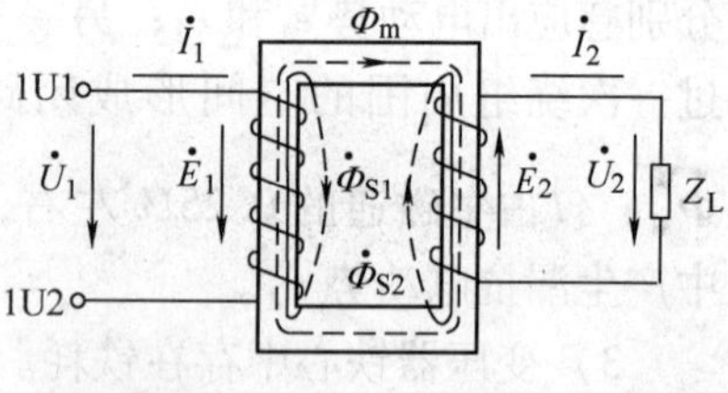

图 5-13 单相变压器负载运行

同样，变压器在负载状态时也存在漏磁通，但此时一、二次绕组都产生漏磁通，分别是 $\dot{\Phi}_{S1}$ 和 $\dot{\Phi}_{S2}$。

由此，可以得到变压器负载运行时的磁通势平衡方程式为

$$N_1\dot{I}_1+N_2\dot{I}_2=N_1\dot{I}_0 \tag{5-9}$$

由于变压器的空载电流 I_0 很小，特别是在变压器接近满载时，$N_1\dot{I}_0$ 相对于 $N_1\dot{I}_1$ 或 $N_2\dot{I}_2$ 而言基本上可以忽略不计，于是可以得到变压器一、二次绕组磁通势的有效值关系为

$$N_1I_1\approx N_2I_2$$

$$\frac{I_1}{I_2}\approx\frac{N_2}{N_1}=\frac{1}{K_u}=K_I \tag{5-10}$$

式中，K_I 称为变压器的电流比。

式（5-10）表明，变压器一、二次绕组中的电流与一、二次绕组的匝数成反比，即变压器也有变换电流的作用，而且电流的大小与匝数成反比。

3. 变压器的阻抗变换

变压器的阻抗变换示意图如图 5-14 所示。当忽略漏阻抗，不考虑相位，只考虑大小时，在空载和负载运行分析中，已得到的公式有：

$$U_1=KU_2$$

$$I_1=I_2/K$$

而变压器一次侧和二次侧绕组的阻抗为：$Z_l=U_1/I_1$，$Z_2=U_2/I_2$，所以可以得到阻抗变换公式为

$$Z_1=\frac{U_1}{I_1}=\frac{KU_2}{I_2/K}=K^2\frac{U_2}{I_2}=K^2Z_2$$

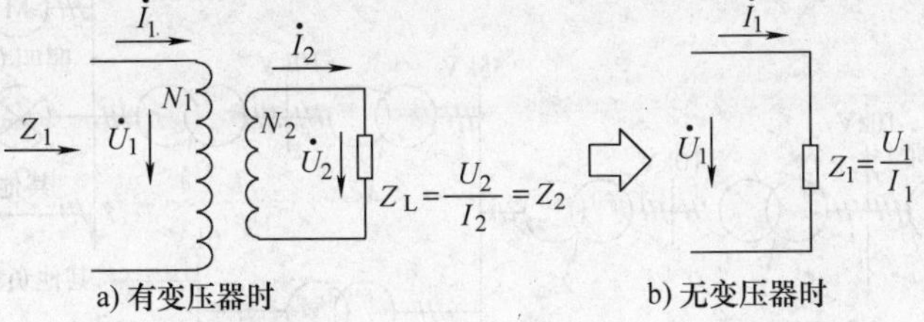

图 5-14　变压器的阻抗变换示意图

这说明负载 Z_2 经过变压器以后阻抗扩大了 K^2 倍。如果已知负载阻抗 Z_2 的大小，要把它变换成另一个一定大小的阻抗 Z_1，只需要接一个变压器，该变压器的电压比 $K=\sqrt{Z_1/Z_2}$。

在电子电路中，这种阻抗变换很常用，如扩音设备中扬声器的阻抗很小（4～16Ω），直接接到功放的输出，则扬声器得到的功率很小，声音就很小。只有经输出变压器把扬声器阻抗变成和功放内阻一样大，扬声器才能得到最大输出功率。这也称为阻抗匹配。

例 5-1　某晶体管收音机输出变压器的一次侧匝数 $N_1=230$ 匝；二次侧匝数 $N_2=80$ 匝，原来配接 8Ω 的扬声器，现要改用同样功率而阻抗为 4Ω 的扬声器，则二次侧匝数 N_2 应改绕成多少？

解：先求出一次侧的 Z_1，因为不论 N_1 和 N_2 怎么变，必须保证 Z_1 不变，才能保证功率输出最大。

$$Z_1=K^2Z_2=\left(\frac{230}{80}\right)^2\times 8\Omega=66.13\Omega$$

再由 Z_1 和新的扬声器阻抗 $Z_2=4\Omega$，求出新的 K' 和 N_2'，即

$$K'=\sqrt{\frac{Z_1}{Z_2}}=\sqrt{\frac{66.13}{4}}=4.07$$

$$N_2'=\frac{N_1'}{K'}=\frac{230}{4.07}\text{匝}=57\text{ 匝}$$

则二次侧匝数 N_2 应改绕成 57 匝。

五、三相电力变压器

1. 电能的传输

三相电力变压器用在输电配电技术领域。目前我国高压输电的电压等级有 110kV、220kV、330kV、500kV 及 750kV 等多种。发电机本身由于其结构及所用绝缘材料的限制，不可能直接产生这样的高压，因此在输电时必须首先通过升压变

电站，利用变压器将电压升高，其过程如图 5-15 所示。

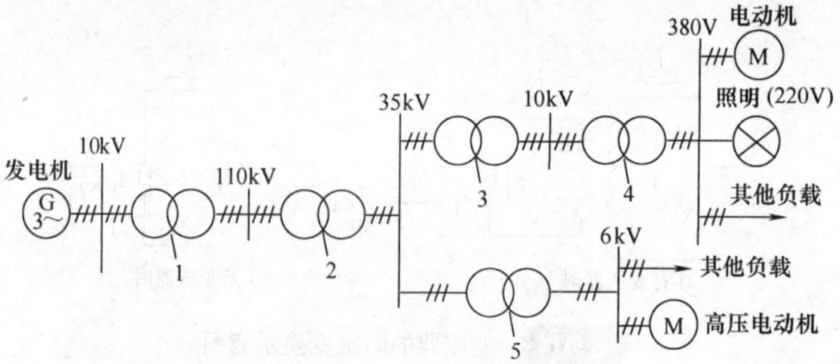

图 5-15　简单电力系统示意图

1—升压变压器　2、3—降压变压器　4、5—配电变压器

高压电能输送到用户区后，为了保证用电安全和符合用电设备的电压等级要求，还必须通过各级降压变电站，利用变压器将电压降低。例如工厂输电线路，高压为 35kV 及 10kV 等，低压为 380V、220V 等。

综上所述，变压器是输配电系统中不可缺少的关键电气设备，从发电厂发出的电能经升压变压器升压，输送到用户区后，再经降压变压器降压供电给用户，一般是 8 ~9 次变压器的升降压。

高压传输线路架设成本较低，有色金属消耗较小，安全系数高，是最经济的远距离输电办法，故广泛采用在远距离输电中。

2. 三相电力变压器的结构

根据用途的不同，变压器的结构也有所不同，大功率电力变压器的结构比较复杂，而多数电力变压器是油浸式的。油浸式变压器是由绕组和铁心组成器身，为了解决散热、绝缘、密封、安全等问题，还需要油箱、绝缘套管、储油柜、冷却装置、压力释放阀、安全气道、温度计和气体继电器等附件，如图 5-16 所示。

(1) 铁心　铁心是三相变压器的磁路部分，与单相变压器一样，它也是由 0.35mm 厚的硅钢片叠压（或卷制）而成，新型电力变压器铁心均用冷轧晶粒取向硅钢片制作，以降低其损耗。三相电力变压器铁心均采用心式结构。

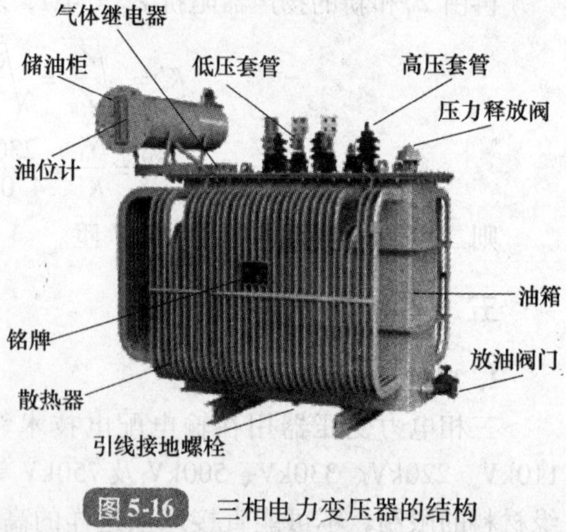

图 5-16　三相电力变压器的结构

铁心柱的截面形状与变压器的容量有关，单相变压器及小型三相电力

变压器采用正方形或长方形截面，如图 5-17a 所示；在大中型三相电力变压器中，为了充分利用绕组内圆的空间，通常采用阶梯形截面，如图 5-17b、c 所示。阶梯形的级数越多，则变压器的结构越紧凑，但叠装工艺越复杂。

（2）绕组　绕组是三相电力变压器的电路部分。一般用绝缘纸包的扁铜线或扁铝线绕成，绕组的结构形式与单相变压器一样，有同心式绕组和交叠式绕组。当前新型的绕组结构为箔式绕组，绕组用铝箔或铜箔氧化技术和特殊工艺绕制，使变压器整体性能得到了较大的提高，我国已开始批量生产。

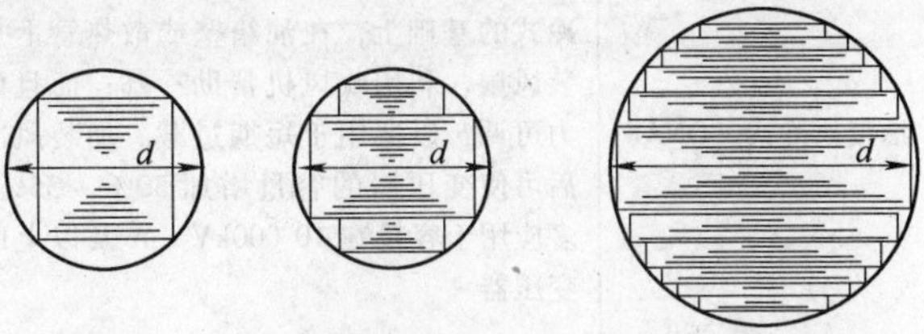

a) 方形　b) 阶梯形　c) 多级阶梯形

图 5-17　铁心柱截面形状

（3）油箱和冷却装置　由于三相变压器主要用于电力系统进行电压等级的变换，因此其容量都比较大，电压也比较高，为了铁心和绕组的散热和绝缘，均将其置于绝缘的变压器油内，而油则盛放在油箱内。为了增加散热面积，一般在油箱四周加装散热装置，旧型号电力变压器采用在油箱四周加焊扁形散热油管；新型电力变压器以采用片式散热器散热为多。容量大于 10 000 kV · A 的电力变压器，采用风吹冷却或强迫油循环冷却装置。

较多的变压器在油箱上部还安装有储油柜，它通过连接管与油箱相通。储油柜内的油面高度随变压器油的热胀冷缩而变动。储油柜使变压器油与空气的接触面积大为减小，从而减缓了变压器油的老化速度。新型的全充油密封式电力变压器则取消了储油柜，运行时变压器油的体积变化完全由设在侧壁的膨胀式散热器（金属波纹油箱）来补偿，变压器端盖与箱体之间焊为一体，设备免维护，运行安全可靠，在我国以 S10 系列低损耗电力变压器为代表，现已开始批量生产。

我国生产的多种系列电力变压器，多数采用油浸式冷却，根据容量不同，可分成下列几种，见表 5-1。

表 5-1　油浸式电力变压器的种类

冷却方式	性能描述	相关图片
油浸自冷式（ONAN）	主要有 SJ 系列和 SJL 系列（铝线）。冷却原理：当变压器运行时油温上升，根据热油上升、冷油下降原理形成自然对流，流动的油将热量传给油箱体和外侧的散热器，然后依靠空气的对流传导将热量向周围散发，从而达到冷却效果	

（续）

冷却方式	性能描述	相关图片
油浸风冷式（ONAF）	主要有SP系列。冷却原理：在油浸自冷式的基础上，在油箱壁或散热管上加装风扇，利用吹风机帮助冷却；而且风力可调，以适用于短期过载。加装风冷后可使变压器的容量增加30%～35%。多应用于容量在10 000kV·A及以上的变压器	
强迫油循环风冷式（OFAF）	主要有SFP系列。冷却原理：在油浸自冷式的基础上，利用油泵强迫油循环，并且在散热器外加风扇风冷，以提高散热效果	
强迫油循环水冷式（OFWF）	主要有SSP系列。冷却原理：在油浸自冷式的基础上，利用油泵强迫油循环，并且利用循环水作冷却介质提高了散热效果	

（4）保护装置　常用的保护装置见表5-2。

表5-2　常用的保护装置

名称	性能描述	相关图片
气体继电器	气体继电器装在油箱与储油柜之间的管道中，当变压器发生故障时，器身就会过热使油分解产生气体。气体进入继电器内，使其中一个水银开关接通（上浮筒动作），发出报警信号。此时应立即将继电器中的气体放出检查，若系无色、不可燃的气体，变压器可继续运行；若系有色、有焦味、可燃性气体，则应立即停电检查。当事故严重时；变压器油膨胀，冲击继电器内的挡板，使另一个水银开关接通跳闸回路（即下浮筒动作），切断电源，避免故障扩大	
安全气道	安全气道又称为防爆管，装在油箱顶盖上，它是一个长钢筒，出口处有一块厚度约2mm的密封玻璃板（防爆膜），玻璃上划有几道缝。当变压器内部发生严重故障而产生大量气体，内部压力超过50kPa时，油和气体会冲破防爆玻璃喷出，从而避免了油箱爆炸引起的更大危害。安全气道在生产中目前已较少使用，逐渐已被压力释放阀取代	

（续）

名称	性能描述	相关图片
压力释放阀	目前在变压器中，尤其是在全密封变压器中，都广泛采用压力释放阀进行保护，它的动作压力为 53.9kPa ± 4.9kPa，关闭压力为 29.4kPa，动作时间不大于 2ms。动作时膜盘被顶开释放压力，平时膜盘靠弹簧拉力紧贴阀座（密封圈），起密封作用	

（5）分接开关 变压器的输出电压可能因负载和一次电压的变化而变化，可通过分接开关改变线圈匝数来调节输出电压。分接开关见表 5-3。

表 5-3 分接开关

名称	功能描述	相关图片
无励磁调压分接开关	无励磁调压是指变压器一次侧脱离电源后调压，常用的无励磁调压分接开关调节范围为额定输出电压的 ±5% 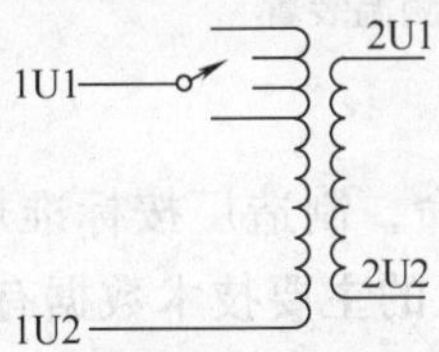 一次侧励磁调压原理 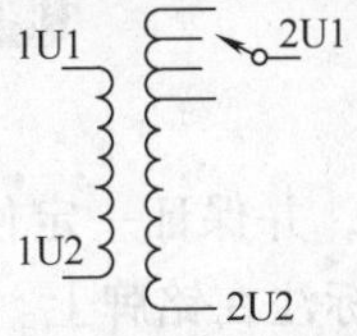 二次侧励磁调压原理	
有载调压分接开关	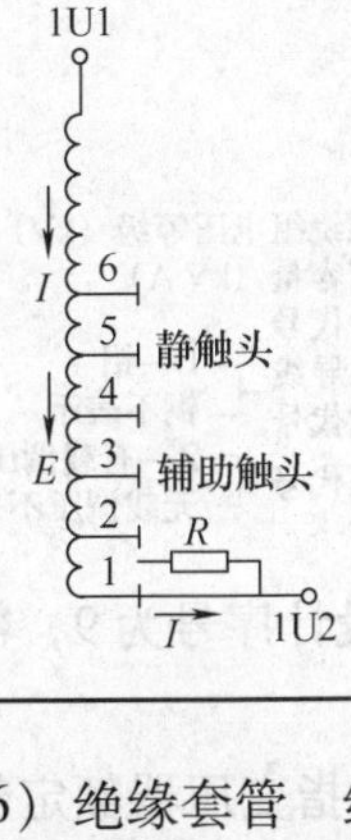 有载调压开关的动触头由主触头和辅助触头组成，有复合式和组合式两类，组合式调节范围可达 ±15%。每次调节主触头尚未脱开时，辅助触头已与下一档的静触头接触了，然后主触头才脱离原来的静触头，而且辅助触头上有限流阻抗，可以大大减少电弧，使供电不会间断，改善供电质量	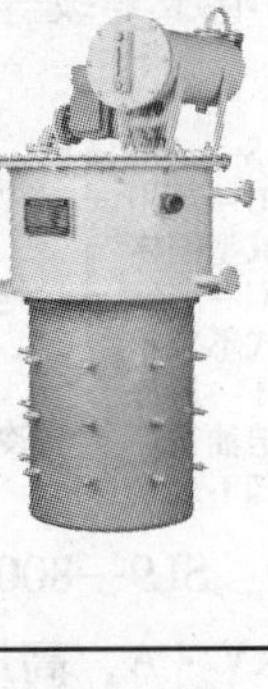

（6）绝缘套管 绝缘套管穿过油箱盖，将油箱中变压器绕组的输入、输出线从箱内引到箱外与电网相接。绝缘套管由外部的瓷套和中间的导电杆组成，对它的要求主要是绝缘性能和密封性能要好，如图 5-18 所示。根据运行电压的不同，将绝缘套管分为充气式和充油式两种，后者为高电压用（60kV 用充油式）。当用

于更高电压时（110kV 以上）还在充油式绝缘套管中包有多层绝缘层和铝箔层，使电场均匀分布，增强绝缘性能。根据运行环境的不同，绝缘套筒又可将其分为户内式和户外式。

（7）测温装置　测温装置就是热保护装置。变压器的寿命取决于变压器的运行温度，因此油温和绕组的温度监测是很重要的。通常用三种温度计来监测，箱盖上设置酒精温度计，其特点是计量精确但观察不便；变压器上装有信号温度计，便于观察；箱盖上装有电阻式温度计，其特点是实现远距离监测，如图 5-19 所示。

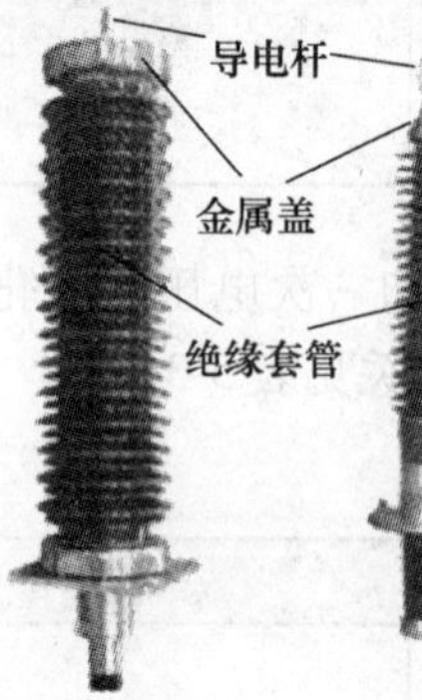

图 5-18　绝缘套管

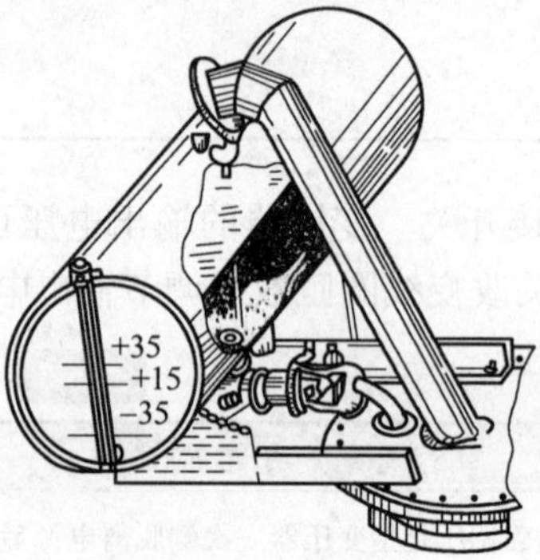

图 5-19　测温装置

3. 三相电力变压器的铭牌

为了使变压器安全、经济运行，并保证一定使用寿命，制造厂按标准规定了变压器的额定数据。有关额定数据标注在铭牌上。铭牌上的主要技术数据有型号、额定容量、额定电压、额定电流和额定频率等。

（1）型号及其含义　变压器的型号用于表示变压器的结构特点、额定容量和高压侧的电压等级等。其含义如下：

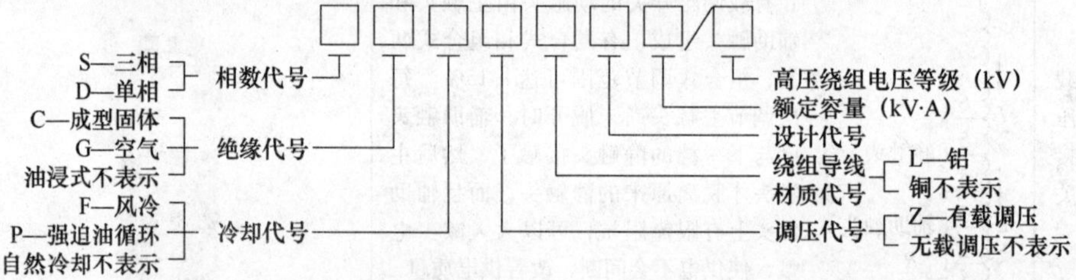

例如：SL9—800/10 为三相铝绕组油浸式电力变压器，设计序号为 9，额定容量为 800kV · A，高压绕组电压等级为 10kV。

（2）额定电压（U_{1N}/U_{2N}）　一次绕组的额定电压 U_{1N} 是指变压器额定额运行时，一次绕组上所加的电压。二次侧额定电压 U_{2N} 为变压器空载情况下，当一次侧加上额定电压时，二次侧测量的空载电压值。变压器额定电压的确定取决于绝缘材料的介电常数和允许温升。对三相变压器是线电压，单位是 V 或 kV。

（3）额定电流（I_{1N}/I_{2N}）　额定电流是变压器绕组允许长期连续通过的工作电流，是指在某环境温度、某种冷却条件下允许的满载电流值。当环境温度、冷却条件改变时，额定电流也应变化。如干式变压器加装风扇散热后，电流可提高50%。在三相变压器中，额定电流指的是线电流，单位是A。

（4）额定容量（S_N）　变压器的额定容量是指变压器的视在功率，表示变压器在额定条件下的最大输出功率。其大小是由变压器的额定电压U_{2N}与额定电流I_{2N}所决定的，当然也受到环境温度、冷却条件的影响。容量的单位是V·A或kV·A。

单相变压器额定容量：
$$S_N = U_{2N} I_{2N} \tag{5-11}$$

三相变压器额定容量：
$$S_N = \sqrt{3} U_{2N} I_{2N} \tag{5-12}$$

（5）额定频率（f_N）　我国规定额定频率为50Hz。有些国家规定频率为60Hz。

（6）温升（T）　温升是变压器在额定工作条件下，内部绕组允许的最高温度与环境的温度差，它取决于所用绝缘材料的等级。如油浸式电力变压器中用的绝缘材料都是A级绝缘。国家规定线圈温升为65℃，考虑最高环境温度为40℃，则65℃+40℃=105℃，这就是变压器线圈的极限工作温度。

除额定值外，铭牌上还标有变压器的相数、联结组、接线图、短路电压百分值、变压器的运行及冷却方式等。为了考虑运输和吊心，还标有变压器的总重、油重和器身的重量等。

第二节　异步电动机

电动机是一种将电能转换为机械能的动力设备，应用十分广泛。按所需电源的不同可分为交流电动机和直流电动机。交流电动机按工作原理不同分为同步电动机和异步电动机。异步电动机应用最为广泛，因为它具有结构简单、价格低廉、坚固耐用、使用维护方便等优点，但也有功率因数较低、调速困难等缺点。但随着功率因数自动补偿、变频技术的发展和日益普及，异步电动机正在逐步取代直流电动机。

异步电动机又分为三相异步电动机和单相异步电动机。单相异步电动机功率小，多用于小型机械设备和家用电器；三相异步电动机功率较大，多用于工矿企业中。

一、三相异步电动机的结构

三相异步电动机的种类很多，但各类三相异步电动机的基本结构是相同的，它们都是由定子和转子这两大基本部分组成的，在定子和转子之间具有一定的气隙。此外，还有端盖、轴承、接线盒、吊环等其他附件，如图5-20所示。

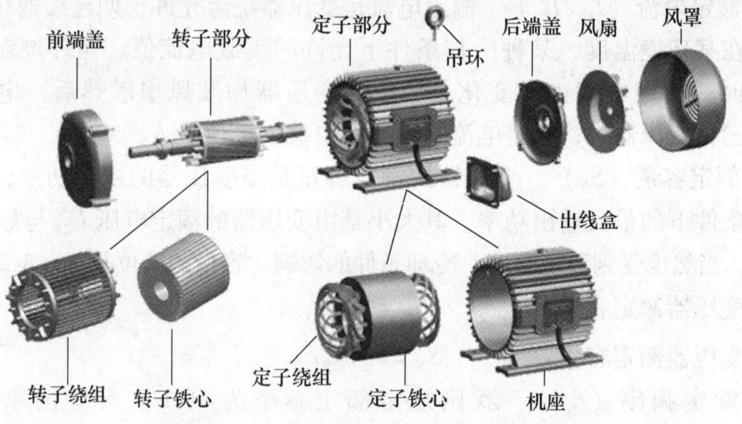

图 5-20　三相异步电动机的结构

1. 定子

三相异步电动机的定子是用来产生旋转磁场的，是将三相电能转化为磁能的环节。三相电动机的定子一般由机座、定子铁心、定子绕组等部分组成。

（1）定子铁心　定子铁心是电动机磁路的一部分，由 0.35～0.5mm 厚表面涂有绝缘漆的薄硅钢片叠压而成，由于硅钢片较薄而且片与片之间是绝缘的，所以减少了由于交变磁通通过而引起的铁心涡流损耗。铁心内圆有均匀分布的槽口，用来嵌放定子线圈，如图 5-21 所示。

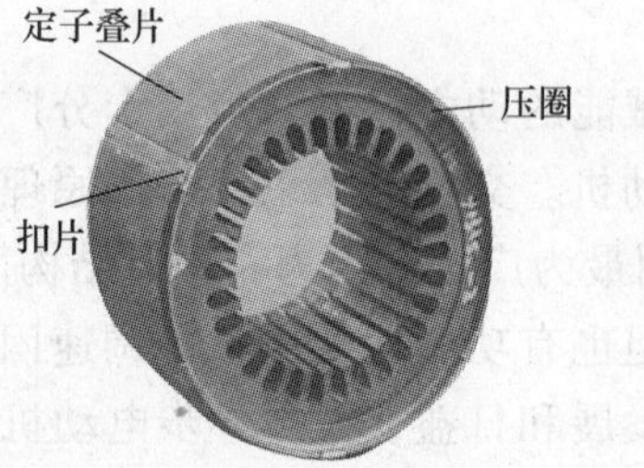

a) 定子铁心

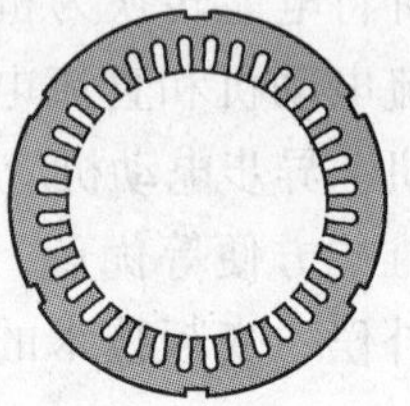

b) 定子冲片

图 5-21　定子铁心

（2）定子绕组　定子绕组如图 5-22 所示。三相电动机有三相绕组，通入三相对称电流时，就会产生旋转磁场。线圈由绝缘铜导线或绝缘铝导线绕制。中小型三相电动机多采用圆漆包线，大中型三相电动机的定子线圈则用较大截面的绝缘扁铜线或扁铝线绕制。

（3）机座　三相电动机的机座如图 5-23 所示。它由铸铁或铸钢浇铸成形（一般都铸有散热片），其主要作用是保护和固定三相电动机的定子绕组。

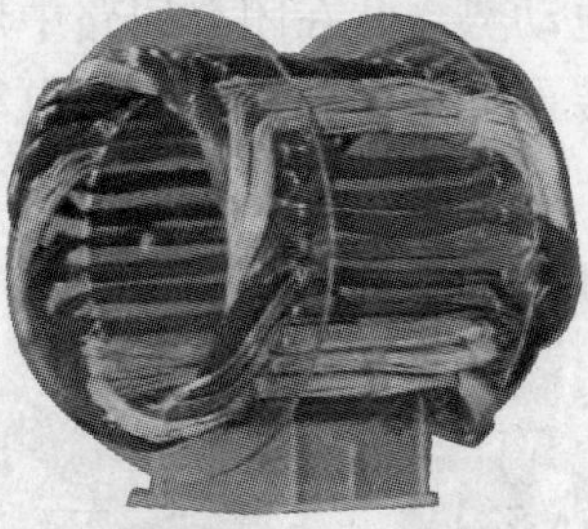

图 5-22 定子绕组

图 5-23 三相电动机的机座

2. 转子

三相异步电动机的转子是将旋转磁能转化为转子导体上电势能而最终转化为机械能的环节，主要由转子铁心、转子绕组与转轴组成。

（1）转子铁心 转子铁心如图 5-24 所示。转子铁心一方面作为电动机磁路的一部分，一方面用来安放转子绕组用 0.5mm 厚的硅钢片叠压而成，套在转轴上。

a) 转子冲片 b) 转子铁心

图 5-24 转子铁心

（2）转子绕组

1）笼型转子绕组。笼型转子绕组如图 5-25 所示。转子上的铝条或铜条导体切割旋转磁场相互作用产生电磁转矩。笼型绕组是在转子铁心的每一个槽中插入一根铜条，在铜条两端各用一个铜环（称为端环）把导条连接起来，称为铜排转子。也可用铸铝的方法，把转子导条和端环风扇叶片用铝液一次浇注而成。100kW 以下异步电动机一般采用铸铝转子。

a) 转子 b) 铸铝转子 c) 铜条转子

图 5-25 笼型转子绕组

2）绕线转子绕组。绕线转子绕组如图 5-26 所示。与定子绕组一样也是一个三相绕组，一般接成星形，三相引出线分别接到转轴上的三个与转轴绝缘的集电环上，通过电刷装置与外电路相连。其作用一方面是转子回路通过集电环闭合，使得转子切割旋转磁场相互作用时，在绕组中产生电动势，并在闭合回路中形成电流，从而使转子产生电磁转矩；另一方面是可在转子电路中串接电阻或电动势以改善电动机的运行性能。

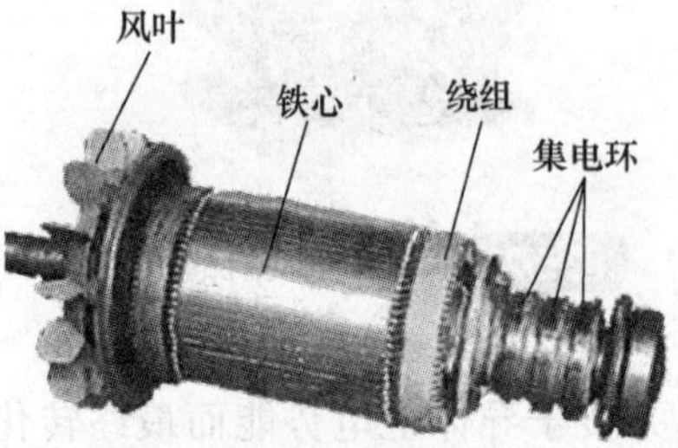

a) 绕线转子绕组

b) 电刷支架

c) 集电环

图 5-26　绕线转子绕组

（3）转轴　转轴如图 5-27 所示，由碳钢或合金钢制成，用于传递动力。

3. 其他附件

（1）端盖　端盖除了起防护作用外，在端盖上还装有轴承，用以支撑转子轴。它是用铸铁或铸钢浇注成形。端盖如图 5-28 所示。

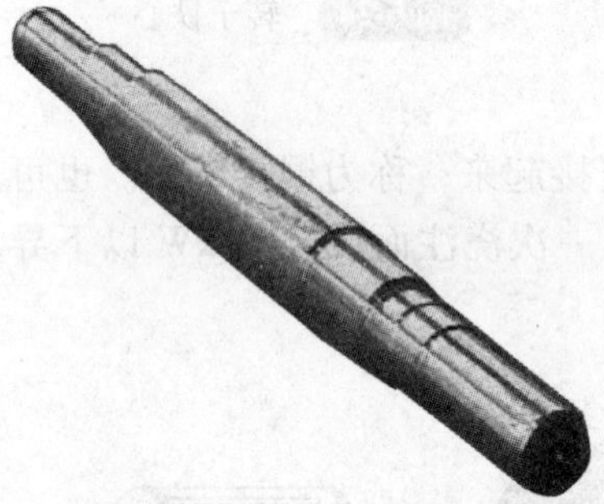

图 5-27　三相异步电动机的转轴

图 5-28　端盖

（2）轴承　轴承连接转动与不动部分，一般采用滚动轴承，如图 5-29a 所示。

（3）轴承盖　保护轴承，不使润滑油溢出。轴承盖是用来固定转子，使转子不能轴向移动，另外起存放润滑油和保护轴承的作用，轴承盖采用铸铁或铸钢浇注成形，如图 5-29b 所示。

（4）风扇　风扇用铝材或塑料制成，起冷却作用，如图 5-30 所示。

a) 轴承

b) 轴承盖

图 5-29　轴承和轴承盖

（5）接线盒　用来保护和固定绕组的引出线端子，采用铸铁浇注，如图 5-31 所示。

a) 风扇　　b) 风罩

图 5-30　风扇的组成

图 5-31　接线盒

（6）吊环　吊环用铸钢制造，安装在机座的上端用来起吊、搬抬三相电动机。吊环孔还可以用来测量温度，如图 5-32 所示。

4. 电动机铭牌

铭牌上注明三相电动机的主要技术数据，是选择、安装、使用和修理（包括重绕组）三相电动机的重要依据，如某一台电动机的铭牌如图 5-33 所示。

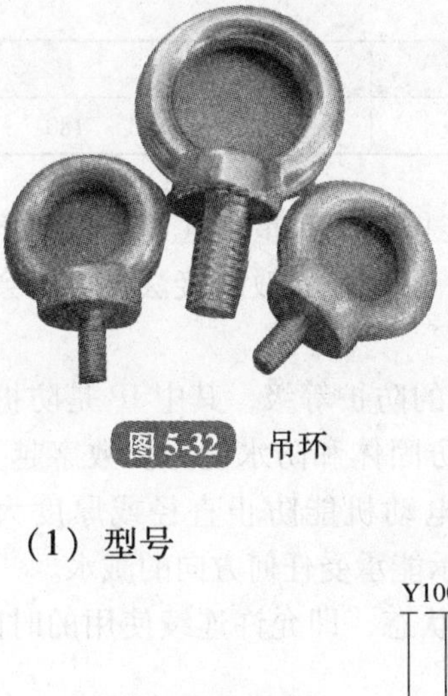

图 5-32　吊环

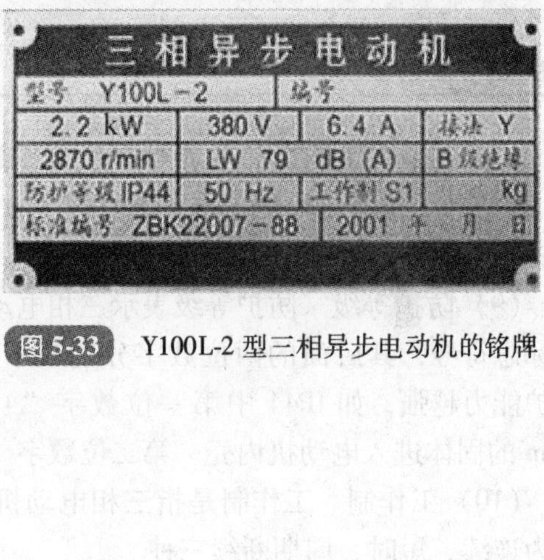

图 5-33　Y100L-2 型三相异步电动机的铭牌

（1）型号

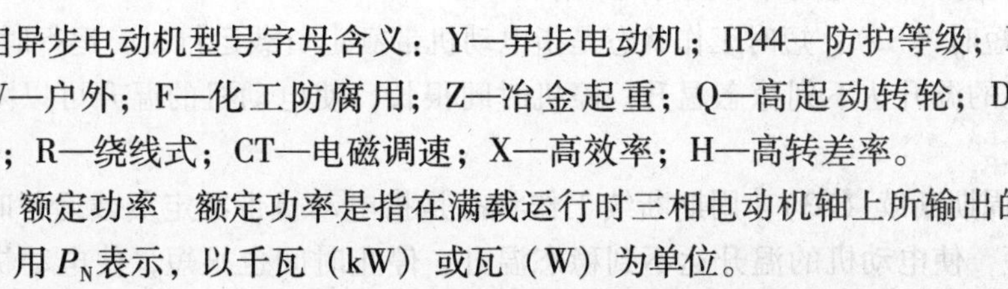

三相异步电动机型号字母含义：Y—异步电动机；IP44—防护等级；IP23—防护式；W—户外；F—化工防腐用；Z—冶金起重；Q—高起动转轮；D—多速；B—防爆；R—绕线式；CT—电磁调速；X—高效率；H—高转差率。

（2）额定功率　额定功率是指在满载运行时三相电动机轴上所输出的额定机械功率，用 P_N 表示，以千瓦（kW）或瓦（W）为单位。

（3）额定电压（$U_N = 380V$）　额定电压是指接到电动机绕组上的线电压，用

U_N表示。三相电动机要求所接的电源电压值的变动一般不应超过额定电压的±5%。电压过高，电动机容易烧毁；电压过低，电动机难以起动，即使起动后电动机也可能带不动负载，容易烧坏。

（4）额定电流（I_N = 8.2A） 额定电流是指三相电动机在额定电源电压下，输出额定功率时流入定子绕组的线电流，用I_N表示，以安（A）为单位。若超过额定电流过载运行，三相电动机就会过热乃至烧毁。

（5）额定频率（f_N =50Hz） 额定频率是指电动机所接的交流电源每秒钟内周期变化的次数，用f_N表示。我国规定标准电源频率（工频）为50Hz。

（6）额定转速（n_N =2800r/min） 额定转速表示三相电动机在额定工作情况下运行时每分钟的转速，用 n_N 表示，一般是略小于对应的同步转速 n_1，如 n_1 = 1500r/min，则 n_N =1440r/min。

（7）绝缘等级 绝缘等级是指三相电动机所采用的绝缘材料的耐热能力，它表明三相电动机允许的最高工作温度。耐热能力可分为A、E、B、F、H五个等级，见表5-4。

表5-4 绝缘等级

绝缘等级	A	E	B	F	H
极限工作温度/℃	105	120	130	155	180

（8）定子绕组接法 三相电动机定子绕组的连接方法有星形（Y）和三角形（△）两种。定子绕组的连接只能按规定方法连接，不能任意改变接法，否则会损坏三相电动机。

（9）防护等级 防护等级表示三相电动机外壳的防护等级，其中IP是防护等级标志符号，其后面的两位数字分别表示电动机防固体和防水能力。数字越大，防护能力越强，如IP44中第一位数字“4”表示电动机能防止直径或厚度大于1mm的固体进入电动机内壳。第二位数字“4”表示能承受任何方向的溅水。

（10）工作制 工作制是指三相电动机的运转状态，即允许连续使用的时间，分为连续、短时、周期断续三种。

1）连续（S1）：连续工作状态是指电动机带额定负载运行时，运行时间很长，电动机的温升可以达到稳态温升的工作方式。

2）短时（S2）：短时工作状态是指电动机带额定负载运行时，运行时间很短，使电动机的温升达不到稳态温升；停机时间很长，使电动机的温升可以降到零的工作方式。

3）周期断续（S3）：周期断续工作状态是指电动机带额定负载运行时，运行时间很短，使电动机的温升达不到稳态温升；停止时间也很短，使电动机的温升降不到零，工作周期小于10min的工作方式。

二、三相异步电动机的种类

1. 根据防护形式分类

三相异步电动机根据结构形式分为开启式、防护式、封闭式和防爆式；其外形、特点及使用场合见表5-5。

表5-5　三相异步电动机根据防护形式分类

结构形式	特点	适用场合
开启式 	开启式电动机的定子两侧与端盖上都有很大的通风口，其散热条件好，价格便宜，但灰尘、水滴、金属屑等杂物容易从通风口进入电动机内部	适用于清洁、干燥的工作环境
防护式 	防护式电动机在机座下面有通风口，散热较好，可防止水滴、金属屑等杂物从与垂直方向成小于45°的方向落入电动机内部，但不能防止潮气和灰尘的侵入	适用于比较干燥、少尘、无腐蚀性和爆炸性气体的工作环境
封闭式 	封闭式电动机的机座和端盖上均无通风孔，是完全封闭的。这种电动机仅靠机座表面散热，散热条件不好	封闭式电动机多用于灰尘多、潮湿、易受风雨、有腐蚀性气体、易引起火灾等各种较恶劣的工作环境。密封式电动机能防止外部的气体或液体进入其内部，因此适用于在液体中工作的生产机械，如潜水泵

（续）

结构形式	特　　点	适用场合
防爆式 	防爆式电动机是在封闭式结构的基础上制成隔爆形式，机壳有足够的强度	适用于有易燃、易爆气体工作环境，如有瓦斯的煤矿井下、油库、煤气站等

2. 根据转子形式分类

三相异步电动机根据转子形式分为笼型电动机和绕线转子电动机。其外形、特点及使用场合见表5-6。

表5-6　三相异步电动机根据转子形式分类

结构形式		特　　点	适用场合
笼型	普通笼型 	机械特性硬、起动转矩不大、调速时需要调速设备	调速性能要求不高的各种机床、水泵、通风机（与变频器配合使用可方便地实现电动机的无级调速）
	高起动转矩笼型（多速）	起动转矩大，有多档转速（2～4速）	带冲击性负载的机械，如剪床、冲床、锻压机；静止负载或惯性负载较大的机械，如压缩机、粉碎机、小型起重机，要求有级调速的机床、电梯、冷却塔等
绕线转子		机械特性硬（转子串电阻后变软）、起动转矩大、调速方法多、调速性能和起动性能好	要求有一定的调速范围、调速性能较好的机械，如桥式起重机；起动、制动频繁且对起动、制动转矩要求高的生产机械，如起重机、矿井提升机、压缩机、不可逆轧钢机

三、三相异步电动机的工作原理

1. 旋转磁场

图 5-34 所示为异步电动机旋转原理示意图，在一个可旋转的 U 形磁铁中间，放置一只可以自由转动的笼型短路线圈，也称为笼型转子。当转动马蹄形磁铁时，笼型转子就会跟着一起旋转。这是因为当磁铁转动时，其磁力线（磁通）切割笼型转子的导体，在导体中因电磁感应而产生感应电动势，由于笼型转子本身是短路的，在电动势作用下导体中就有电流流过，该电流的方向如图 5-35 所示。该电流又和旋转磁场相互作用，产生转动力矩，驱动笼型转子随着磁场的转向而旋转起来，这就是异步电动机的工作原理。

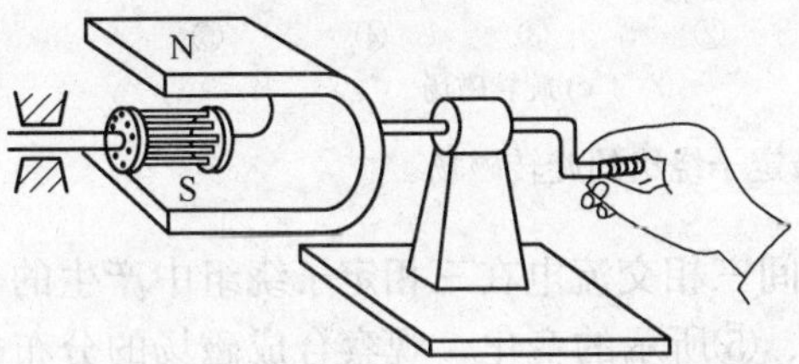

图 5-34　异步电动机旋转原理示意图

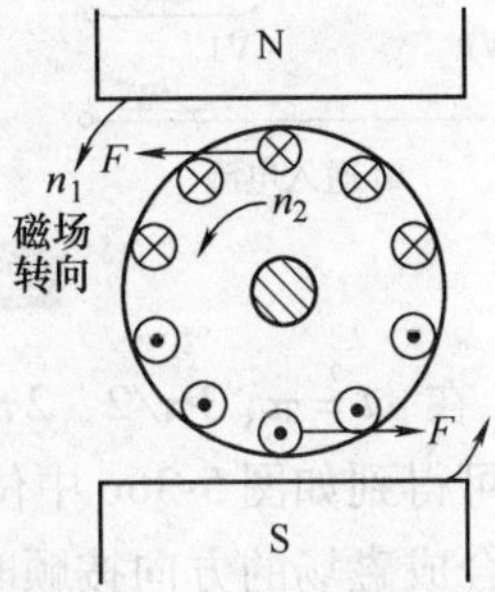

图 5-35　异步电动机的工作原理

2. 定子旋转磁场的产生

实际使用的异步电动机其旋转磁场不可能靠转动永久磁铁来产生，因为电动机的职能是将电能转换成机械能。下面先分析旋转磁场产生的条件，再分析三相异步电动机的工作原理。

图 5-36a 所示为三相异步电动机定子绕组结构示意图。在定子铁心上冲有均匀分布的铁心槽，在定子空间各相差 120°电角度的铁心槽中布置有三相绕组 UlU2、V1V2、W1W2，三相绕组接成星形联结，如图 5-36b 所示。现向定子三相绕组中分别通入三相交流电 i_U、i_V、i_W，各相电流将在定子绕组中分别产生相应的磁场，如图 5-36c 所示。

1）在 $\omega t=0$ 的瞬间，$i_U=0$，故 U1U2 绕组中无电流；i_V为负，假定电流从绕组末端 V2 流入，从首端 V1 流出；i_W为正，则电流从绕组首端 W1 流入，从末端 W2 流出。绕组中电流产生的合成磁场如图 5-36c 位置①所示。

2）$\omega t=\pi/2$ 的瞬间，i_U为正，电流从首端 U1 流入、末端 U2 流出；i_V为负，电流仍从末端 V2 流入，首端 V1 流出；iw 为负，电流从末端 W2 流入、首端 W1 流出。绕组中电流产生的合成磁场如图 5-36c 位置②所示，可见合成磁场顺时针转过了 90°。

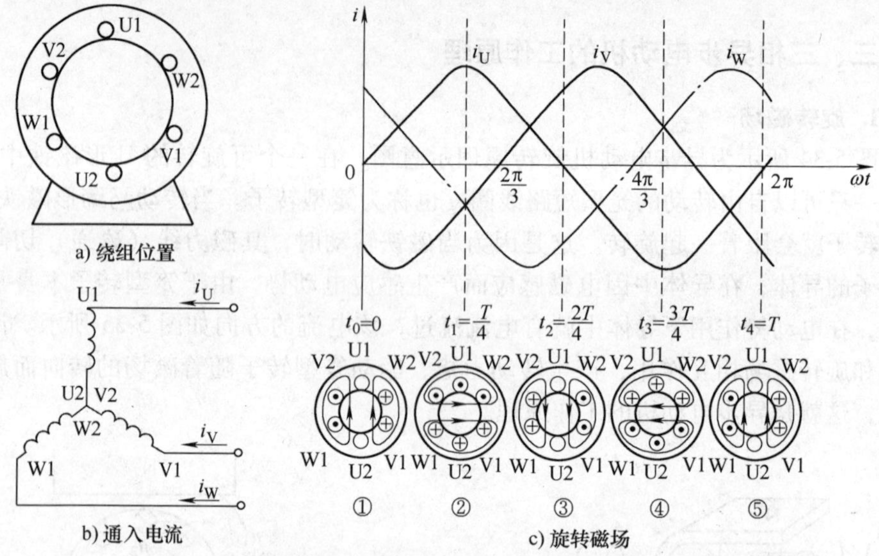

图 5-36　两极定子绕组的旋转磁场

3）在 $\omega t=\pi$、$3\pi/2$、2π 的不同瞬间三相交流电在三相定子绕组中产生的合成磁场，可得到如图 5-36c 中位置③、④、⑤所示的变化，观察合成磁场的分布规律可见：合成磁场的方向按顺时针方向旋转，并旋转了一周。

在三相异步电动机定子铁心中布置结构完全相同、在空间各相差 120°电角度的三相定子绕组，分别向三相定子绕组通入三相交流电，则在定子、转子与空气气隙中产生了一个沿定子内圆旋转的磁场，该磁场称为旋转磁场。

3. 旋转磁场的速度

当定子绕组连接形成的是两对磁极时（见图 5-37），运用相同的方法可以分析出此时电流变化一个周期，磁场只转动了半圈，即转速减慢了 1/2。

由此类推，当旋转磁场具有 p 对磁极时（即磁极数为 $2p$），交流电每变化一个周期，其旋转磁场就在空间转动 $1/p$ 转。因此，三相电动机定子旋转磁场每分钟的转速 n_1、定子电流频率 f 及磁极对数 p 之间的关系为

$$n_1=\frac{60f}{p} \tag{5-11}$$

n_1 称为同步转速。

我国交流电源的频率等于 50Hz，当三相异步电动机旋转磁场的磁极对数等于 1 时，n_1 =3000r/min，同步转速最高，其常见的同步转速见表 5-7。

表 5-7　常见的同步转速

磁极对数 p	1	2	3	4	5
旋转磁场转速 n_1	3000r/min	1500 r/min	1000 r/min	750 r/min	600 r/min

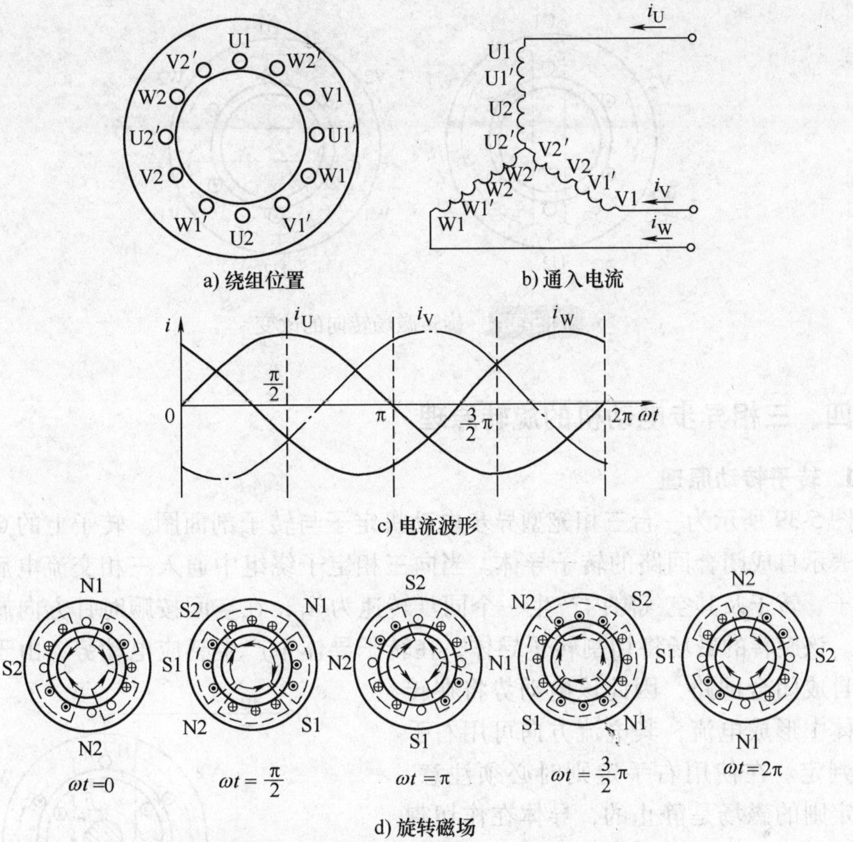

图 5-37　三相（四极）定子绕组旋转磁场的形成

4. 旋转磁场的方向

由图 5-36c 可以看出，三相交流电的变化次序（相序）为 U 相达到最大值→V 相达到最大值→W 相达到最大值。将 U 相交流电接 U 相绕组，V 相交流电接 V 相绕组，W 相交流电接 W 相绕组，则产生的旋转磁场的旋转方向为 U 相→V 相→W 相（顺时针旋转），即与三相交流电源变化的相序一致。如果任意调换电动机两相绕组所接交流电源的相序，即 U 相交流电仍接 U 相绕组，V 相交流电接 W 相绕组，W 相交流电接 V 相绕组，可以对照对照图 5-36c 绘出 $\omega t=0$、$\omega t=\pi/2$ 瞬间的合成磁场如图 5-38 所示。由图可见，此时合成磁场的旋转方向已变为反时针旋转，即与图 5-36c 的旋转方向相反。由此可以得出结论：旋转磁场的旋转方向决定于通入定子绕组中的三相交流电源的相序，且与三相交流电源的相序 U→V→W 的方向一致。

只要任意调换电动机两相绕组所接交流电源的相序，旋转磁场即发生反转。这个结论很重要，因为后面将要分析到三相异步电动机的旋转方向与旋转磁场的转向一致。

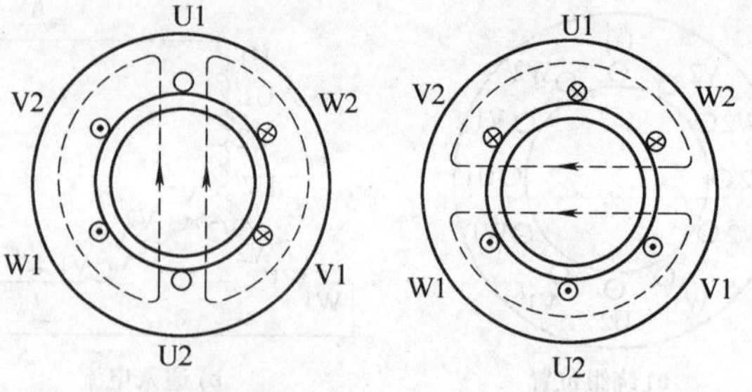

图 5-38 旋转磁场转向的改变

四、三相异步电动机的旋转原理

1. 转子转动原理

图 5-39 所示为一台三相笼型异步电动机定子与转子剖面图。转子上的 6 个小圆圈表示自成闭合回路的转子导体。当向三相定子绕组中通入三相交流电后，将在定子、转子及其空气隙内产生一个同步转速为 n_1，在空间按顺时针方向旋转的磁场。该旋转的磁场将切割转子导体，在转子导体中产生感应电动势，由于转子导体自成闭合回路，因此该电动势将在转子导体中形成电流，其电流方向可用右手定则判定。在使用右手定则时必须注意，右手定则的磁场是静止的，导体在作切割磁力线的运动，而这里正好相反。为此，可以相对地把磁场看成不动，而导体以与旋转磁场相反的方向（逆时针）去切割磁力线，从而可以判定出在该瞬间转子导体中的电流方向，即电流从转子上半部的导体中流出，流入转子下半部导体中。有电流通过的转子导体将在旋转磁场中受电磁力 F 的作用，其方向可用左手定则判定，如图中箭头所示，该电磁力 F 在转子轴上形成电磁转矩，使异步电动机以转速 n 旋转。

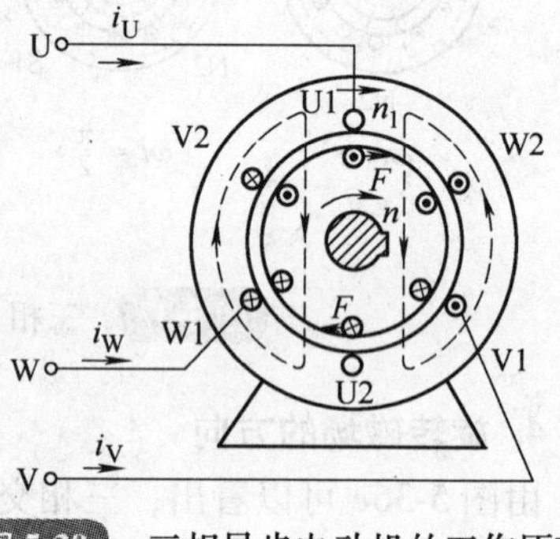

图 5-39 三相异步电动机的工作原理

三相异步电动机的旋转原理为：在定子三相绕组中通入三相交流电时，在电动机气隙中即形成旋转磁场；转子绕组在旋转磁场的作用下产生感应电流；载有电流的转子导体受电磁力的作用，产生电磁转矩使转子旋转。

2. 转差率

旋转磁场转速 n_1 与转子转速 n 之差与同步转速 n_1 之比称为异步电动机的转差率 s，即

$$s=\frac{n_1-n}{n_1} \tag{5-12}$$

电动机在额定状态下运行时的转差率称为额定转差率 s_N，s_N一般为 0.01 ~0.07。

根据转差率的大小，可判别三相异步电动机的运行状态。如：当 $s=1$ 时表示电动机正处于通电瞬间；当 $s>0.1$ 时表示电动机正处于起动过程或过载状态中；$s\approx0$ 时表示电动机正处于空载或轻载状态中；$s<0$ 时表示电动机正处于再生制动状态。还可以通过额定转差率 s_N的大小计算出电动机的额定转速 n。

例 5-2　某台三相异步电动机的额定转速 $n_N=720\text{r/min}$，试求该电动机的磁极对数和额定转差率；另一台 4 极三相异步电动机的额定转差率 $s_N=0.05$，试求该电动机的额定转速。

解　(1) 在电源频率为工频交流电时，根据三相异步电动机额定转速要小于同步转速，而且相差不大的关系，由三相异步电动机的额定转速 $n_N=720\text{r/min}$，可以得到电动机的同步转速 $n_1=750\text{r/min}$，则该电动机的磁极对数为 4，额定转差率为

$$s_N=\frac{n_1-n}{n_1}=\frac{750-720}{750}=0.04$$

(2) 三相异步电动机的磁极数为 4 极，则电动机的同步转速为

$$n_1=\frac{60f}{p}=\frac{60\times50}{2}\text{r/min}=1500\text{r/min}$$

由额定转差率 $s_N=0.05$ 得额定转速为

$$n_N=n_1(1-s)=1500\times(1-0.05)\text{r/min}=1425\text{r/min}$$

第六章　电力拖动基础

☺ 学习目标

1. 掌握常用低压电器的结构、用途、原理及分类。
2. 掌握常见基本电气控制电路的组成和工作原理。
3. 掌握电气图的分类及识读方法。

第一节　常用低压电器

常用低压电器有低压开关、熔断器、按钮、接触器、继电器以及行程开关等。

一、低压开关

低压开关主要作隔离、转换及接通和分断电路用，多数用作机床电路的电源开关和局部照明电路的开关，有时也可用来直接控制小功率电动机的起动、停止和正反转。低压开关一般为非自动切换电器，常用的有刀开关、组合开关和低压断路器。

最常用的刀开关是由刀开关和熔断器组合而成的负荷开关。负荷开关又分为开启式和封闭式两种，如图 6-1 所示。

a) 开启式负荷开关　　b) 封闭式负荷开关

图 6-1　负荷开关

1. 开启式负荷开关

开启式负荷开关又称为瓷底胶盖刀开关，简称刀开关。生产中常用的是 HK 系列开启式负荷开关，适用于照明、电热设备及小功率电动机控制电路中，供手动和不频繁接通和分断电路，并起短路保护作用。HK 系列负荷开关由刀开关和熔断器组合而成，其图形符号如图 6-2 所示。

2. 封闭式负荷开关

封闭式负荷开关是在开启式负荷开关的基础之上改进设计的一种开关。其灭弧性能、操作性能、通断能力和安全防护性能都优于开启式负荷开关。因其外壳多为铸铁或用薄钢板冲压而成，故俗称铁壳开关。可用于手动不频繁地接通和断开带负荷的电路以及作为线路末端的短路保护，也可用于控制 15kW 以下的交流电动机不频繁的直接起动和停止。其图形符号同开启式负荷开关。

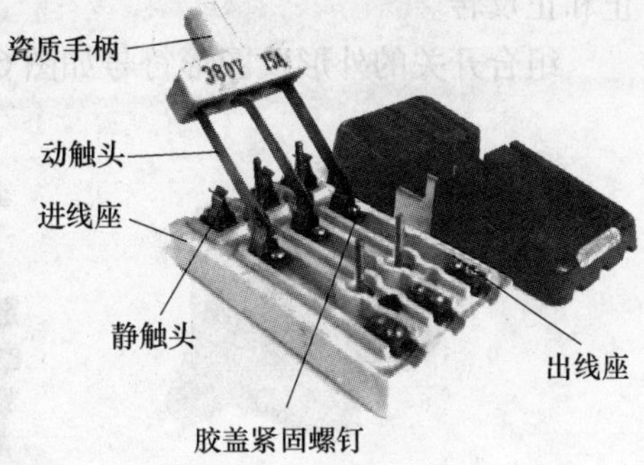

a) 结构

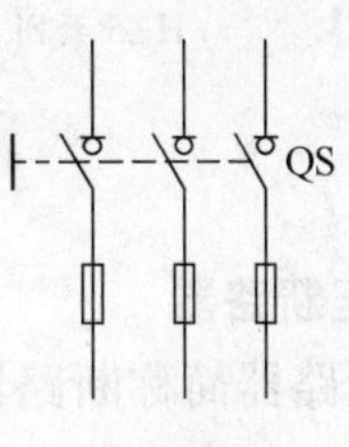

b) 图形符号

图 6-2 开启式负荷开关

常用的封闭式开关有 HH3、HH4 系列。其中 HH4 系列为全国统一设计产品，它的结构如图 6-3 所示。它主要由刀开关、熔断器、操作机构和外壳组成。它具有两个特点：一是采用储能分合闸方式，提高开关的通断能力，延长其使用寿命；二是设置了联锁装置，确保了操作安全。

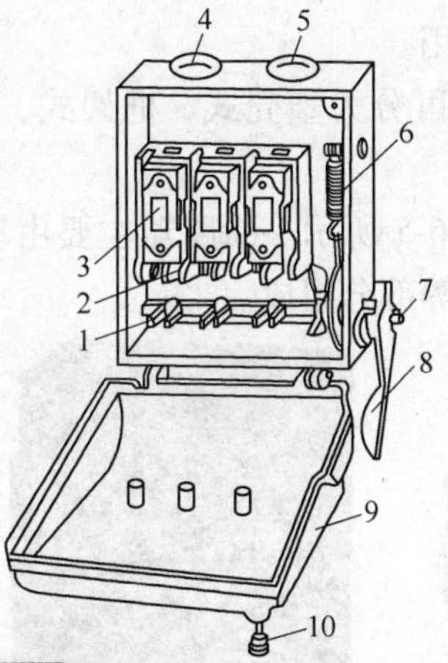

图 6-3 HH 系列封闭式负荷开关

1—动触刀 2—静夹座 3—熔断器 4—进线孔 5—出线孔 6—速断弹簧
7—转轴 8—手柄 9—开关盖 10—开关盖锁紧螺栓

3. 组合开关

组合开关又称为转换开关，它体积小，触头对数多，接线方式灵活，操作方便，常用于交流 50Hz、380V 以下及直流 220V 以下的电气线路中，供手动不频繁地接通和断开电路、换接电源和负载以及控制 5kW 以下的交流电动机的起动、停止和正反转。

组合开关的外形及图形符号如图 6-4 所示。

a) HZ5 系列　　b) HZ10 系列　　c) 图形符号

图 6-4　组合开关的外形及图形符号

4. 低压断路器

低压断路器简称断路器，是低压配电网络和电力拖动系统中常用的一种配电电器，它集控制和多种保护功能于一体，在正常情况下可用于不频繁接通和断开电路以及控制电动机的运行。当电路发生短路、过载和失电压等故障时，能自动切断故障电路、保护电路和电气设备。低压断路器具有操作安全、安装使用方便、工作可靠、动作值可调、分断能力较强，兼顾多种保护、动作后不需要更换元件等优点，因此得到了广泛作用。

低压断路器按结构形式可分为塑壳式、框架式、限流式、直流快速式、灭磁式和漏电保护式等六类。

低压断路器的外形如图 6-5 所示。断路器主要由动触头、静触头、灭弧装置、操作机构、热脱扣器及外壳等部分组成。

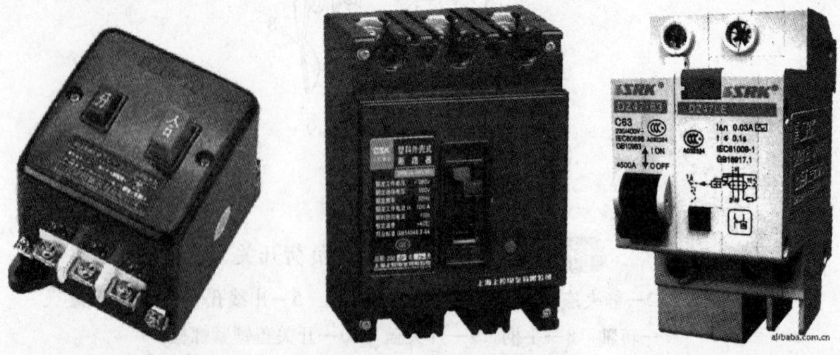

a) DZ5 系列　　b) DZ10 系列　　c) DZ47 系列

图 6-5　断路器

低压断路器的图形符号如图 6-6 所示。

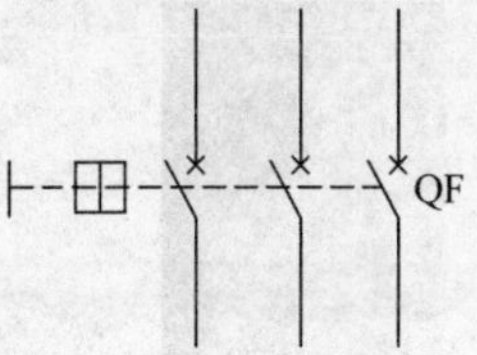

图 6-6　低压断路器的图形符号

二、熔断器

熔断器是低压配电网络和电力拖动系统中主要用作短路保护的电器。使用时串联在被保护的电路中，当电路发生短路故障，通过熔断器的电流达到或超过某一规定值时，以其自身产生的热量使熔体熔断，从而自动分断电路，起到保护作用。它具有结构简单，价格便宜，动作可靠，使用维护方便等优点，得到了广泛的应用。

1. 熔断器的结构

熔断器主要由熔体、熔管和熔座三部分组成。熔体材料通常有两种：一种是由铅、铅锡合金或锌等低熔点材料制成，多用于小电流电路；另一种是由银铜等较高熔点的金属制成，多用于大电流。它的图形符号如图 6-7 所示。

图 6-7　熔断器的图形符号

熔断器的主要技术参数有：额定电压、额定电流、分断能力和时间-电流特性。额定电压是指保证熔断器能长期正常工作的电压。额定电流是指保证熔断器长期正常工作的电流。它是由熔断器各部分长期工作的允许温升决定的。

2. 熔断器的分类

熔断器按结构形式分为半封闭插入式、无填料封闭管式、有填料封闭管式，如图 6-8 所示。

a) RC1A 系列　　b) RL1 系列　　c) RM10 系列　　d) RT0 系列

图 6-8　几款熔断器的外形

（1）RC1A 系列插入式熔断器　RC1A 系列插入式熔断器属于半封闭插入式，其结构如图 6-9 所示。它由瓷座、瓷盖、动触头、静触头和熔丝五部分组成，主要用于交流 50Hz、额定电压 380V 及以下、额定电流 200A 及以下的低压线路的末端或分支电路中，作为电气设备的短路保护及一定程度的过载保护。

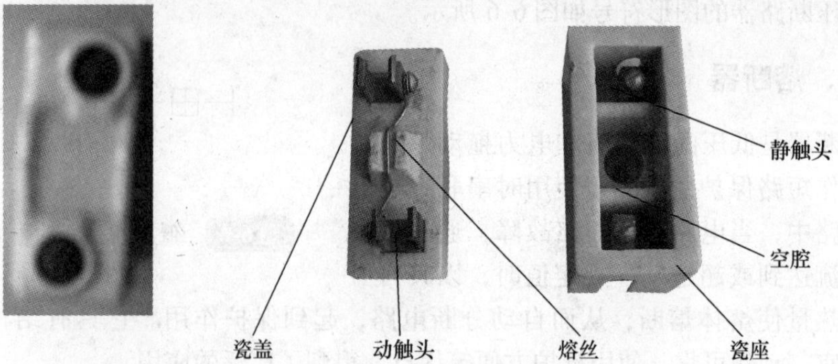

a) 外形　　　　b) 结构

图 6-9　RC1A 系列插入式熔断器

（2）RL1 系列螺旋式熔断器　RL1 系列螺旋式熔断器属于有填料封闭管式熔断器。它主要由瓷帽、熔断管、瓷套、上接线座、下接线座及瓷座等部分组成，如图 6-10 所示。

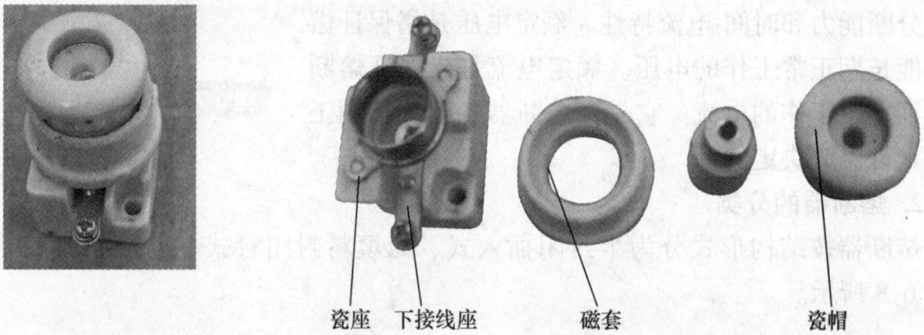

a) 外形　　　　b) 结构

图 6-10　RL1 系列螺旋式熔断器

RL1 系列螺旋式熔断器的分断能力较强，结构紧凑，体积小，安装面积小，更换熔体方便，工作安全可靠，广泛用于控制箱、配电屏、机床设备及振动较大的场合，在交流额定电压 550V、额定电流 200A 及以下的电路中，作为短路保护器件。

三、交流接触器

交流接触器是一种自动的电磁式开关，适用于远距离频繁地接通或断开交流主电路及大容量控制电路。它不仅能实现远距离自动操作和欠电压释放保护功能，而且还具有控制容量大、工作可靠、操作效率高、使用寿命长等优点，在电力拖动系统中得到了广泛的应用。交流接触器的外形如图 6-11 所示。

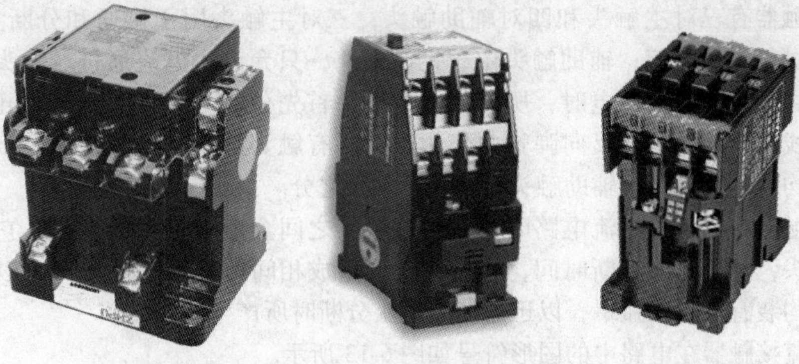

a) CJT1 系列　　b) CJX1 系列　　c) CJX8 系列

图 6-11　常用交流接触器的外形

接触器是利用在电磁力作用下吸合和反向弹簧作用下的释放，使触头闭合和分断，导致电路的接通和断开。

交流接触器主要由电磁系统、触头系统、灭弧装置及辅助部件构成。交流接触器的结构和工作原理如图 6-12 所示。电磁系统是由线圈、静铁心、动铁心（又称为衔铁）等组成。线圈通电时产生磁场，动铁心被吸向静铁心，带动触头控制电路的接通与分断。为限制涡流，动、静铁心采用 E 形硅钢片叠压铆成。动铁心被吸合时会产生衔铁振动，为了消除这一弊端，在铁心端面上嵌入一只铜环，一般称之为短路环。

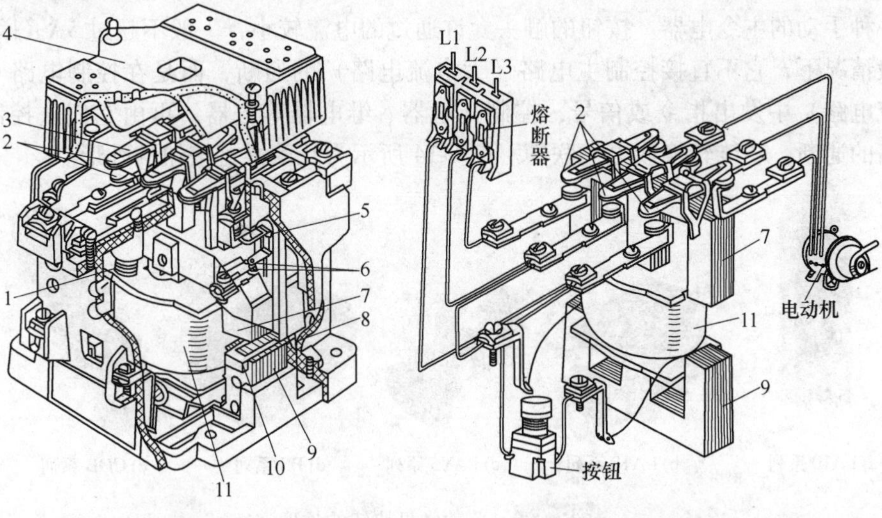

a) 结构　　b) 工作原理

图 6-12　交流接触器的结构和工作原理

1—反作用弹簧　2—主触头　3—触头压力弹簧　4—灭弧罩　5—辅助常闭触头
6—辅助常开触头　7—动铁心　8—缓冲弹簧　9—静铁心　10—短路环　11—线圈

接触器有三对主触头和四对辅助触头，三对主触头用于接通和分断主电路，允许通过较大的电流；辅助触头用于控制电路，只允许小电流通过。触头有常开和常闭之分，当线圈通电时，所有的常闭触头首先分断，然后所有的常开触头闭合，当线圈断电时，在反向弹簧力作用下，所有触头都恢复平常状态。接触器的主触头均为常开触头，辅助触头有常开、常闭之分。

接触器在分断大电流电路时，在动静触头之间会产生较大的电弧，它不仅会烧坏触头，延长电路分断时间，严重时还会造成相间短路，所以在20A以上的接触器上均装有陶瓷灭弧罩，以迅速切断触头分断时所产生的电弧。

交流接触器在电路中的图形符号如图6-13所示。

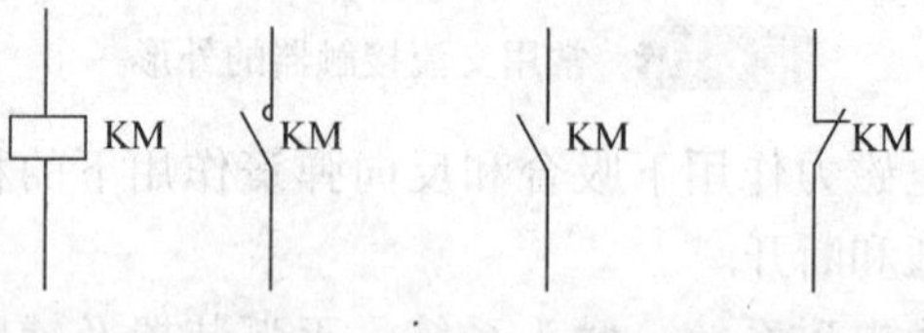

a) 线圈　b) 主触头　c) 辅助常开触头　d) 辅助常闭触头

图6-13　接触器的图形符号

四、按钮

按钮是用来接通或分断小电流电路的控制电器；是发出控制信号的电器开关；是一种手动的主令电器。按钮的触头允许通过的电流较小，一般不超过5A。因此，一般情况下，它不直接控制主电路（大电流电路）的通断，而是在控制电路（小电流电路）中发出指令或信号，控制接触器、继电器等电器，再由它们去控制主电路的通断、功能转换或电气联锁。图6-14所示为几款常见按钮的外形。

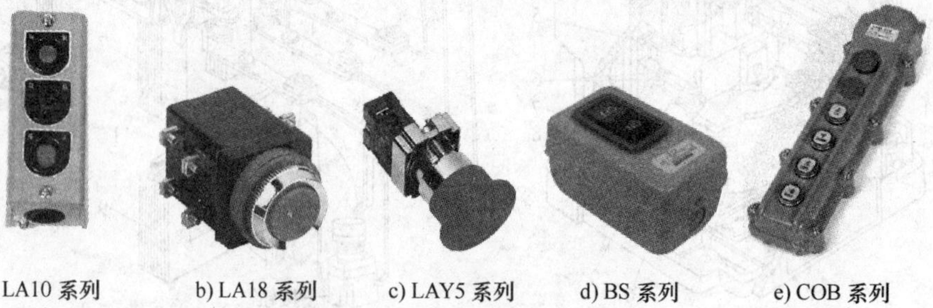

a) LA10系列　b) LA18系列　c) LAY5系列　d) BS系列　e) COB系列

图6-14　几款常见按钮的外形

按钮的结构一般都是由按钮帽、复位弹簧、桥式动触头、外壳及支柱连杆等组成。按钮按静态时触头分合状况，可分为常开按钮（起动按钮）、常闭按钮（停止按钮）及复合按钮（常开、常闭组合为一体的按钮）。按钮的结构与图形符号见表6-1。

表 6-1　按钮的结构与图形符号

结构	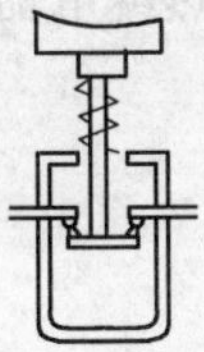	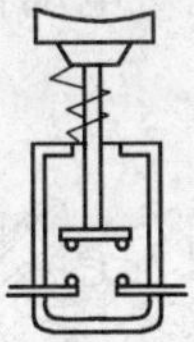	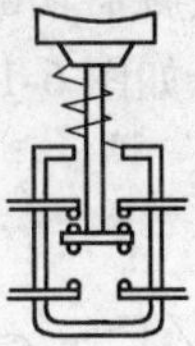
图形符号	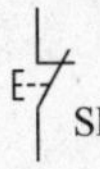		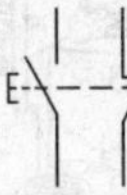
名称	常闭按钮（停止按钮）	常开按钮（起动按钮）	复合按钮

按钮按不受外力作用（即静态）时触头的分合状态，分为常开按钮（起动按钮）、常闭按钮（停止按钮）和复合按钮（常开、常闭触头组合为一体的按钮）。部分按钮的图形符号如图 6-15 所示。

a) 急停按钮　b) 钥匙操作式按钮

图 6-15　部分按钮的图形符号

五、热继电器

热继电器是利用电流的热效应对电动机或其他用电设备进行过载保护的控制电器，热继电器主要用于电动机的过载保护、断相保护、电流不平衡运行的保护及其他电气设备发热状态的控制。

热继电器的形式有多种，其中双金属片式应用最多。按极数划分，热继电器可分为单极、两极和三极三种。按复位方式分，热继电器有自动复位式和手动复位式两种。图 6-16 所示为几款常见热继电器的外形。

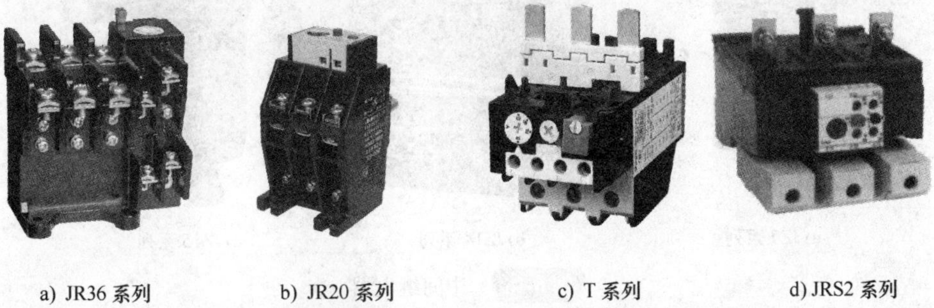

a) JR36 系列　b) JR20 系列　c) T 系列　d) JRS2 系列

图 6-16　几款常见热继电器的外形

热继电器主要由热元件、传动机构、触头系统、电流整定装置、复位机构等部分组成。热元件包括双金属片和绕在外面的电阻丝。当电动机过载时，流过电阻丝的电流超过热继电器的整定电流，电阻丝发热增多，温度升高，热膨胀系数不同的双金属片发生弯曲，通过传动机构推动常闭触头断开，分断控制电路，再通过接触器切断主电路，实现对电动机的过载保护。热继电器的外形、结构与图形符号如图 6-17 所示。

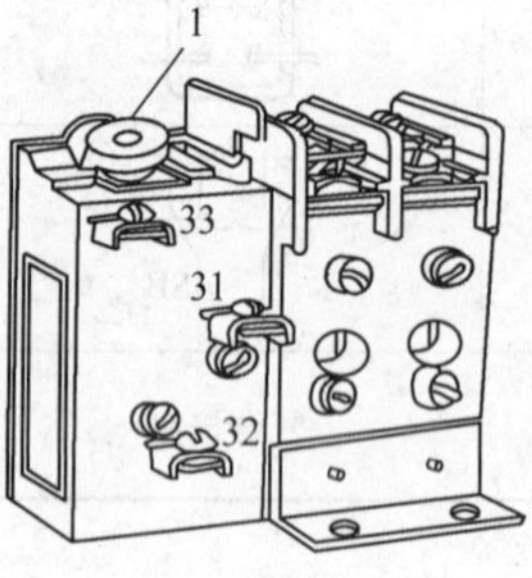

a) 外形

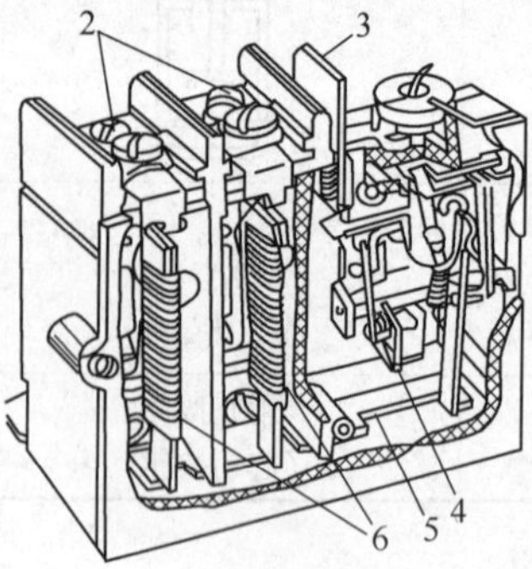

b) 结构

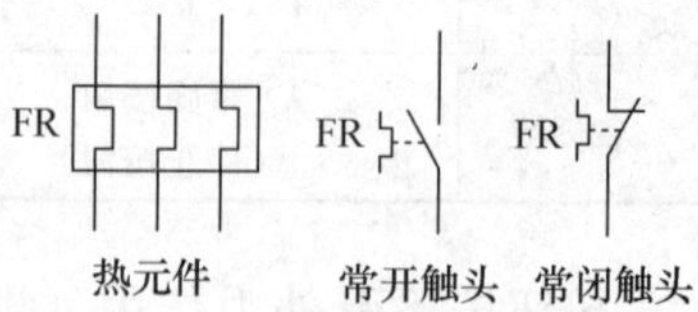

c) 图形符号

图 6-17 两极双金属片热继电器

1—电流整定装置 2—主电路接线柱 3—复位按钮 4—常闭触头 5—传动机构 6—热元件

六、中间继电器

中间继电器是用来增加控制电路中的信号数量或将信号放大的继电器，如图 6-18 所示。其输入信号是线圈的通电和断电，输出信号是触头的动作。由于触头的数量较多，所以中间继电器可用来控制多个元件或回路。

a) JZ7 系列

b) JZ14 系列

c) JZ15 系列

图 6-18 中间继电器

中间继电器的结构及工作原理与接触器基本相同，因而中间继电器又称为接触器式继电器。中间继电器的触头对数多，而且没有主、辅触头之分，各对触头允许通过的电流大小相同，多数为 5A。因此，对于工作电流小于 5A 的电气控制电路，可用中间继电器代替接触器来控制。

常用的中间继电器有 JZ7、JZ14、JZ15 等系列，JZ7 系列为交流中间继电器，其结构和图形符号如图 6-19 所示。

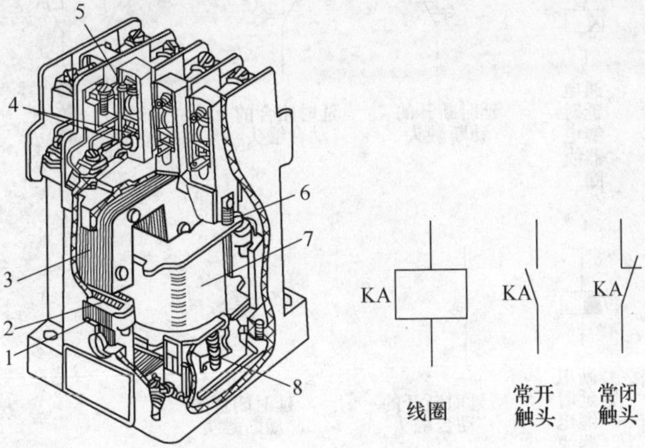

a) 结构　　b) 图形符号

图 6-19　JZ7 系列中间继电器

1—静铁心　2—短路环　3—衔铁　4—常开触头　5—常闭触头　6—反作用弹簧　7—线圈　8—缓冲弹簧

七、时间继电器

时间继电器是作为辅助元件用于各种保护及自动装置中，使被控元件达到所需要的延时动作的继电器。它是一种利用电磁机构或机械动作原理所组成，当线圈通电或断电以后，触头延迟闭合或断开的自动控制元件。

常用的时间继电器主要有电磁式、电动式、空气阻尼式、晶体管式和数显式等，如图 6-20 所示。

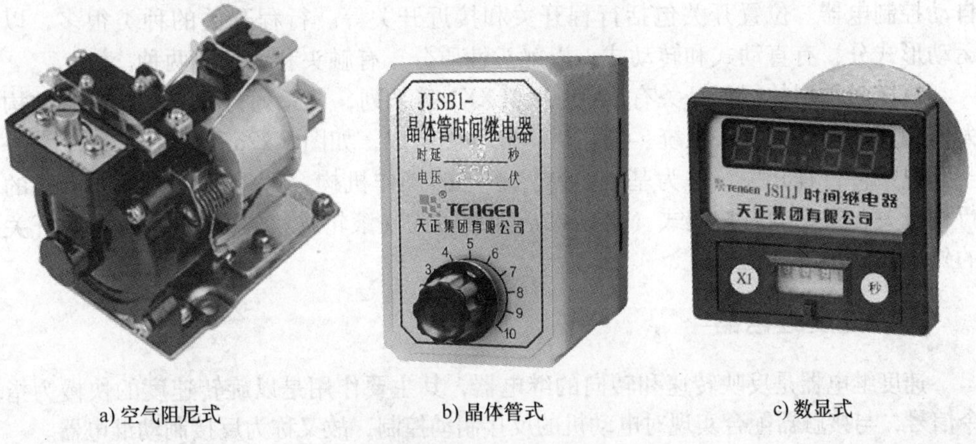

a) 空气阻尼式　　b) 晶体管式　　c) 数显式

图 6-20　时间继电器

时间继电器的图形符号如图 6-21 所示。

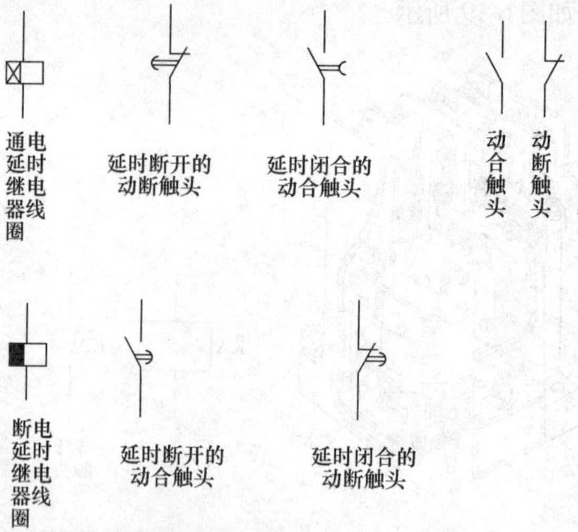

图 6-21　时间继电器的图形符号

时间继电器按延时方式可分为通电延时型和断电延时型。对于通电延时型时间继电器，当线圈得电时，其延时动合触头要延时一段时间才闭合，延时动断触头要延时一段时间才断开；当线圈失电时，其延时动合触头迅速断开，延时动断触头迅速闭合。对于断电延时型时间继电器，当线圈得电时，其延时动合触头迅速闭合，延时动断触头迅速断开；当线圈失电时，其延时动合触头要延时一段时间再断开，延时动断触头要延时一段时间再闭合。

八、位置开关

位置开关是一种将机械信号转换为电信号，以控制运动部件的位置和行程的自动控制电器。位置开关包括行程开关和接近开关等。行程开关的种类很多，以运动形式分，有直动式和转动式；以触头性质分，有触头和无触头两种。

机床中常用的行程开关有 LX19 和 JLXK1 等系列，各系列行程开关的基本结构大体相同，都是由触头系统、操作机构和外壳组成，如图 6-22a 所示。

以某种行程开关元件为基础，装置不同的操作机构，可得到各种不同形式的行程开关，常见的有按钮式（直动式）和旋转式（滚轮式）。JLXK1 系列行程开关的外形如图 6-23 所示。

九、速度继电器

速度继电器是反映转速和转向的继电器，其主要作用是以旋转速度的快慢为指令信号，与接触器配合实现对电动机的反接制动控制，故又称为反接制动继电器。

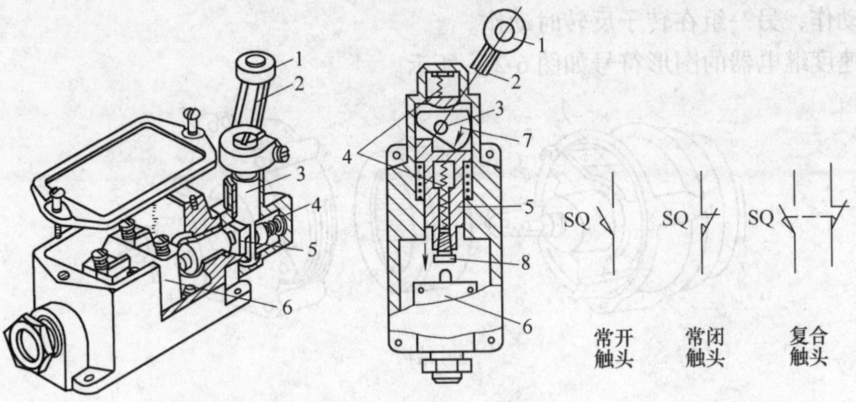

a) 结构　　b) 动作原理　　c) 图形符号

图 6-22　JLXK1 型行程开关

1—滚轮　2—杠杆　3—转轴　4—复位弹簧　5—撞块　6—微动开关　7—凸轮　8—调节螺钉

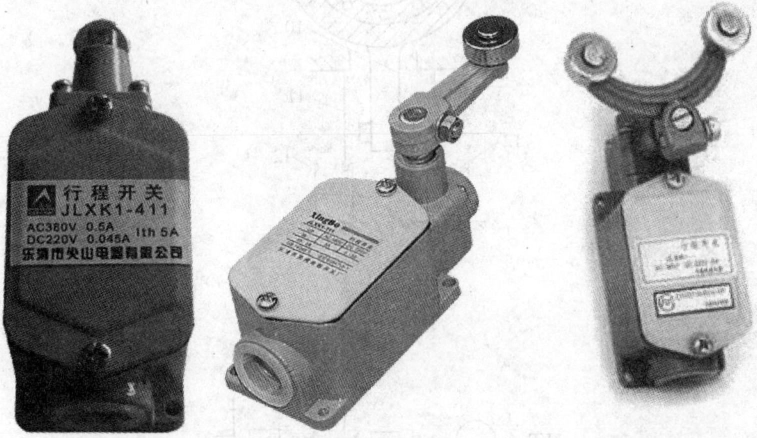

a) 按钮式　　b) 单轮旋转式　　c) 双轮旋转式

图 6-23　JLXK1 系列行程开关的外形

机床电气控制电路中常用的速度继电器有 JY1 型和 JFZ0 型。JY1 型速度继电器的外形如图 6-24 所示。

图 6-24　JY1 型速度继电器的外形

JY1 型速度继电器的结构工作原理如图 6-25a、b 所示，它主要由定子、转子、可动支架、触头及端盖组成。转子由永久磁铁制成，固定在转轴上；定子由硅钢片叠成并装有笼型短路绕组，能作小范围偏转；触头有两组，一组在转子正转时动作，另一组在转子反转时动作。

速度继电器的图形符号如图 6-25c 所示。

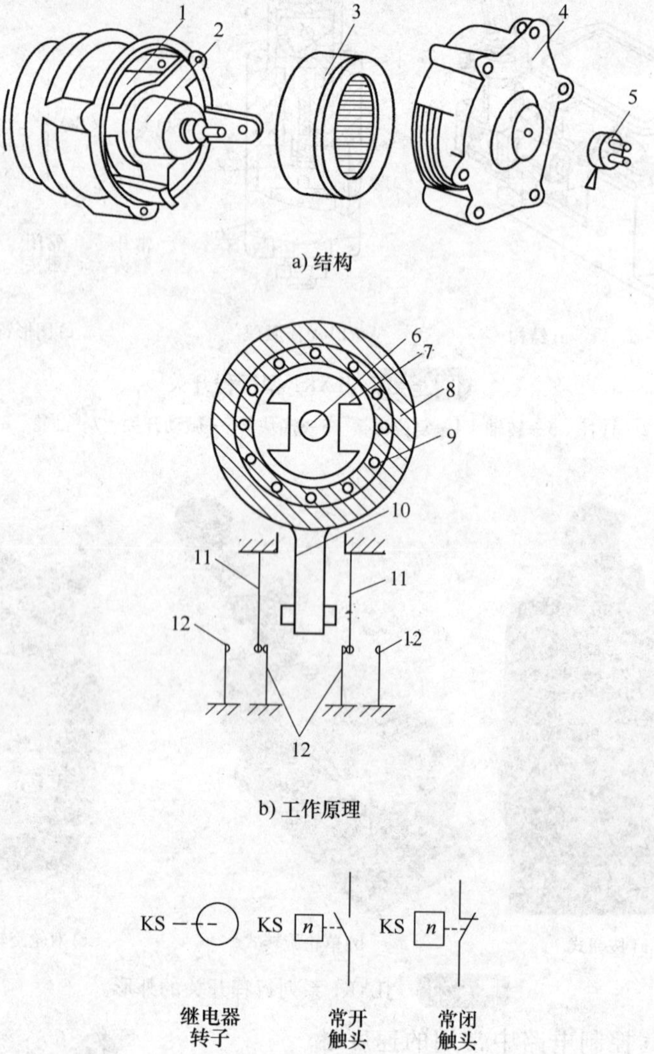

a) 结构

b) 工作原理

c) 图形符号

图 6-25 JY1 型速度继电器的结构、工作原理和图形符号

1—可动支架 2—转子 3、8—定子 4—端盖 5—连接头 6—电动机轴 7—转子（永久磁铁）
9—定子绕组 10—胶木摆杆 11—动触头 12—静触头

第二节 一般生产设备的基本电气控制电路

常用的电动机起停控制电路有：自锁正转控制电路、双重联锁正反转控制电

路和星-三角自动减压起动控制电路。

一、具有过载保护的接触器自锁正转控制电路

具有过载保护的接触器自锁正转控制电路如图 6-26 所示。该电路由电源开关、熔断器、交流接触器、热继电器和按钮等组成。

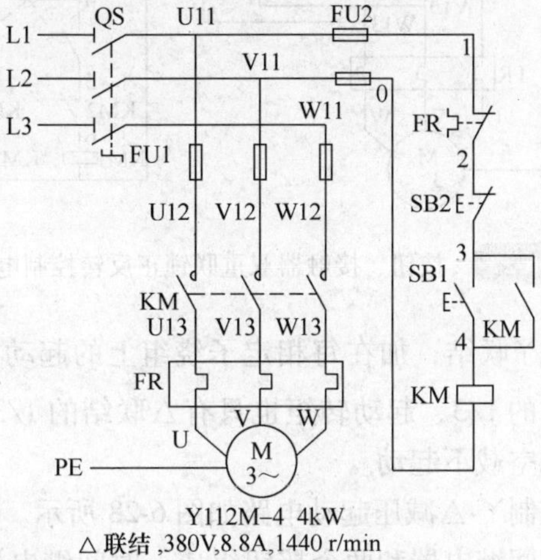

图 6-26　具有过载保护的接触器自锁正转控制电路

它的工作原理如下：

合上电源开关QS → 按下SB1 → KM线圈得电 → KM主触头闭合、KM常开辅助触头闭合 → 电动机M起动连续运转

过载时，热继电器动作。

二、双重联锁正反转控制电路

当改变通入电动机定子绕组的三相电源相序，即把接入电动机三相电源进线中的任意两相对调接线时，就可使三相电动机反转。

接触器联锁正反转控制电路的优点是安全可靠，缺点是操作不便。按钮联锁正反转控制电路的优点是操作方便，缺点是安全不可靠。为克服两者不足，可采用按钮、接触器双重联锁正反转控制电路，如图 6-27 所示。

三、Y-△自动减压起动控制电路

三相笼型异步电动机的Y－△减压起动是指电动机起动时，把定子绕组接成Y联结，以降低起动电压，限制起动电流。待电动机起动后，再把定子绕组改接成△联结，使电动机全压运行。

凡是在正常运行时定子绕组作△联结的异步电动机，均可采用这种减压起动方法。

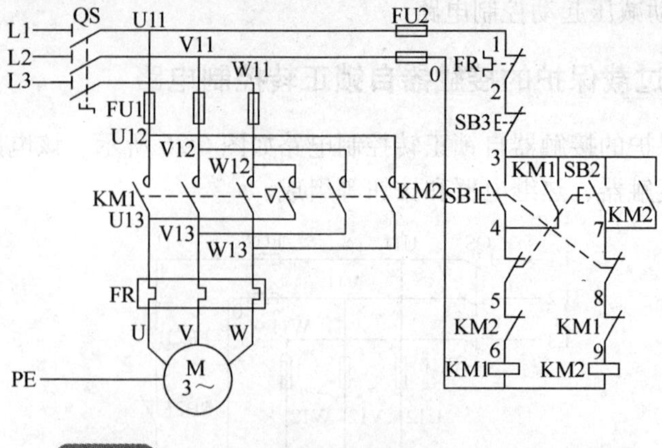

图 6-27 按钮、接触器双重联锁正反转控制电路

电动机起动时接成Y联结，加在每相定子绕组上的起动电压只有△联结的 $1/\sqrt{3}$，起动电流为△联结的 1/3，起动转矩也只有△联结的 1/3。所以这种减压起动方法，只适用于轻载或空载下起动。

时间继电器自动控制Y-△减压起动电路如图 6-28 所示。该电路由三个接触器、一个热继电器、一个时间继电器和两个按钮组成。时间继电器 KT 用作控制Y联结减压起动时间和完成Y-△自动切换。

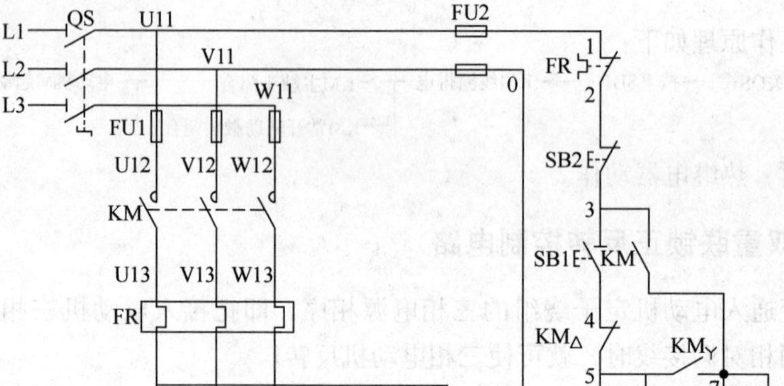

图 6-28 时间继电器自动控制Y-△减压起动电路

该电路中，接触器 KM_Y 得电以后，通过 KM_Y 的常开辅助触头使接触器 KM 得

电动作，这样 KM_{Y} 主触头是在无负载的条件下进行闭合的，故可延长接触器 KM_{Y} 主触头的使用寿命。

第三节 电工读图的基本知识

一、电气图的分类

维修电工常用的电气图有电路图、布置图和接线图等。

1. 电路图

电路图是根据生产机械运动形式对电气控制系统的要求，采用国家统一规定的电气图形符号和文字符号，按照电气设备和电器的工作顺序，详细表示电路、设备或成套装置的全部基本组成的连接关系，而不考虑其实际位置的一种简图。

电路图能充分表达电气设备和电器的用途、作用和工作原理，是电气控制电路安装、调试和维修的理论依据。

绘制电路图时应遵循以下原则：

1）电路图一般分电源电路、主电路和辅助电路三部分绘制。

① 电源电路画成水平线，三相交流电源相序 L1，L2，L3 自上而下依次画出，中线 N 和保护地线 PE 依次画在相线之下。直流电源的“+”端画在上边，“-”端在下边画出。电源开关要水平画出。

② 主电路是指受电的动力装置及控制、保护电器的支路等，它是由主熔断器、接触器的主触头、热继电器的热元件以及电动机等组成。主电路通过的电流是电动机的工作电流，其电流较大。主电路图要画在电路图的左侧并垂直电源电路。

③ 辅助电路一般包括控制主电路工作状态的控制电路；显示主电路工作状态的指示电路；提供机床设备局部照明的照明电路等。它是由主令电器的触头、接触器线圈及辅助触头、继电器线圈及触头、指示灯和照明灯等组成。辅助电路通过的电流都较小，一般不超过 5A。画辅助电路时，应画在电路图的右侧，且电路中与下边电源线相连的耗能元件（如接触器和继电器的线圈、指示灯、照明灯等）要画在电路的下方，而电器的触头要画在耗能元件与上边电源线之间。为读图方便，一般应按照自左至右、自上而下的排列来表示操作顺序。

2）电路图中，各电器的触头位置都按电路未通电或电器未受外力作用时的常态位置画出。分析原理时，应从触头的常态位置出发。

3）电路图中，不画出各电器元件实际的外形，而采用国家统一规定的电气图形符号画出。

4）电路图中，同一电器的各元件不按它们的实际位置画在一起，而是按其在电路中所起的作用分画在不同电路中，但它们的动作却是相互关联的，因此，必须标注相同的文字符号。若图中相同的电器较多时，需要在电器文字符号后面加注不同的数字，以示区别，如 KM1、KM2 等。

5）画电路图时，应尽可能减少线条和避免线条交叉导线。对有直接电联系的交叉导线连接点，要用小黑圆点表示；无直接电联系的交叉导线则不画小黑点。

6）电路图采用电路编号法，即对电路中的各个接点用字母或数字编号。

① 主电路在采用电源开关的出线端按相序依次编号为 U11、V11、W11；然后按从上至下、从左至右的顺序，每经过一个电器元件后，编号要递增，如 U12、V12、W12；U13、V13、W13 等。单台三相交流电动机（或设备）的三根引出线按相序依次编号为 U、V、W。对于多台电动机引出线的编号，为了不致引起误解和混淆，可在字母前用不同的数字加以区别，如 1U、1V、1W；2U、2V、2W 等。

② 辅助电路编号按“等电位”原则从上至下、从左至右的顺序用数字依次编号，每经过一个电器元件后，编号要依次递增。控制电路编号的起始数字必须是 1，其他辅助电路编号的起始数字依次递增 100，如照明电路编号从 101 开始；指示电路编号从 201 开始等。

点动正转控制电路如图 6-29a 所示。

2. 布置图

布置图是根据电器元件在控制板上的实际安装位置，采用简化的外形符号（如正方形、矩形、圆形等）而绘制的一种简图。它不表达各电器元件的具体结构、作用、接线情况以及工作原理，主要用于电器元件的布置和安装。图中各电器的文字符号必须与电路图和接线图的标注相一致。

绘制电器布置图应遵循以下原则：

1）体积较大或较重的电器元件应安装在控制板的下面，而发热元件应安装在控制板的上面。

2）强电和弱电分开并注意屏蔽，防止外界干扰。

3）电器元件布置应考虑整齐、美观、对称。同类型的电器元件安放在一起，以利于安装和配线。

4）需要经常维护、调整的电器元件安装位置不宜过高或过低。

5）电器元件布置不宜过于紧密，若采用板前走线槽配线方式，应适当加大各排电器间距，以利布线和维护。

点动正转控制电路的布置图如图 6-29b 所示。

3. 接线图

接线图是根据电气设备和电器元件的实际位置和安装情况绘制的，只用来表示电气设备和电器元件的位置、配线方式和接线方式，而不明显表示电气动作原理。它主要用于安装接线、线路的检查维修和故障处理。绘制、识读接线图应遵循以下原则：

1）接线图中一般示出如下内容：电气设备和电器元件的相对位置、文字符号、端子号、导线号、导线类型、导线截面积、屏蔽和导线绞合等。

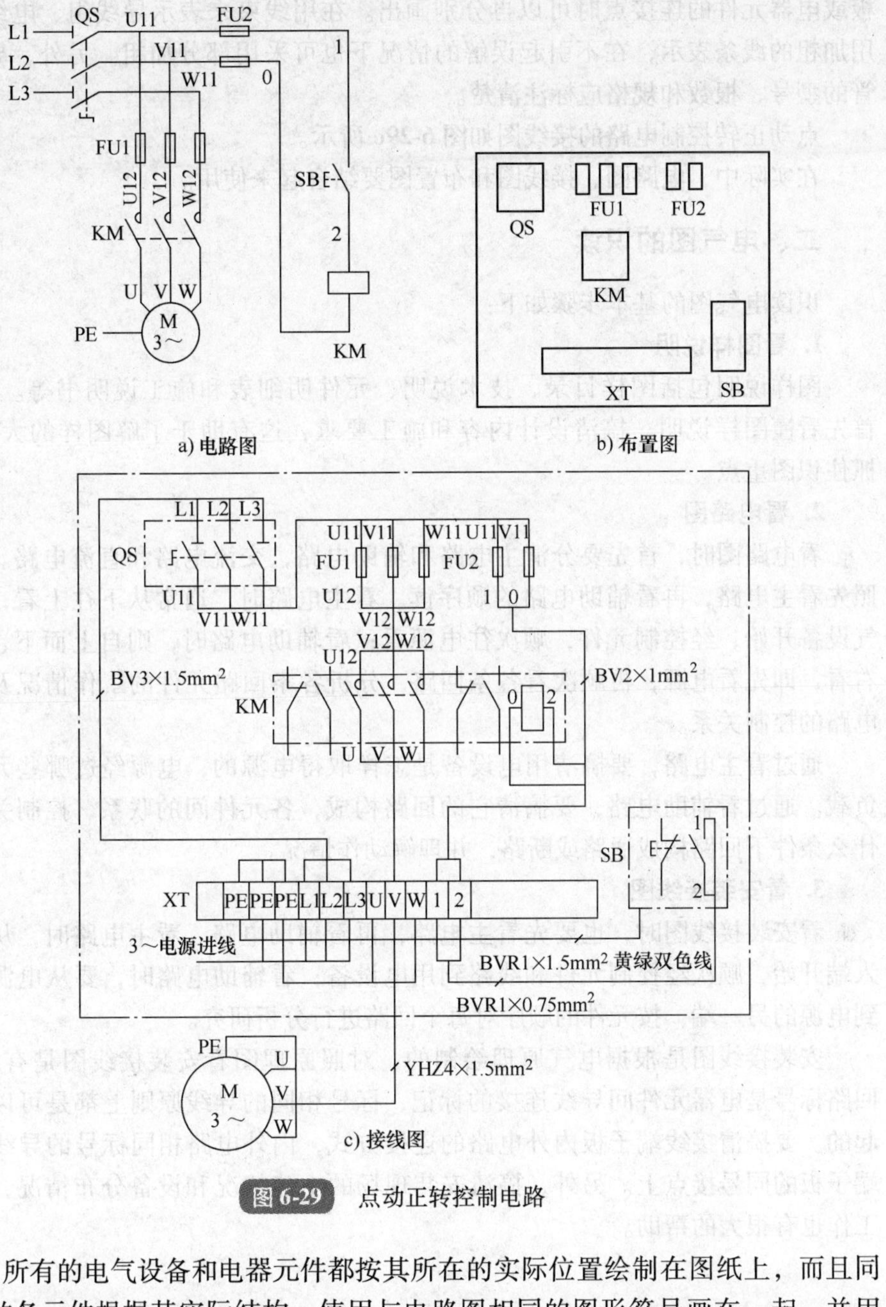

图 6-29 点动正转控制电路

2）所有的电气设备和电器元件都按其所在的实际位置绘制在图纸上，而且同一电器的各元件根据其实际结构、使用与电路图相同的图形符号画在一起，并用点画线框上，其文字符号以及接线端子的编号应与电路图中的标志一致，以便对照检查接线。

3）接线图中的导线有单根导线、导线组（或线扎）、电缆等之分，可用连续线和中断线来表示。凡导线走向相同的可以合并，用线束来表示，达到接线端子板或电器元件的连接点时可以再分别画出。在用线束来表示导线组、电缆等时可用加粗的线条表示，在不引起误解的情况下也可采用部分加粗。另外，导线及线管的型号、根数和规格应标注清楚。

点动正转控制电路的接线图如图 6-29c 所示。

在实际中，电路图、接线图和布置图要结合起来使用。

二、电气图的识读

识读电气图的基本步骤如下：

1. 看图样说明

图样说明包括图样目录、技术说明、元件明细表和施工说明书等。识图时，首先看懂图样说明、搞清设计内容和施工要求，这有助于了解图样的大体情况，抓住识图重点。

2. 看电路图

看电路图时，首先要分清主电路和辅助电路，交流电路和直流电路。其次按照先看主电路，再看辅助电路的顺序读。看主电路时，通常从下往上看，即从电气设备开始，经控制元件，顺次往电源看；看辅助电路时，则自上而下、从左向右看，即先看电源，再顺次看各条回路，分析各条回路元件的工作情况及其对主电路的控制关系。

通过看主电路，要搞清用电设备是怎样取得电源的，电源经过哪些元件到达负载。通过看辅助电路，要搞清它的回路构成，各元件间的联系、控制关系和在什么条件下回路构成通路或断路，并理解动作情况。

3. 看安装接线图

看安装接线图时，也要先看主电路，再看辅助电路。看主电路时，从电源引入端开始，顺次经控制元件和线路到用电设备；看辅助电路时，要从电源的一端到电源的另一端，按元件的顺序对每个回路进行分析研究。

安装接线图是根据电气原理绘制的，对照原理图看安装接线图是有帮助的。回路标号是电器元件间导线连接的标记，标号相同的导线原则上都是可以接到一起的。要搞清接线端子板内外电路的连接方式，内外电路相同标号的导线要接在端子板的同号接点上。另外，搞清安装现场的土建情况和设备分布情况，对安装工作也有很大的帮助。

第七章　安全知识

☺ 学习目标

1. 掌握电工安全的基本知识。
2. 理解触电的概念、触电形式。
3. 掌握触电的急救措施。
4. 掌握安全距离、安全电压与标志的有关规定。
5. 掌握电气防火与防爆的知识和有关措施。
6. 掌握用电设备的安全技术及规定。
7. 掌握防雷的常识及措施。
8. 掌握安全用具的分类、使用、维护与保管常识。
9. 熟悉电气作业操作规程和安全措施。

第一节　电工安全基本常识

一、电工安全的基本知识

电工安全用电基本知识的主要内容有：

1）严禁用一线（相线）一地（大地）连接用电器具。

2）在一个电源插座上不允许引接过多或功率过大的用电器具和设备。

3）未掌握有关电气设备和电气线路知识及技术的人员，不可安装和拆卸电气设备及其线路。

4）严禁用金属丝（如铝丝）绑扎电源线。

5）不可用潮湿的手去接触开关、插座及具有金属外壳的电气设备，不可用湿布去揩抹带电的电器。

6）堆放物资，安装其他设施或搬运物体时，必须与带电设备或带电体保持一定的距离。

7）严禁在电动机和各种电气设备上放置衣物，不可在电动机上坐立，不可将雨具等物悬挂在电动机或电气设备上方。

8）在搬运电焊机、鼓风机、电风扇、洗衣机、电视机、电炉和电钻等可移动电器时，要先切断电源，更不可拖拉电源线来搬运电器。

9）在潮湿环境使用可移动电器时，必须采用额定电压36V及以下的低压电器。若采用220V的电气设备时，必须使用隔离变压器。如在金属容器（如锅炉）及管道内使用移动电器，则应使用12V的低压电器；同时安装临时开关，派专人在该容器外监视。对低电压可移动设备应安装特殊型号的插头，以防止误插入220V或380V的插座内。

10）在雷雨天气，不可走近高压电杆、铁塔和避雷针的接地导线周围，以防雷电伤人。切勿走近断落在地面的高压线，万一进入跨步电压危险区时，要立即单脚或双脚并拢迅速跳到距离接地点10m以外的区域，切不可奔跑，以防跨步电压伤人。

二、触电的概念

因人体接触或接近带电体所引起的局部受伤或死亡的现象为触电。触电事故是由电流形式的能量造成的事故，其构成方式和伤害方式有很多不同之处，具体危害程度也不相同。按人体受伤的程度不同，触电可分为电击和电伤两种类型。

1. 电击

电击通常是指人体接触带电体后，人的内部器官受到电流的伤害。这种伤害是造成触电死亡的主要原因，后果极其严重，所以是最严重的触电事故。

电击的主要特征是：

1）伤害人体内部。

2）在人体外表没有显著的痕迹。

3）致命电流小。

电击又可分为直接电击和间接电击两种。直接电击是指人体直接触及正常运行的带电体所发生的电击。间接电击则是指电气设备发生故障后，人体触及意外带电部分所发生的电击。因此，直接电击也称为正常情况下的电击，间接电击也称为故障情况下的电击。

2. 电伤

电伤通常是指人体外部受伤，如电弧灼伤，大电流下因金属熔化而飞溅出的金属所灼伤，以及人体局部与带电体接触造成肢体受伤等情况。

（1）电灼伤　电灼伤有接触灼伤和电弧灼伤两种。接触灼伤发生在高压触电事故时，在电流通过人体皮肤的进出口处造成的灼伤。一般进口处比出口处灼伤严重。接触灼伤面积虽较小，但深度可达三度。灼伤处皮肤呈黄褐色，可波及皮下组织、肌肉、神经和血管，甚至使骨骼炭化。由于伤及人体组织深层，伤口难以愈合，有的甚至需要几年才能结疤。

电弧灼伤发生在误操作或人体过分接近高压带电体而产生电弧放电时。这时高温电弧将如火焰一样把皮肤烧伤。被烧伤的皮肤将发红、起泡、烧焦、坏死。电弧还会使眼睛受到严重损害。

（2）电烙印　电烙印发生在人体与带电体有良好接触的情况下，在皮肤表面将留下和被接触带电体形状相似的肿块痕迹。有时在触电后并不立即出现，而是相隔一段时间后才出现。电烙印一般不发炎或化脓，但往往造成局部麻木和失去知觉。

（3）皮肤金属化　由于电弧的温度极高（中心温度可达6000～10000℃），可使其周围的金属熔化、蒸发并飞溅到皮肤表层而使皮肤金属化。金属化后的皮肤表面变得粗糙坚硬，肤色与金属种类有关，或灰黄（铅），或绿（纯铜），或蓝绿（黄铜）。金属化后的皮肤经过一段时间会自行脱落，一般不会留下不良后果。

必须指出，人身触电事故往往伴随着高空坠落或摔跌等机械性创伤。这类创伤虽起因于触电，但不属于电流对人体的直接伤害，可谓之触电引起的二次事故，也应列入电气事故的范畴。

三、影响触电后果的因素

电流对人体的危害程度与通过人体的电流、通电持续时间、电流频率、电流通过人体的途径以及触电者的身体状况等多种因素有关。

1. 电流

通过人体的电流越大，人体的生理反应越强烈，对人体的伤害就越大。按照人体对电流的生理反应强弱和电流对人体的伤害程度，可将电流大致分为感知电流、摆脱电流和致命电流三级。感知电流是指能引起人体感觉但无有害生理反应的最小电流值；摆脱电流是指人触电后能自主摆脱电源而无病理性危害的最大电流；致命电流是指能引起心室颤动而危及生命的最小电流。上述几种电流的阈值与触电对象的性别、年龄以及触电时间等因素有关。实验表明，当工频电流通过人体时，成年男性的平均感知电流为1mA，摆脱电流为10mA，致命电流为50mA（通电时间在1s以上时）。在一般情况下，可取30mA为安全电流，即以30mA为人体所能忍受而无致命危险的最大电流。但在有高度触电危险的场所，应取10mA为安全电流；而在空中或水面触电时，考虑到人受电击后有可能会因痉挛而摔死或淹死，则应取5mA作为安全电流。

2. 通电持续时间

触电致死的生理现象是心室颤动。电流通过人体的持续时间越长，越容易引起心室颤动，触电的后果也越严重。这一方面是由于通电时间越长，能量积累越多，较小的电流通过人体就可以引起心室颤动；另一方面是由于心脏在收缩与舒张的时间间隙（约0.1s）内对电流最为敏感，通电时间一长，重合这段时间间隙的可能性就越大，心室颤动的可能性也就越大。此外，通电时间一长，电流的热效应和化学效应将会使人体出汗和组织电解，从而使人体电阻逐渐降低，流过人体的电流逐渐增大，使触电伤害更加严重。

3. 电流频率

人体对不同频率电流的生理敏感性是不同的，因而不同种类的电流对人体的伤害程度也就有区别。工频电流对人体的伤害最为严重（男性平均摆脱电流为10mA）；直流电流对人体的伤害则较轻（男性平均摆脱电流为76mA）；高频电流对人体的伤害程度远不及工频交流电严重，故医疗临床上有利用高频电流作理疗者，但电压过高的高频电流仍会使人触电致死；冲击电流是作用时间极短（以微秒计）的电流（如雷电放电电流和静电放电电流）。冲击电流对人体的伤害程度与冲击放电能量有关。由于冲击电流作用的时间极短，数十毫安才能被人体感知。

4. 电流通过人体的途径

电流取任何途径通过人体都可以致人死亡。电流通过心脏、中枢神经（脑部和脊髓）、呼吸系统是最危险的。因此，从左手到前胸是最危险的电流路径，这时心脏、肺部、脊髓等重要器官都处于电路内，很容易引起心室颤动和中枢神经失调而死亡；从右手到脚的途径危险性要小些，但会因痉挛而摔伤；从右手至左手的危险性又比右手到脚要小些；危险性最小的电流途径是从左脚至右脚，但触电者可能因痉挛而摔倒，导致电流通过全身或二次事故。

5. 身体状况

试验研究表明，触电危险性与身体状况有关。触电者的性别、年龄、健康状况、精神状态和人体电阻都会对触电后果发生影响。人体电阻的大小是影响触电后果的重要物理因素。显然，当接触电压一定时，人体电阻越小，流过人体的电流越大，触电者也就越危险。

人体电阻包括体内电阻和皮肤电阻。体内电阻较小（约500Ω），而且基本不变。人体电阻主要是皮肤电阻，其值与诸多因素有关。接触电压、接触面积、接触压力、皮肤表面状况（干湿程度、有无组织损伤、是否出汗、有无导电粉尘和皮肤表层角质的厚薄）等因素都会影响人体电阻的大小。

人体电阻为非线性电阻，其阻值随接触电压的增高而显著降低。人体触电时，皮肤与带电体的接触面积越大，人体电阻越小。当触电者紧握带电体时，接触面积和接触压力都较大，人体电阻将变小，而且由于触电者神经收缩而难于摆脱电源，这种情况是很危险的。

人体电阻主要集中在皮肤表层的角质层。当皮肤被击穿或破损后，人体电阻大大降低，触电的危险性也随之增大。

总之，影响人体电阻的因素很多，甚至因人而异，可在数百欧至数万欧间变化。在电气安全工程计算中，通常取人体电阻为1700Ω。必须指出的是，人体电阻只对低压触电有限流作用，而对高压触电，人体电阻的大小就不起作用了。

6. 作用于人体的电压

触电伤亡的直接原因在于电流在人体内引起的生理病变。显然，此电流的大小与作用于人体的电压高低有关。这不仅是由于就一定的人体电阻而言，电压越高，电流越大，更由于人体电阻将随着作用于人体的电压升高而呈非线性急剧下降，致使通过人体的电流显著增大，使得电流对人体的伤害更加严重。

在一般环境中的安全电流可按30mA考虑，人体电阻在一般情况下可按1000～2000Ω计算。于是可得一般环境下的安全电压范围为0.03×(1000～2000)V＝30～60V，所以，我国规定适用于一般环境的安全电压为36V。

四、常见的触电形式

人体触电的方式多种多样，一般可分为直接接触触电和间接接触触电两种主要触电方式。

1. 直接接触触电

人体直接触及或过分靠近电气设备及线路的带电导体而发生的触电现象称为直接接触触电。单相触电、两相触电、电弧伤害都属于直接接触触电。

（1）单相触电　如果人体直接接触带电设备及线路的一相时，电流通过人体而发生的触电现象称为单相触电。这种触电事故的规律及后果与电网中性点运行方式有关。

1）在中性点直接接地的电网中发生单相触电的情况如图7-1a所示。

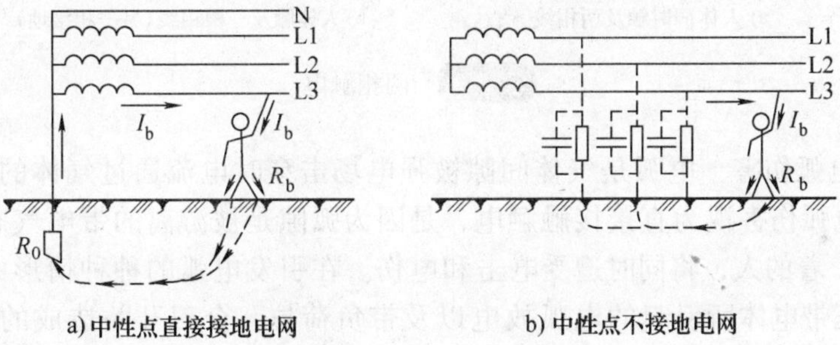

a) 中性点直接接地电网　b) 中性点不接地电网

图7-1　单相触电示意图

对于380/220V三相四线制电网，$U=220V$，$R_0=4\Omega$，若取人体电阻$R_b=1700\Omega$，则可算出流过人体的电流$I_b=129mA$，远大于安全电流30mA，足以危及触电者的生命。

显然，单相触电的后果与人体和大地间的接触状况有关。如果人体站在干燥的绝缘地板上，由于人体与大地间有很大的绝缘电阻，通过人体的电流就很小，则就不会有触电危险，但如地板潮湿，那就有触电危险。

2）中性点不接地电网中发生单相触电的情况如图7-1b所示。这时电流将从电源相线经人体、其他两相的对地阻抗（由线路的绝缘电阻和对地电容构成）回到电源的中性点形成回路。此时，通过人体的电流与线路的绝缘电阻和对地电容的数值有关。在低压电网中，对地电容C很小，通过人体的电流主要取决于线路绝

缘电阻 R。正常情况下，设备的绝缘电阻相当大，通过人体的电流很小，一般不致造成对人体的伤害。但当线路绝缘性能下降时，单相触电对人体的危害仍然存在。而在高压中性点不接地电网中（特别在对地电容较大的电缆线路上），线路对地电容较大，通过人体的电容电流将危及触电者的安全。

（2）两相触电　人体同时触及带电设备或线路中的两相导体而发生的触电方式称为两相触电，如图 7-2 所示。两相触电时，作用于人体上的电压为线电压。电流将从一相导体经人体流入另一相导体，这种情况是很危险的。以 380/220V 三相四线制为例，这时加于人体的电压为 380V，若人体电阻按 1700Ω 考虑，则流过人体内部的电流将达 224mA，足以致人死亡。因此，两相触电要比单相触电严重得多，是最危险的触电方式。

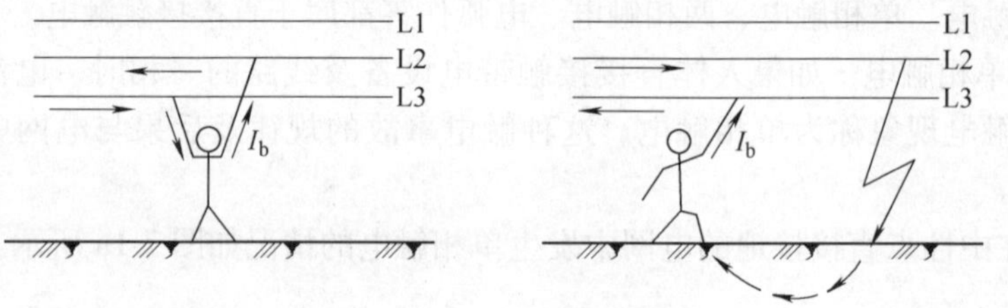

a) 人体同时触及两相线　　b) 人体触及一根相线（另一相接地）

图 7-2　两相触电

（3）电弧伤害　电弧是气体间隙被强电场击穿时电流通过气体的一种现象。之所以将电弧伤害视为直接接触触电，是因为弧隙是被游离的带电气态导体，被电弧“烧”着的人，将同时遭受电击和电伤。在引发电弧的种种情形中，人体过分接近高压带电体所引起的电弧放电以及带负荷拉、合刀开关造成的弧光短路，对人体的伤害往往是致命的。电弧不仅使人受电击，而且由于弧焰温度极高（中心温度高达 6000～10000℃），将对人体造成严重烧伤，烧伤部位多见于手部、胳膊、脸部及眼睛。电弧辐射对眼睛的刺伤，后果更为严重。此外，被电弧熔化了的金属颗粒侵蚀皮肤还会使皮肤组织金属化，这种伤疤往往经久不愈。

2. 间接接触触电

电气设备在正常运行时，其金属外壳或结构是不带电的。当电气设备绝缘损坏而发生接地短路故障（俗称“碰壳”或“漏电”）时，其金属外壳便带有电压，人体触及便会发生触电，此谓间接接触触电。通常所称的接触电压触电即是间接接触触电。

（1）接触电压触电　当电气设备因绝缘损坏而发生接地故障时，如人体的两个部分（通常是手和脚）同时触及漏电设备的外壳和地面，人体这两部分便处于不同的电位，其间的电位差即称为接触电压。在电气安全技术中是以站立在离漏电设备水平方向 0.8m 的人，手触及漏电设备外壳距地面 1.8m 处时，其手与脚两点间的电位差为接触电压计算值。由于受接触电压作用而导致的触电现象称为接触电压触电。

（2）跨步电压触电　电气设备发生接地故障时，在接地电流入地点周围电位分布区（以电流入地点为圆心，半径为20m的范围内）行走的人，其两脚将处于不同的电位，两脚之间（一般人的跨步距离约为0.8m）的电位差称之为跨步电压。

人体受到跨步电压作用时，电流将从一只脚经胯部到另一只脚与大地形成回路。触电者的症状是脚发麻、抽筋、跌倒在地。跌倒后，电流可能改变路径（如从头到脚或手）而流经人体重要器官，使人致命。

必须指出，跨步电压触电还可发生在其他一些场合，如架空导线接地故障点附近或导线断落点附近，防雷接地装置附近地面等。

五、触电的急救措施

1. 触电急救的要点

触电急救的要点是：抢救迅速和救护得法。即用最快的速度在现场采取积极的措施，保护触电者的生命，减轻伤情，减少痛苦，并根据伤情需要迅速联系医疗救护等部门进行救治。

一旦发现有人触电后，周围人员首先应迅速拉闸断电，尽快使其脱离电源。若周围有电工人员则应率先争分夺秒地抢救。

在施工现场发生触电事故后，应将触电者迅速抬到宽敞、空气流通的地方，使其平卧在硬板床上，采取相应的抢救方法。在送往医院的路途中、在车上都应该不间断地进行救护。在1min之内抢救救活的概率非常高，若6min以后再去救人则非常危险。

触电急救要有耐心，要一直抢救到触电者复活为止，或经过医生确定停止抢救方可停止，因为低压触电通常都是假死，进行科学的急救是必要的。

2. 触电急救的方法

触电急救的第一步是使触电者迅速脱离电源。人工呼吸和胸外心脏按压是现场急救的基本方法。

（1）人工呼吸法　对“有心跳而呼吸停止”的触电者，应采用“口对口人工呼吸法”进行急救。

1）将触电者仰天平卧，颈部枕垫软物，头部偏向一侧，松开衣服和裤带，清除触电者口中的血块、假牙等异物。抢救者跪在病人的一边，使触电者的鼻孔朝天后仰。

2）用一只手捏紧触电者的鼻子，另一只手托在触电者颈后，将颈部上抬，深深吸一口气，用嘴紧贴触电者的嘴，大口吹气。

3）然后放松捏着鼻子的手，让气体从触电者肺部排出，如此反复进行，每5s

吹气一次，坚持连续进行，不可间断，直到触电者苏醒为止。

4）口对鼻人工呼吸法。对嘴巴紧闭的触电者可采用此法。

(2) 胸外心脏按压法　对“有呼吸而心跳停止”的触电者，应采用“胸外心脏按压法”进行急救。

1）将触电者仰卧在硬板上或地上，颈部枕垫软物使头部稍后仰，松开衣服和裤带，急救者跪跨在触电者腰部。

2）急救者将右手掌根部按于触电者胸骨下1/2处，中指指尖对准其颈部凹陷的下缘，当胸一手掌，左手掌复压在右手背上。

3）掌根用力下压3~4cm，然后突然放松。挤压与放松的动作要有节奏，每秒钟进行一次，必须坚持连续进行，不可中断，直到触电者苏醒为止。

(3) 对“呼吸和心跳都已停止”的触电者，应同时采用“口对口人工呼吸法”和“胸外心脏按压法”进行急救。

1）一人急救：两种方法应交替进行，即吹气2~3次，再按压心脏10~15次，而且速度都应快些。

2）两人急救：每5s吹气一次，每1s按压一次，两人交替进行。

注意事项：不能打肾上腺素等强心针；不能泼冷水。

第二节　安全距离与安全电压

一、安全距离

安全距离又称为安全间距，是指为了防止发生人身触电事故和设备短路或接地故障，带电体之间、带电体与地面之间、带电体与其他设施之间、工作人员与带电体之间必须保持的最小空气间隙。

安全距离的大小，主要是根据电压的高低（留有裕度）、设备状况和安装方式来决定，并在规程中做出明确规定。凡从事电气设计、安装、巡视、维修以及带电作业的人员，都必须严格遵守。

二、安全电压

从保护人身安全的意义来说，可以称人体持续接触而不会使人直接致死或致残的电压为安全电压。但电气安全技术所规范的安全电压具有其特定的含义，即安全电压是为防止触电事故而采用的由特定电源供电的电压系列。这一定义的内涵有三：一是采用安全电压可防止触电事故的发生；二是安全电压必须由特定的电源供电；三是安全电压有一系列的数值，适用于一定的用电环境。根据不同的环境，正确选用相应额定值的安全电压作为供电电压，对于那些人们需要经常接触和操作的移动式或携带式用电器具（如行灯、手电钻等）来说，是一项防止触电伤亡事故的重要技术措施。

1. 安全电压值

安全电压值的规定是以通过人体的电流（不超过安全电流）与人体电阻的乘积为依据的，即

$$U_s = I_s R_b$$

式中 U_s——安全电压（V）；

I_s——安全电流（A）；

R_b——人体电阻（Ω）。

国际电工委员会（IEC）制定的标准以及我国颁布的《低压电路接地保护导则》都对安全电压系列的上项值做出同样的规定：即人体在状态正常、手脚皮肤干燥的情况下，在接触电压后有较大危险性的场所，可取安全电流 $I_s = 30\text{mA}$，人体电阻 $R_b = 1700\Omega$，相应的工频安全电压上限值 $U_s = I_s R_b = 0.03 \times 1700\text{V} \approx 50\text{V}$。我国规定，安全电压的额定值分为 42V、36V、24V、12V 和 6V 五个等级，见表 7-1。

表 7-1 安全电压及选用

安全电压（交流有效值）/V		选用举例
额定值	空载上限值	
42	50	在有危险的场所使用的手持电动工具
36	43	潮湿场所，如矿井、多导电粉尘及类似场所使用的行灯等
24	29	工作面积狭窄且操作者大面积接触带电体的场所，如锅炉、金属容器内
12	15	人体需要长期触及器具上带电体的场所
6	8	

2. 安全电压的选用

安全电压等级的选用必须考虑用电场所和用电器具对安全的影响。由于目前现场极少使用 42V 和 6V 这两个电压等级，所以，现场选用安全电压的依据是：凡高度不足 2.5m 的照明装置、机床局部照明灯具、移动行灯、手持电动工具（如手电钻）以及潮湿场所的电气设备，其安全电压可采用 36V。凡工作地点狭窄、工作人员活动困难、周围有大面积接地导体或金属结构（如在金属容器内），因而存在高度触电危险的环境以及特别潮湿的场所，则应采用 12V 为安全电压。

3. 安全电压的获得

为了确保人身安全，提供安全电压的电源应符合下列条件：

1）采用独立的特定电源供电，以保证在正常和故障情况下，任何两根导线间或任一导线与地之间的电压均不得超过安全电压等级系列的上限值 50V。这一要求在于强调安全电压必须由双绕组变压器降压获得，而不可由自耦变压器或电阻分

压器获得。

2）工作在安全电压下的电路，必须与其他电气系统和任何无关的可导电部分实行电气上的隔离。

3）当电气设备采用24V以上安全电压时，必须采取防止直接接触带电体的保护措施。如36V行灯的握持部位应采用橡胶绝缘柄。

4）安全变压器的铁心和外壳均应接地，以防止一、二次绕组间绝缘击穿时，高压窜入低压回路引起触电危险。此外，还应在高、低压回路中装设熔断器作为短路保护。

第三节　电气防火与防爆

一、防爆电气设备的类型

在爆炸危险场所必须使用防爆电气设备。按有关制造规程生产的防爆电气设备有六种类型，其类型特征如下：

（1）增安型（旧称防爆安全型）　此型设备在正常运行情况下，其封闭外壳内不会产生火花、电弧和危险温度。

（2）隔爆型　此型设备的金属外壳能承受内部爆炸时的压力而不破裂，还能防止爆炸产生的火焰和高温气流引燃或引爆外部空间的可燃易爆物料。显然，正常运行时能产生火花或电弧的此类设备必须设有联锁装置，保证电源接通时不能打开壳盖，而壳盖打开时则不能接通电源。

（3）防爆充油型（旧称充油型）　此型设备具有全封闭结构的外壳，凡可能产生火花、电弧的带电部件都浸没在绝缘油中，浸没深度不得小于10mm，以防止引燃油面上部和壳外的爆炸性混合物。

（4）通风充气型（旧称防爆通风充气型）　此型设备的防爆原理是向其外壳内充入正压（即高于外部大气压力）的新鲜空气或惰性气体，以阻止壳外爆炸性气体或蒸汽进入壳体内部引起爆炸。此型设备必须有自动报警装置，在充气压力降低时发出警报信号或切断电源。此外，还应有联锁装置，以保证先充气后送电。运行中，火花和电弧不得从缝隙或出风口吹出。

（5）本质安全型（简称本安型，旧称安全火花型）　此型设备在正常或事故情况下所产生的电火花和危险部位的温度不能引爆爆炸性混合物。因此，该型设备应具有全封闭结构，而且外壳不宜用易产生静电的合成材料制作；电路负载的容量不宜超过15V·A，并由隔离变压器实现电气隔离，还应有限电流、限电压保护。

（6）充砂型　外壳内充填以细粒状材料，使外壳内部产生的任何电弧不能点燃周围可燃气体。

表 7-2 防爆电气设备类型名称和标志

类型名称		标志		
		工厂用		煤矿用
新	旧	新	旧	
增安型	防爆安全型	e	A	KA
隔爆型	隔爆型	d	B	KB
充油型	防爆充油型	o	C	KC
充砂型		q	—	—
通风充气型	防爆通风充气型	p	F	KF
本质安全型	安全火花型	i	H	KH
无火花型		h	—	—
特殊型	防爆特殊型	s	T	KT

二、电气防火与防爆措施

1. 电气火灾的特点

电气火灾有两个不同于其他火灾的特点：其一是着火的电气设备可能是带电的，扑救时要防止人员触电；其二是充油电气设备着火后可能发生喷油或爆炸，造成火势蔓延。因此，在进行电气灭火时应根据起火场所和电气装置的具体情况，采取必要的安全措施。

2. 防护措施

（1）排除可燃易爆物质　排除易爆物质的措施有二：一是保持良好的通风，以便把可燃易爆气体、蒸气、粉尘和纤维的浓度降低至爆炸浓度下限之下，用于机械通风的电动机应保证在正常和事故状态下正常运转；二是加强存有可燃易爆物质的生产设备、容器、管道和阀门等的密封，以断绝上述危险物质的来源。

（2）排除电气火源　排除电气火源就是消除或避免电气装置在运行中产生火花、电弧和高温。这方面的措施有：

1）正常运行时能够产生火花、电弧和危险高温的非防爆电气装置应安装在危险场所之外。

2）在危险场所，应尽量不用或少用携带式电气设备。

3）在危险场所，应根据危险场所的级别合理选用电气设备的类型并严格按规范安装和使用。

火灾危险场所电气设备安装的技术要求大致与爆炸危险场所相同：隔热或远离可燃物质是电气防火的有效措施，如开关电器及正常运行时可能产生火花的电气设备应远离可燃物料存放地点 3m 以上；电热器应安装在非燃性材料的底板上并装有防护罩，如安装在金属底板上，则金属底板与可燃物质间应有隔热措施；吸顶灯泡与木台间应有隔热措施。

4）危险场所的电气线路应适应防火防爆的要求：

① 爆炸危险场所敷设的电缆和绝缘导线，其额定电压不得低于500V。工作零线应采用与相线同级电压的绝缘导线共管（套）敷设。

② 低压线路导线的长期允许载流量应大于电动机额定电流的125%，高压线路尚须校验导线的短路稳定性。

③ 爆炸危险场所电气设备安装的技术要求是严格密封，连接可靠（接触良好、防松脱、防振动）、防止局部放电（接线盒内裸露带电部分之间及其与金属外壳之间应保持足够的电气间隙和漏电距离）、防止局部过热等。

④ 钢管配线凡在电气设备的进线口、管路过墙处、穿过楼板或地面引入其他场所处均应装设隔离密封盒，使用胶泥或粉剂填料作隔离密封处理。电缆穿过地面、楼板、墙壁的保护管应将管口用非燃性纤维堵塞并用胶泥密封。

⑤ 线路的布置亦应有利于防爆。当危险场所的可燃气体、蒸气的相对密度比空气大时，电气线路应在较高处敷设或直接埋地，若采用电缆沟敷设，沟内必须充砂；当可燃气体、蒸汽的相对密度比空气小时，电气线路应在较低处敷设或在电缆沟内敷设。

⑥ 必须指出，本质安全型电路不得与其他电路共管敷设或共用一根电缆（使用屏蔽线者除外）；配电盘内本安电路的端子（排）与其他电路的端子（排）之间应保持不小于50mm的间距，否则须用绝缘隔板或防护罩防护；本安电路的导线应单独束扎、固定；本安电路的电缆、钢管、端子板应有蓝色标志；保护管不应镀锌；本安电路本身不应接地（除设计有要求外），但正常不带电的金属部分仍应接地。

为了防止导线局部过热或产生火花，除照明回路外，爆炸危险场所内的线路不得有中间接头，接头必须置于相应防爆类型的接线盒内，并要求采用钎焊、熔焊或压接法连接。

在爆炸危险场所，低压线路应采用三相五线制和单相三线制（即TN－S系统），相线和工作零线上均应有短路保护。高压线路须装设零序电流保护装置。

5）火灾危险场所内的线路应采用无延燃性外护层的电缆和绝缘导线敷设；导线额定电压不低于500V，铝线截面积不小于2.5mm^2。高压线路宜采用铠装电缆。移动式设备应使用中型橡套电缆。H-1级和H-2级场所应采用钢管或硬塑料管配线，远离可燃物质时，也可采用非燃性绝缘导线在瓷绝缘子上明敷，但不应在未抹灰的木质吊顶、隔墙上、天棚内和可燃液体管道的管廊架上用瓷绝缘子（夹）明配线。在H-3级场所，起重机可以采用滑线供电，但滑线下方不应有可燃物料。

6）电气线路中的接线盒，H-1级和H-2级场所应采用防尘型，H-3级场所可采用保护型。钢管与接线盒用螺纹连接时，应啮合紧密；非螺纹连接时，应装设锁紧螺母。钢管与电动机等有振动的设备连接时，应装设金属软管。电缆引入设备或接线盒内，进线口处应密封。

母线之间的连接一般应使用熔接，在拆卸、检修处可用螺栓连接，但要加防松装置。H-1 级场所的母线应加保护网。

7）危险场所的电气设备正常不带电的金属外壳应可靠接地或接零。

（3）在土建方面的防火防爆措施　在土建方面采取措施可以防止灾害的蔓延并保护人身安全。这些措施有：

1）采用耐火材料建筑与危险场所毗连的变配电装置室的耐火等级不应低于二级，但变压器室与多油开关室应为一级；隔墙应用防火绝缘材料制成，门或用不可燃材料制作并向外开。

2）充油设备间应保持防火间距。油量均为 2500kg 以上的室外变压器应保持不小于 10m 的防火间距；露天油罐与主变压器间的防火间距不应小于 15m，不能满足时，其间应设防火墙。电容器室与生产建筑物分开布置时，防火间距不应小于 10m；相邻布置时，隔墙应为防火墙。

3）装设贮油和排油设施以阻止火势蔓延。这些设施视设备充油量的大小，有隔离板或防爆隔墙围成的间隔、防爆小间、挡油墙坎、贮油池等。

4）电工建筑或设施应尽量远离危险处。室外配电装置与爆炸危险场所的间距应在 30m 以上。架空电力线路严禁跨越爆炸和火灾危险场所，两者的水平距离不应小于杆塔高度的 1.5 倍。

（4）常用电气设备本身的防火防爆措施　常用电气设备，特别是充油电气设备，如安装或使用不当、误操作、发生过负荷或短路故障，也会引起设备自身起火甚至有酿成火灾和爆炸的危险。因此，也必须采取预防电气设备本身着火或爆炸的措施。

1）导线和电缆的安全载流量不应小于线路长期工作电流；供用电设备不可超过其过负荷能力长时间运行，以防止线路或设备过热；特别应监视变压器类充油设备的上层油温，勿使超过允许值。

2）保持电气设备绝缘良好，导电部分连接可靠。定期清扫积尘。

3）开关、电缆、母线、电流互感器等设备应满足短路热稳定的要求。

4）应正确使用开关电器，杜绝误操作事故。严禁使用遮断容量不足的断路器；严重漏油和缺油的断路器不能用于开断负荷，应设法将负荷转移或减少至零后，方可将其断开修理。

5）当发现电力电容器的外壳膨胀、漏油严重或音响异常时，应停止使用。

6）保护装置应正确整定、可靠动作，操作机构动作应灵活可靠，防止拒动。

7）保持环境通风良好，机械通风装置应运行正常。

8）线路和设备安装时要注意隔热。如装有白炽灯泡的吸顶灯具，在灯泡与木台间应有隔热措施，灯具电源线不应贴近灯具外壳；导线穿过木制配电箱板面时应套瓷管；导线接头应连接可靠并包缠绝缘带；配线与热力管道应保持规定的距离。

三、电气灭火

1. 先断电后灭火

发生电气火灾时，应先切断电源，而后再扑救。切断电源时应注意以下几点安全事项：

1）应遵照规定的操作程序拉闸，切忌在忙乱中带负荷拉刀开关。高压停电应先拉开断路器而后拉开隔离开关；低压停电应先拉开断路器而后再拉开刀开关；电动机停电应先按停止按钮释放接触器或磁力起动器而后再拉开刀开关，以免引起弧光短路。由于烟熏火燎，开关设备的绝缘能力会下降，因此，操作时应注意自身的安全。在操作高压开关时，操作者应戴绝缘手套和穿绝缘靴；操作低压开关时，亦应尽可能使用绝缘工具。

2）剪断电线时应使用绝缘手柄完好的电工钳；非同相导线或相线和零线应分别在不同部位剪断，以防在钳口处发生短路。剪断点应选择在靠电源方向有绝缘支持物的附近，防止被剪断的导线落地后触及人体或短路。

3）如果需要电力部门切断电源，应迅速用电话联系。

4）断电范围不宜过大，如果是夜间救火，要考虑断电后的临时照明问题。

切断电源后，电气火灾可按一般性火灾组织人员扑救，同时向公安消防部门报警。

2. 带电灭火的安全要求

发生电气火灾，一般应设法断电。如果情况分危急或无断电条件，就只好带电灭火。

为防止人身触电，带电灭火应注意以下安全要求：

1）因为可能发生接地故障，为防止跨步电压和接触电压触电，救火人员及所使用的消防器材与接地故障点要保持足够的安全距离：在高压室内安全距离为4m，室外为8m，进入上述范围的救火人员要穿上绝缘靴。

2）带电灭火应使用不导电的灭火剂，例如二氧化碳、四氯化碳、1211和干粉灭火剂。不得使用泡沫灭火剂和喷射水流类导电性灭火剂。灭火器喷嘴离10kV带电体不应小于0.4m。

3）允许采用泄漏电流小的喷雾水枪带电灭火。要求救火人员穿上绝缘靴，戴上绝缘手套操作。水枪的金属喷嘴应接地，接地线可采用截面积为2.5~6mm^2、长20~30m的编织软导线，接地极可采用打入地下长1m左右的角钢、钢管或铁棒。喷嘴至带电体的距离不应小于3m（110kV及以下者）。

4）对架空线路或空中电气设备进行灭火时，人体位置与带电体之间的仰角不应超过45°，以防导线断落威胁灭火人员的安全。

5）如遇带电导线断落地面，应划出半径为8~10m的警戒区，以避免跨步电压触电。未穿绝缘靴的扑救人员，要防止因地面积水而触电。

3. 充油电气设备的灭火要求

变压器、油断路器等充油电气设备着火时，有较大的危险性。如只是设备外部着火，而且火势较小，可用除泡沫灭火器外的灭火器带电扑救。如火势较大，应立即切断电源进行扑救（断电后允许用水灭火）。备有事故贮油池者应将油放进贮油坑，坑内的油火可用干砂或泡沫灭火剂灭火，但地面上的油火不得用水喷射，以防油火飘浮水面而蔓延扩大。注意防止燃烧的油流入电缆沟而顺沟蔓延。沟内溢出的火只能用泡沫灭火剂覆盖扑灭。

旋转电机着火时，为防止转轴和轴承变形，可边盘动边灭火。可用喷雾水、二氧化碳灭火，但不宜用砂土、干粉灭火，以免砂土落入内部，损坏机件，并给事后清理带来困难。

第四节　用电设备的安全技术

常见的安全用电技术要求有：接地和保护接零等。

一、接地

出于不同的目的，将电气装置中某一部位经接地线或接地体与大地作良好的电气连接称为接地。根据接地的目的不同，接地可分为工作接地和保护接地。

（1）工作接地　工作接地是指为了运行的需要而将电力系统中的某一点接地，如变压器中性点直接接地或经过击穿保险器接地、避雷器接地都是工作接地。

（2）保护接地　所谓保护接地是指为了人身安全的目的，将电气装置中平时不带电，但可能因绝缘损坏而带上危险对地电压的外露导电部分（设备的金属外壳或金属结构）与大地作电气连接。保护接地适用于 IT 系统（中性点不接地系统）。

二、保护接零

（1）保护接零　保护接零就是将 TN 系统（中性点接地系统）中电气设备平时不带电的外露可导电部分与电源的中性线 N 连接起来，此时的中性线称为保护中性线，代号为 PEN。凡采用这种保护方式的系统在 IEC 标准中称为 TN-C 系统。

（2）重复接地　在 TN 系统采用保护接零的同时，将中性线再次与大地相接，称为重复接地。重复接地可以降低漏电设备外壳的对地电压；减轻 PE（保护线）线或 PEN 线断线时的触电危险；还可以降低电网一相接地故障时，非故障相的对地电压；可以降低高压窜入低压时低压网络的对地电压；可以降低三相负荷不平衡时零线的对地电压；当零线断线时，在一定程度上起到平衡各相电压的作用等。

第五节　防雷常识

大气过电压是由雷云对地放电所引起的，它有直击雷过电压和感应雷过电压两种形式。

一、直击雷过电压的防护

所谓直击雷过电压是雷云直接对线路或电气设备放电时，雷电流在被击物阻抗（包括接地电阻）上产生的电压降。由于雷电流高达数万乃至数十万安，直击雷过电压可达数千千伏。如此高的电压将可能击穿线路或设备的绝缘，如此大的电流将使被击物体剧烈发热甚至着火燃烧，因此，必须采取有效措施，避免电气设施遭受直击雷害。

防止直击雷的有效方法是装设避雷针、避雷线、避雷带和避雷网。这些防雷装置都是由接闪器、接地引线和接地装置三个部分构成，所不同的是接闪器的形状不同而分别给予针、线、带、网的名称。

避雷针的工作原理是由于其接闪器（针）比被保护物高出许多，又和大地有良好的连接，雷云与间断之间的电场最强，因之，雷云总是朝着避雷针放电，雷电流经接地引线和接地装置泄入大地，从而避免被保护物受雷击。

避雷针越高，其保护范围越大。单支避雷针的保护范围不能满足要求时，可装设多支避雷针。

1）避雷针适用于保护集中的物体，如建筑物、构筑物及露天的电力设施。

2）避雷线适用于保护狭长的物体，如架空电力线路。

3）避雷网和避雷带主要用于建筑物的防雷。它们的原理是相同的。

4）为了防止雷击避雷针时跨步电压和接触电压对人体的伤害，防直击雷的接地装置距离建筑物入口及人行道应不小于3m，否则应将接地装置深埋1m以上或采用沥青碎石路面，也可在接地装置两侧各2m的范围内敷设50～80mm厚的沥青层。

5）建筑物的防雷视其类别（有无爆炸危险）、重要性、雷击的可能性可采用独立避雷针、屋面避雷针、避雷网、避雷带等防雷装置。一般建筑物仅需在屋角、屋脊、屋檐等易遭受雷击部位敷设避雷带作重点保护。每幢建筑物至少要有两根引下线。在可能受机械损伤的地方，地面下0.3m处至地上1.7m处的一段引下线应外遮角钢保护，并在离地1.8m处设断接卡，以便测量接地电阻。

二、感应雷过电压及其防护

感应雷过电压分为静电感应和电磁感应两种。静电感应是指雷云（多带负电荷）在接近它的建构筑物顶部、线路、设备或金属管道上感应出异号束缚电荷，当雷云对其他地面目标放电时，上述物体（比如架空线路）上的电荷将失去束缚而成为自由电荷，并以电磁波的形式向导线两端高速传播，我们称这种沿导线传播的雷电波为行波，行波不仅会在线路上产生过电压，当它沿线路侵入变电所抵达电气设备时，也会使电气设备的绝缘受过电压的威胁。电磁感应过电压则是雷击线路或地面某目标时，强大的雷电流产生变化率很高的电磁场在附近的金属物体上感应出的过电压。

对建筑物防静电感应雷的主要目的在于防止由反击引起的爆炸和火灾。其措施是将金属屋面或钢筋混凝土屋面的钢筋连成通路后妥善接地，要求每隔 18～24m 用引下线接地一次，并且不得少于 2 次，对非金属屋面则用接地的避雷网保护。

变电所防护雷电侵入波过电压的措施是用避雷器来限制作用在被保护设备上的过电压值。

三、防止人身受雷害的常识

1）野外遭遇雷电时，不要站在高大的树木下，也不要接触或靠近避雷针或高大的金属物体，应寻找屋顶下有较大空间的房屋避雨，如无合适场所避雨，可双脚并拢蹲下，并将手中握持的金属物体抛弃。打雷时，不要在河边洼地等潮湿的地方停留，不要在河水中游泳。

2）雷电时，禁止在室外变电所进户线上进行检修作业或试验。室内人员最好远离电线、无线电天线以及与其相连的设备 1.5m 以外。

3）电子设备的外接天线应有可靠的防雷措施。在雷雨季节不要使用室外天线，以免将雷电引入电视机等电子设备，造成电视机爆炸及人身被雷击事故。

第七节　安全用具

一、安全用具的分类

安全用具可划分为电气工作安全用具和机械工作安全用具两类。电气工作安全用具又分为绝缘安全用具和一般防护安全用具两大类。安全用具的分类如下：

- 安全用具
  - 电气工作安全用具
    - 绝缘安全用具
      - 基本安全用具
        - 高压绝缘棒
        - 高压验电器
        - 绝缘夹钳
        - ……
      - 辅助安全用具
        - 绝缘手套
        - 绝缘鞋
        - 绝缘台
        - ……
    - 一般防护安全用具
      - 接地线
      - 安全帽
      - 临时遮栏
      - 安全带
      - 标志牌
      - ……
  - 机械工作安全用具

二、绝缘安全用具的使用

电工绝缘安全用具包括基本安全用具和辅助安全用具。

1. 基本安全用具

基本安全用具包括高压绝缘棒、绝缘夹钳和高压验电器等。

（1）高压绝缘棒　用来闭合或断开高压隔离开关、跌落式熔断器，也可用来安装或拆除临时接地线以及用于测量和试验工作。不用时应垂直放置在支架上，不应使其与墙壁接触。

（2）绝缘夹钳　用来安装高压熔断器或进行其他需要有夹持力的电气作业时的一种常用工具。使用时应戴护目镜、绝缘手套、穿绝缘靴或站在绝缘台（垫）上；不允许在绝缘夹钳上装接地线；使用完毕，应保存在专用的箱子或匣子里。

（3）高压验电器　用来检查设备是否带电的一种专用安全用具。使用时应注意以下几点：

1）应选用电压等级相符且合格的产品。

2）验电前应先在确知带电的设备上试验，以证实其完好后，方可使用。

3）使用高压验电器验电时，不应直接触及带电体，应逐渐靠近带电体，直至氖灯发亮为止。

4）为防止误判断，高压验电器与带电体的距离：电压为 6kV 时，大于 150mm；电压为 10kV 时，大于 250mm。

2. 辅助安全用具

辅助安全用具包括绝缘手套、绝缘靴和绝缘台等。

（1）绝缘手套　用于在高压电气设备上进行操作，不许作其他用。使用前，要认真检查是否破损、漏气，用后应单独存放，妥善保管。

（2）绝缘靴（鞋）　进行高压操作时用来与地保持绝缘。严禁作为普通靴穿用，使用前应检查有无明显破损，用后要妥善保管，不要与油类接触。

（3）绝缘台　绝缘台一般在任何电压等级的电力装置中带电工作时使用，并且多用于变电所和配电室。使用时不应使绝缘台角陷于泥土或台面接触地面，以免过多地降低其绝缘性能。

三、安全用具的维护与保管

1. 日常检查

使用安全用具前应检查表面是否清洁，有无裂纹、划痕、毛刺、孔洞、断裂等外伤。

2. 定期检验

定期检验除包括日常检查内容外，还要定期进行耐压试验和泄漏电流试验，其试验标准见表 7-3。登高和起重安全用具，必须做拉力、荷重等机械试验。

表 7-3 耐压试验和泄漏电流试验标准

<table>
<tr><th rowspan="2" colspan="2">名称</th><th rowspan="2">电压/kV</th><th colspan="3">试验标准</th><th rowspan="2">试验周期</th><th rowspan="2">检查内容</th></tr>
<tr><th>耐压试验/kV</th><th>耐压持续时间/min</th><th>泄漏电流/mA</th></tr>
<tr><td colspan="2">绝缘杆和绝缘夹钳</td><td>≤35</td><td>线电压的3倍但不得低于40</td><td>5</td><td></td><td>1年</td><td>机械强度、瓷绝缘子有无裂纹、油漆表面有无损坏。每3个月检查一次。检查时擦净表面</td></tr>
<tr><td colspan="2">绝缘手套</td><td>各种电压</td><td>8~12</td><td>1</td><td>9~12</td><td>6~12月</td><td>每次使用前检查，3个月擦拭一次</td></tr>
<tr><td colspan="2">绝缘靴</td><td>各种电压</td><td>15~20</td><td>1~2</td><td>7.5~10</td><td>6个月</td><td>每次使用前检查。户外用的，用后除垢；户内用的，3个月擦拭一次</td></tr>
<tr><td colspan="2">绝缘鞋</td><td>≤1</td><td>3.5</td><td>1</td><td>2</td><td>6个月</td><td>每次使用前检查。户外用的，用后除垢；户内用的，3个月擦拭一次</td></tr>
<tr><td colspan="2" rowspan="2">绝缘毯和绝缘垫</td><td>≤1</td><td>5</td><td rowspan="2">以2~3cm/s的速度拉过</td><td>5</td><td rowspan="2">2年</td><td rowspan="2">有无破洞、有无裂纹、表面无损坏，擦洗干净，每3个月一次</td></tr>
<tr><td>>1</td><td>15</td><td>15</td></tr>
<tr><td colspan="2">绝缘台</td><td>各种电压</td><td>40</td><td>2</td><td></td><td>3年</td><td>台面、台角无损坏，擦洗干净，每3个月一次</td></tr>
<tr><td rowspan="3">高压验电器</td><td>本体</td><td>≤35</td><td>20~25</td><td>2</td><td></td><td>3年</td><td rowspan="3">有无裂纹，指示元件是否失零，每次使用前应检验是否良好</td></tr>
<tr><td rowspan="2">握手</td><td>≤10</td><td>40</td><td>1</td><td></td><td>6个月</td></tr>
<tr><td>≤35</td><td>105</td><td>5</td><td></td><td>6个月</td></tr>
</table>

静荷重试验应以2.5倍允许工作荷重、持续5min，无变形和损伤者为合格。动荷重试验应以1.5倍允许工作荷重，按实际工作状态进行三次操作，操作轻便灵活、无卡住现象者为合格。

对新安全用具，应取表中较大的数值，使用中的安全用具，可取表中较小的数值。

3. 存放

安全用具使用完毕后，应存放于干燥通风处，并符合下列要求：

1）绝缘杆应悬挂或架在支架上，不应与墙接触。

2）绝缘手套应存放在密闭的橱内，并与其他工具仪表分别存放。

3）绝缘靴应放在橱内，不应代替一般套鞋使用。

4）绝缘垫和绝缘台应经常保持清洁、无损伤。

5）高压验电器应存放在防潮的匣内，并放在干燥的地方。

6）安全用具和防护用具不许当其他工具使用。

第八节 电气作业操作规程和安全措施

一、电气设备维修值班制度

电气设备维修值班一般应有2人以上，尤其是高压设备。不论高压设备带电与否，维修值班人员不得单独移开或越过遮栏进行工作；若有必要移开遮栏，必须有监护人在场。

二、电气设备维修巡视制度

电气设备的维修巡视，一般均由2人进行。巡视高压设备时，不得进行其他工作，不得移开或越过遮栏。

雷雨天气需要巡视室外高压设备时，应穿绝缘靴，并不得靠近避雷器和避雷针。高压设备发生故障接地时，为预防跨步电压，室内不得接近故障点4m以内，室外不得接近故障点8m以内。进入上述范围的人员必须穿绝缘靴。接触设备的外壳和构架时，应戴绝缘手套。

三、工作票制度

在电气设备上工作，应填用工作票或按命令执行，其方式有下列三种。

（1）第一种工作票　填用第一种工作票的工作为：高压设备上工作需要全部停电或部分停电的；高压室内的二次接线和照明等回路上的工作，需要将高压设备停电或采取安全措施的。

（2）第二种工作票　填用第二种工作票的工作为：带电作业和在带电设备外壳上工作；在控制盘和低压配电盘、配电箱、电源干线上的工作；在二次接线回路上的工作；无需将高压设备停电的工作；在转动中的发电机、同期调相机的励磁回路或高压电动机转子电阻回路上的工作；非当值值班人员用绝缘棒和电压互感器定相或用钳形电流表测量高压回路的电流。

(3) 口头或电话命令 用于第一种和第二种工作票以外的其他工作。口头或电话命令，必须清楚正确，值班员应将发令人、负责人及工作任务详细记入操作记录簿中，并向发令人复诵核对一遍。

工作票填写一式两份，一份必须经常保存在工作地点，由工作负责人收执；另一份由值班员收执，按班移交。在无人值班的设备上工作时，第二份工作票由工作许可人收执。

执行工作票的作业，必须有人监护。在工作间断、转移时执行间断、转移制度。工作终结时，执行终结制度。

四、工作许可制度

为了进一步确保电气作业的安全进行，完善保证安全的组织措施，对于工作票的执行，规定了工作许可制度，即未经工作许可人（值班员）允许，不准执行工作票。

1. 工作许可手续

工作许可人（值班员）认定工作票中安全措施栏内所填的内容正确无误且完善后，去施工现场具体实施。然后会同工作负责人在现场再次检查必要的接地、短路、遮栏和标示牌是否装设齐备，以手触试已停电并接地和短路的导电部分，证明确无电压，同时向工作负责人指明带电设备的位置及工作中的注意事项。经工作负责人确认后，工作负责人和工作许可人在工作票上分别签名。完成上述许可手续后，工作班人员方可开始工作。

注意事项：工作许可人、工作负责人任何一方不得擅自变更安全措施。值班人员不得变更有关检修设备的运行接线方式。工作中如有特殊情况需变更时，应事先取得对方的同意。

2. 工作监护制度

监护制度是指工作人员在工作过程中必须受到监护人一定的指导和监督，以及时纠正不安全的操作和其他的危险误动作。特别是在靠近有电部位工作及工作转移时，监护工作更为重要。

(1) 监护人的职责范围 工作负责人同时又是监护人。工作票签发人或工作负责人可根据现场的安全条件、施工范围、工作需要等具体情况，增设专人进行监护工作，并指定被监护的人数。

工作期间，工作负责人（监护人）若因故需要离开工作地点时，应指定能胜任的人员临时代替监护人的职责，离开前将工作现场情况向指定的临时监护人交代清楚，并告知工作班人员。原工作班负责人返回工作地点时，也履行同样的交接手续。如果工作负责人需要长时间离开现场，应由原工作票签发人变更新工作负责人，并进行认真交接。专职监护人不得兼作其他工作。

(2) 执行监护 完成工作许可手续后，工作负责人（监护人）应向工作班人员交代现场的安全措施、带电部位和其他注意事项。工作负责人（监护人）必须始终在工作现场，对工作班人员的安全认真监护，及时纠正违反安全的动作，防止意外情况的发生。

所有工作人员（包括监护人），不许单独留在室内和室外变电所高压设备区内。若工作需要一个或几个人同时在高压室内工作，如测量极性、回路导通试验等工作时，必须满足两个条件：一是现场的安全条件允许，二是所允许工作的人员要有实践经验。监护人在这项工作之前要将有关安全注意事项做详细指示。

值班人员如发现工作人员违反安全规程或发现有危及工作人员安全的任何情况，均应向工作负责人提出改正意见，必要时暂时停止工作，并立即向上级报告。

五、电工作业的安全要求

1. 停电

1）对停电作业的电气设备或线路必须把各方面的电源均完全断开。对与停电设备有电气连接的变压器、电压互感器，应从高低压两侧将开关、刀开关全部断开（对柱上变压器，应取下跌落式熔断器的熔管），以防止向停电设备或线路反送电。

中性点不接地系统中，不仅在发生单相接地时中性点有位移电压，就是在正常运行时，由于导线排列不对称也会引起中性点位移。例如35 ~60 kV线路的位移电压可达1 kV左右。这样高的电压若加到被检修的设备上是极其危险的。因此，对与停电设备有电气连接的其他任何运行中的星形接线设备的中性点必须断开，以防止中性点位移电压加到停电作业的设备上而危及人身安全。

2）断开电源不仅要拉开开关，而且还要拉开刀开关，使每个电源至检修设备或线路至少有一个明显的断开点。这样，安全可靠性才有保证。如果只是拉开开关，当开关机构有故障、位置指示失灵的情况下，由于触头实际位置不可见，开关完全可能没有全部断开。导致检修的设备或线路带电。

3）为了防生已断开的开关被误合闸，应取下开关控制回路的操作直流保险器或者关闭气、油阀门等。

4）对一经合闸就有可能送电到停电设备或线路的刀开关，其操作把手必须锁住。

2. 验电

验电的安全要求有以下几点：

1）应将电压等级合适的且合格的验电器在有电的设备上试验，证明验电器指示正确后，再在检修的设备进出线两侧各相分别验电。

2）高压验电应戴绝缘手套，并有人监护。

3）对35 kV及以上的电气设备验电，可使用绝缘棒代替验电器。根据绝缘棒工作触头的金属部分有无火花和放电的“噼啪”声来判断有无电压。

4）在判断设备是否带电时，若表示设备断开和允许进入间隔的信号以及经常接入电表的指示为有电，则应禁止在其上工作；但不能用其指示无电作依据，判断设备不带电。

5）线路验电应逐相进行。同杆架设的多层电力线路在验电时应先验低压，后验高压；先验下层，后验上层。

3. 安装接地线

当验明设备确无电压并放电后，应立即将设备接地并三相短路。这是保护工作人员在停电设备上工作，防止突然来电而发生触电事故的可靠措施；同时接地线还可使停电部分的剩余静电荷放入大地。

接地线应是由接地和短路线构成的成套接地线。一般均应将三相短路后一并接地。利用铁塔接地时，允许每相各别接地，但连接部分必须清除油漆，保证接触良好。在室内配电装置上，接地线应装在该装置导电部分的规定地点。严禁使用不合格的接地线或用其他导线作为接地线和短路线。接地线与停电部分之间不得连有开关或熔断器，接地线与带电体的距离应符合安全规定。

1）装设接地线必须由两人进行。若为单人值班，只允许使用接地刀开关接地，或使用绝缘棒合接地刀开关。挂接地线时，应先接接地端，后接导体端，拆接地线的顺序相反。接地线连接要可靠，不准缠绕。装拆接地线时，工作人员应使用绝缘棒或戴绝缘手套。

2）对于需要拆除全部或一部分接地线才能进行的工作，需经特别许可，才能进行，工作完毕后应立即恢复。

3）电容器进行停电工作时，应先断开电源，将电容器放电接地后，才能进行工作。

4）对需要全部或部分接地才能进行工作的（如测量绝缘电阻、检查开关触头是否同时接触等），要经过值班员许可（根据调度员命令装设的，必须经调度员许可），才能进行工作。工作完毕后应立即恢复接地。每组接地线均应有编号，存放位置也要有编号，两者编号一一对应。

4. 悬挂标识牌和装设遮栏

在部分停电工作，当工作人员正常活动范围与未停电的设备间距小于安全距离时，未停电设备应装设临时遮栏。遮栏与带电体的距离不得小于安全距离，并挂“止步，高压危险！”的标志牌。

1）对35 kV以下的设备，如有特殊需要也可用合格的绝缘挡板与带电部分直接接触来隔离带电体。

2）在一经合闸即可送电到工作地点的开关和刀开关的操作把手上，均应悬挂“禁止合闸，有人工作！”的标志牌。

3）如果线路上有人工作，应在线路开关和刀开关操作把手上悬挂“禁止合闸，线路有人工作！”的标志牌。标志牌的悬挂和拆除应按命令执行。

4）在室内高压设备上工作，应在工作地点两旁间隔和对面间隔的遮栏上及禁止通行的过道上悬挂“止步，高压危险!”的标志牌。

5）在室外地面高压设备上工作，应在工作地点四周用绳子做好围栏，围栏上悬挂适当数量的“止步，高压危险!”的标志牌。标志牌必须朝向围栏里面。

6）在工作地点，要悬挂“在此工作!”的标志牌。

7）在室外构架上工作，则应在工作地点邻近带电部分的横梁上，悬挂“止步，高压危险!”的标志牌。此项标志牌应在值班人员的监护下，由工作人员悬挂。

8）在工作人员上下用的铁架或梯子上，应悬挂“从此上下!”的标志牌。在邻近其他可能误登的带电构架上，应悬挂“禁止攀登，高压危险!”的标志牌。

9）严禁工作人员在工作中移动或拆除遮栏及标志牌。

第八章 相关知识

☺ 学习目标

1. 掌握职业道德与职业守则的基本知识。
2. 掌握钳工锉削、钻孔及螺纹加工的基本常识。
3. 掌握安全生产的基本常识。
4. 掌握环境保护的基本常识。
5. 掌握质量管理的内容和岗位的质量要求。
6. 掌握劳动者的权利、义务、劳动合同的解除、劳动安全卫生制度及电力法知识。
7. 熟悉电力法的相关知识。

第一节 职业道德

一、职业道德基本知识

（1）职业道德的基本内涵　职业道德是指人们在特定的职业活动中应遵循的行为规范的总和，涵盖了从业人员的服务对象、职业与职工、职业与职业之间的关系。不同的职业有不同的职业道德，如教师有师德，医生有医德等。每一种职业的职业道德都反映出本职业的职业心理、职业习惯、职业传统和职业理想。

（2）职业道德的功能

1）调节职业交往中从业人员内部以及从业人员与服务对象间的关系。职业道德的基本职能是调节职能。它一方面可以调节从业人员内部的关系，即运用职业道德规范约束内部人员的行为，促进人们的行为规范化，促进内部人员的团结与合作。如职业道德规范要求各行各业的从业人员都要团结、互助、爱岗、敬业，齐心协力地为发展本行业、本职业服务。另一方面职业道德又可以调节从业人员和服务对象之间的关系。如职业道德规定了制造产品的工人要怎样对用户负责；营销人员怎样对顾客负责；医生怎样对病人负责；教师怎样对学生负责等。

2）有助于维护和提高本行业的信誉。一个行业、一个企业的信誉是指企业及其产品等服务在社会公众中的信任程度，提示企业的信誉主要是靠产品的质量和服务质量，而从业人员职业道德水平是产品质量和服务质量的有效保证。若从业人员职业道德水平不高，很难提供优质的服务。

3）促进本行业的发展。责任心是最重要的，而职业道德水平高的从业人员责任心是极强的，因此职业道德能促进本行业的发展。

4）有助于提高全社会的道德水平。职业道德是整个社会道德的主要内容。职业道德一方面涉及每个从业者如何对待职业，如何对待工作，同时也是一个从业人员的生活态度、价值观念的表现，是一个人的道德意识、道德行为发展的成熟阶段，具有较强的稳定性和连续性；另一方面，职业道德也是一个职业集体，甚至一个行业全体人员的行为表现，如果每个行业，每个职业集体都具备优良的道德，对整个社会道德水平的提高肯定会发挥重要作用。

（3）企业文化的功能　企业文化贯穿于企业生产经营过程的始终，对于社会的进步、企业的发展和企业职工积极性、主动性和创造性的发挥都具有重要的功能。

1）自律功能。企业既是一种经济性组织，又是一种社会性组织，企业在追求利润最大化的生产经营过程中，既会给社会、消费者以及企业职工带来一定的利益，同时也有可能给社会、消费者和职工带来一定的危害。企业若有一种高层次的企业文化，就会提高自律意识，就不会偏离为消费者和社会利益服务的方向，就会自觉克制和避免有可能带来的危害行为。

2）导向功能。企业作为社会中机体的一部分，与社会的各个层面有着广泛而密切的联系，企业文化价值观念会通过企业的生产经营行为、广告宣传行为、职工和社会行为以及企业产品而传递、辐射到社会的各个层面，对社会的价值观起着导向作用。高层次的企业文化能够对社会价值观起到整体推进作用，形成文化价值观的良性循环，促进整个社会价值观特别是思想道德水平的提高；而低劣的企业价值观则会形成文化价值观的恶性循环，导致社会道德水平的下降。

3）整合功能。现代化企业往往规模巨大，内部层次、部门以及人员众多，不仅每一个部门，每一个职工都有与企业整体、利益不同的独立利益，而且不同的职工其价值观念、思维方式和行为习惯也各不相同，因此，企业内部若没有一种强大的力量整合、凝聚职工的人心，企业内部就会不断发生矛盾和冲突。企业文化对企业就具有这种整合功能，它有利于提高企业广大职工的凝聚力。一方面，企业文化有利于抑制个人企业集体的离心倾向，增强人们的整体意识、集体归属感和集体责任感；另一方面，企业文化有利于协调企业内部不同层次之间、不同部门之间职工人员的各种关系，及时消除分歧，化解矛盾，从而增强企业的合力。

4）激励功能。丰富的理论和大量的经验证明，金钱异非人们生活和工作的唯一动力，远大理想、实现人生价值、渴求受到尊重和爱也是激励人们努力工作和奋斗的重要动力。企业崇高的文化价值理念本身就是要求尊重、关心、爱护职工，它也有利于职工树立远大的理想和正确的人生观、价值观，因而能有效地激发职工的积极性、主动性和创造性。

（4）职业道德对增强企业凝聚力和竞争力的作用　职业道德通过协调职工之

间的关系、职工与领导之间的关系、职工与企业之间的关系，起着增强企业凝聚力和竞争力的作用。

职业道德可以提高企业的竞争力，原因在于：

1）职业道德有利于企业提高产品和服务质量。产品和服务质量是企业的生命，任何企业若不能保证它提供的产品和服务的质量，那么这个企业即使暂时赢得了很大的利润，最终仍摆脱不了破产和倒闭的命运。因此，企业要提高产品的质量，给顾客提供优质的服务，就必须重视职工职业道德的教育和提高。

2）职业道德可以降低产品成本，提高劳动生产率和经济效益。企业在生产经营过程中，从基本设备的添置，原材料的购入，产品的生产，一直到产品的销售，需要花费很多的成本。企业如果能有效地降低产品的成本，就可以提高企业的利润率，从而提高产品在市场上的竞争力，保证企业的发展和繁荣。而要降低产品的成本，就要求职工必须具有较高的职业道德。

3）职业道德可以促进企业技术进步。在当今激烈竞争的新形势下，新技术、新产品的开发关系着企业的生死存亡，谁抢先推出新产品，谁就能占领市场，在竞争中获胜。企业能否开发出新技术、新产品，关键看企业职工是否具有创新意识、创新能力和创新动力，而职工具有良好的职业道德，有利于职工提高创新能力，有利于企业技术进步。

4）职业道德有利于企业根据良好形象，创造企业名牌。一种商品品牌不仅标志着这种商品质量的高低，标志着人们对这种商品信任度的高低，而且蕴涵着一种文化品位，代表着一种消费层次。因此，任何一个有长远发展战略眼光的企业，没有不竭尽全力以期创造出其著名品牌的，而无论是塑造企业良好形象，还是创造企业著名品牌，都离不开职工的职业道德，都需要职工良好的职业道德作为支撑。

（5）职业道德是人生事业成功的保证　职业道德是人生事业成功的保证，可以从以下几个方面来说明：

1）没有职业道德的人干不好任何工作。一个人的成功固然需要知识和智慧，然而对自己所从事的工作如果没有极大的热情，没有持之以恒、艰苦奋斗的敬业精神以及开拓创新的进取精神，即使再聪明的人也会与成功失之交臂。因此，无论什么人，只要他想成就一定的事业，就离不开职业道德。

2）职业道德是人事业成功的重要性条件。因为随着社会的进步，人们生活水平的提高往往是从人们享受的产品和服务的质量中得到具体体现的，而产品和服务质量取决于生产质量和服务水平，生产质量和服务水平的高低又取决于人的职业技能和职业道德素质，在日益激烈的市场竞争中，产品的质量和服务的水平是企事业单位得以生存的重要因素，因此，越来越多的企事业单位开始注重提高职工的道德品质。

3）每一个成功的人往往都有较高的职业道德。职业道德反映一定的经济要求。当职业道德具体体现在一个人的职业生活中的时候，它就具体内化并表现为职业品格。在每一个成功的人身上，这些品质包括职业理想、进取心、责任感、意志力和创新精神。这些品质的发挥程度与事业成功的程度是紧密相连的。

（6）文明礼貌的具体要求

1）仪表端庄。仪表端庄是指一定职业从业人员的外表要端正庄重。具体要求是：

① 着装朴素大方。

② 鞋袜搭配合理。

③ 饰品和化妆要适当。

④ 面部、头发和手指要整洁。

⑤ 站姿端正。

2）语言规范。语言规范的具体要求是：

① 职业用语要做到语感自然、语气亲切、语调柔和、语流适中、语言简练、语意明确。

② 要用尊称敬语。

③ 不用忌语。

④ 记好“三声”，招呼声、询问声、道别声。

⑤ 讲究语言艺术。

3）举止得体。举止得体是指从业人员在职业活动中的行为、动作要适当，不要有过多或出格的行为。具体要求是：

① 态度恭敬。

② 表情从容。

③ 行为适度。

④ 形象庄重。

4）待人热情。待人热情是指上岗职工在接待服务对象时要有热烈的情感。基本要求是：

① 微笑迎客。

② 亲切友好。

③ 主动热情。

（7）对诚实守信基本内涵的理解　“诚”“信”都是古老的伦理道德规范。诚，就是真实不欺，尤其是不自欺。它主要是指个人内在品德；信，就是真心实意地遵守履行诺言，特别是注意不欺人，它主要是指处理人际交往关系的准则和行为。从两者关系来看，诚实是守信的心理品格基础，也是守信表现的品质；守信是诚实品格必然导致的行为，也是诚实与否的判断依据和标准。总之，作为一种职业道德规范，诚实守信就是指真实无欺、遵守承诺和契约的品德和行为。这种内在品德及其践履行为，就是为人之本，从业之本，也是市场经济活动得以正常进行的重要道德保障之一，是市场经济的基础。

市场经济是高度发达的商品经济，也是信用经济。信用是市场经济的基石，离开信用，商品交换无法进行，市场也就无复存在。因此，无论是对企业还是对个人而言，诚实守信都是职业道德的重中之重，是职业道德的根本所在。

(8) 办事公道的具体要求　办事公道是在爱岗敬业、诚实守信基础上提出的更高层次的职业道德要求，是指从业者在办理事务、处理问题时，站在公平、公正的立场上，用同一标准和原则进行工作的职业道德规范。其具体要求是：

1）坚持真理。真理是指人们对客观事物及其规律的正确反映。坚持真理就是坚持实事求是的原则。就是办事情、处理问题要合乎公理、合乎正义。不追求真理和正义的人，办事很难会合乎道义。

2）公私分明。要想做到办事公道，就是做到公私分明。公是指社会整体利益、集体利益和企业利益，私是指个人利益。公私分明原意是指要把社会整体利益、集体利益和个人私利明确区别开来，不以个人私利损害集体利益。在职业实践中讲公私分明是指不能凭借自己手中的职权谋取个人私利，损害社会集体利益和他人利益。

3）公平公正。公平公正是指按照原则办事，处理事情合情合理，不徇私情。在职业活动中，不同的职业虽然各有其职业特点。公平公正的具体要求也不同，但其基本要求是一致的。都要求从业者要按照原则办事，不同个人的偏见、好恶、私心等，去对待事情和处理问题。

4）光明磊落。光明磊落是指做人做事没有私心，胸怀坦白，行为正派。在职业实践活动中，做到光明磊落就是克服私心杂念，把社会、集体和企业的利益放在首位。在看待个人同他人、个人同社会、个人同集体的种种问题时，坚持客观的、正确的标准，做到胸怀坦荡，办事公道；在任何时候，任何情况下都要说真话，不说假话；说实话，不说空话、大话；干实事，不图虚名；言行一致，表里如一，不搞两面派；勇于开展批评与自我批评，知错必改；善于团结和帮助同志，形成一个团结和谐的工作集体，促进个人和集体事业的共同发展。

(9) 勤劳节俭的现代意义　勤劳节俭是中华民族固有的美德，艰苦奋斗是中国人民的优良传统。

在当前国际国内环境下，有效刺激内需，以利于生产力的发展，成为当务之急。但刺激内需，拉动消费与坚持勤劳节俭并不矛盾。

为了使个人的消费更好地有利于国家产业结构的调整和国家经济发展的战略，有利于创造良好的社会道德风尚和个人的自我完善；那么，节俭的现代意义则是“俭而有度，合理消费。”合理的消费必须是物质需求和精神需求的和谐统一。

从经济上看，俭可以富国。崇尚节俭意味着对艰辛劳作所创造的物质财富的珍惜，本身体现着对劳动的尊崇。因此，节俭与勤劳互为表里。既勤又俭，就能不断地创造和积累财富。

随着现代化的进程，节俭之德的意义凸现于世。

首先，现代化的进程有赖于经济效率的提高和经济增长方式的集约化，这两者都离不开节俭的精神，都离不开勤劳、节俭的伦理精神作为动力。

其次，现代化的进程把生产资源的节约问题尖锐地提上日程。现代化使人类掌握了开发和控制自然的巨大能力，又加大了自然资源的消耗。然而，地球所提供的自然资源是有限的，如果不去纠正大量的浪费，提倡节俭之德。人类新建立起来的社会大厦在不久的将来就会发生崩溃。

（10）创新的道德要求　创新是指人们为了发展的需要，运用已知的信息，不断突破常规，发现或产生某种新颖独特的有社会价值或个人价值的新事物、新思想的活动。

开拓创新的道德要求有：

1）开拓创新要有创新的意识。这是创新活动的源泉和动力。创新意识的行为表现为敢于标新立异。当然，标新立异绝不是胡思乱想和盲目蛮干，而是要在科学的世界观和方法论的指导下，不因循守旧，不墨守成规，善于在工作实践中发现并提出问题，大胆设想，小心求证，寻求解决问题的新方法、新途径。

2）开拓创新需要运用现代科学的思维方式。现代科学的思维方式是在现代社会中应运而生的，因而最能在现代社会中发挥创造性。在工作中，常用的科学思维方式有联想思维、发散思维。

3）开拓创新要有坚定的信心和意志。创新离不开良好的意志品质。任何创新活动都不会一帆风顺。有时甚至遭遇意想不到的困难和失败。如果没有对事业的极大热忱和顽强的意志作基础，想要取得成功是不可想象的。

二、职业守则

1. 遵纪守法的规定

遵纪守法是指每个从业人员都要遵守纪律和法律，尤其是遵守职业纪律与职业活动相关的法律法规。企业员工遵纪守法的要求有：

1）要了解与自己所从事的职业相关的岗位规范、职业纪律和法律法规。只有认真地学习岗位规范、职业纪律和法律法规，才能提高遵纪守法的自觉性，才能保护本单位、本企业和个人的正当权益。

2）要严格要求自己，在实践中养成遵纪守法的良好习惯。遵纪守法的美德不仅是认识或心理问题，更重要的是行为践履问题。只有把遵纪守法的正确认识、情感、意志、信念转化为行动。在日常的工作、生活实践中坚持不懈地努力去做，才能够养成自觉遵纪守法的美德。

3）要敢于同违法违纪现象和不正之风做斗争。工人阶级是国家的主人翁，不仅要自觉遵守职业纪律和有关的法律法规，而且要自觉维护国家和人民的利益，敢于同违法违纪现象做斗争，敢于同以权谋私的不正之风做斗争。这是社会主义法制和道德对职业劳动者的要求。

2. 爱岗敬业的具体要求

（1）树立职业理想　所谓职业理想是指人们对未来工作部门和工作种类的向往和对现行职业发展将达到什么水平、程度的憧憬。

（2）强化职业责任　职业责任是指人们在一定职业活动中所承担的特定的职责，它包括人们应该做的工作以及应该承担的义务。

（3）提高职业技能　职业技能也称为职业能力，是人们进行职能活动与履行职业责任的能力和手段。它包括从业人员的实际操作能力、业务处理能力、技术能力以及与职业有关的理论知识。

3. 团结合作的基本要求

团结互助是处理从业人员之间和职工集体之间关系的重要道德规范，是社会主义、集体主义的具体体现，团结互助可以营造和谐的人际氛围，可以增强企业内聚力。基本要求有：

（1）平等尊重　平等尊重是指社会生活和人们的职业活动中，不管彼此之间的社会地位、生活条件、工作性质有多大差别，都应一视同仁、平等相待、互相尊重、互相信任。在职业活动中，平等尊重、相互信任，是团结互助的基础和出发点。

（2）顾全大局　顾全大局是指在处理个人和集体利益的关系上，要树立全局观念，不计较个人利益，自觉服从整体利益的需要。

（3）互相学习　互相学习是团结互助道德规范要求的中心环节。团结互助从其内涵来讲，是指为了实现共同的利益和目标，要求人们互相帮助、互相支持、团结协作、共同发展。而在我们参与其中的职业集体中，每个从业人员在思想、学识、技艺、能力和工作态度方面都存在着差异，每个人都有自己的长处和不足，并且集体中也有一些各方面的先进分子。这就要求人们之间要追赶先进，互相学习彼此的长处，取长补短，互相促进，从而使整个集体团结向上，更好地实现共同的利益和目标。

（4）加强协作　加强协作是指在职业活动中，为了协作从业人员之间，包括工序之间、工种之间、岗位之间、部门之间的关系，完成职业工作任务。彼此之间互相帮助、互相支持、密切配合、搞好协作。

4. 文明生产的具体要求

1）执行规章制度。

2）严肃工艺纪律。

3）优化工作环境。

4）按规定完成设备的维修和保养。

5）严格遵守生产纪律。

第二节 钳工知识

一、锉削方法

用锉刀对工件表面进行切削加工，使工件达到图样所要求的尺寸、形状和表面粗糙度。这种加工方法称为锉削。锉削的方法如下：

1. 锉刀握法

锉刀的握法随锉刀的大小、形状不同而有所不同。长于250mm的锉刀，用右手握锉刀柄，柄端顶住掌心，大拇指放在柄的上部，其余的手指满握锉刀柄；左手将拇指根部的肌肉压在锉刀头上，拇指自然伸直，其余四指弯曲向掌心，用中指、无名指捏住锉刀的前端。右手推动锉刀并决定锉刀的推动方向，左手协同右手使锉刀保持平衡。

2. 锉削方法

（1）锉平直的平面，必须使锉刀保持直线运动　在推进过程中要使锉刀不出现上下摆动，就必须使锉刀在工件任意位置时前后两端所受的力矩保持平衡。所以推进时右手压力要随锉刀的推进而逐渐增大，回程中不加压力。

锉削速度一般是40次/min左右，推进时较慢，回程时稍快，动作要自然协调。

（2）基本锉法　基本锉法有顺向锉、交叉锉和推锉等。顺向锉适用于平面最后锉光和锉平，以获得较为整齐平整的锉痕；交叉锉适用于大平面和较大余量的锉削；推锉适用于加工余量不大时的锉削。

3. 锉削安全知识

1）没有装柄或柄已裂开的锉刀不可使用；锉刀不用时应放在台虎钳的右面，其柄不可露出钳台外。

2）不可将锉刀当作拆卸工具或锤子使用。

3）不能用嘴吹除锉屑，也不能用手摸工件的表面。

二、钻孔知识

1. 钻孔设备和工具

（1）钻床　钻床的种类、形式很多，平时钻孔常用的钻床有台式钻床、立式钻床和摇臂钻床。最常用的是台式钻床，一般用来加工直径小于12mm的孔。

（2）手电钻　电钻有手枪式和提式两种，电钻通常用的是220V或36V的交流电源，为保证安全，在使用220V的电钻时，应戴绝缘手套；在潮湿的环境中应采用36V的电钻。

（3）钻头　常用的钻头是麻花钻，如图8-1所示。麻花钻一般用高速钢

(W18Gr4V 或 W9CR4V2) 制成。其结构由柄部、颈部及工作部分组成。

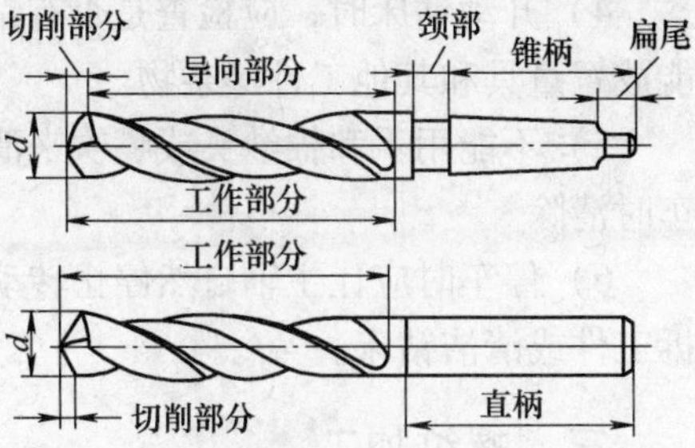

图 8-1 麻花钻

1）柄部是用来夹持、定心和传输动力的，直径 13mm 以下的一般都制成直柄式，直径 13mm 以上的一般都制成锥柄式。锥柄的扁尾用来增加传递的力矩，避免钻头在主轴孔钻套中打滑，并作为把钻头从主轴孔或钻套中打出之用。

2）颈部为磨制钻头时供砂轮退刀之用，一般也用来刻印商标和规格。

3）工作部分由切削部分和导向部分组成。麻花钻的切削部分由五刃（两条主切削刃、两条副切削刃和一条横刃）和六面（两个前刀面、两个后刀面和两个副后刀面）组成，担任主要的切削工作。导向部分有两条螺旋槽，作用是形成切削刃以及容纳和排除切屑，便于切削液沿着螺旋槽注入。

（4）钻夹头和钻头套　钻夹头和钻头套是夹持钻头的夹具。直柄式钻头用钻夹头夹持，先将钻头的柄部塞入钻夹头的自定心卡盘中，塞入长度不小于 15mm，然后用钻夹头钥匙旋转外套，以夹紧或放松钻头。

2. 钻孔操作方法

（1）划线冲眼　按钻孔位置尺寸，划好孔位的十字中心线，并打出小的中心样冲眼，按孔径大小划孔的圆周线和检查圆，再将中心样冲眼打大打深。

（2）工件的夹持　钻孔时应根据孔径和工件形状、大小，采用合适的夹持方法，以保证质量和安全。

（3）钻孔时的切削用量　切削用量是切削速度、进给量和吃刀量的总称。通常钻小孔的钻削速度可快些，进给量要小些；钻较大的孔时，钻削速度要慢些，进给量要适当大些；钻削硬材料，钻削速度要慢些，进给量要小些；钻软材料，钻削速度要快些，进给量也要大些。

（4）钻孔操作方法　钻孔时，先将钻头对准中心样冲眼进行试钻，试钻出来的浅坑应保持在中心位置，如有偏移，要及时校正。当试钻达到孔位要求后，即可压紧工件完成钻孔。钻孔时要经常退钻排屑。孔将钻穿时，进给力必须减少，以防止钻头折断或使工件随钻头转动造成事故。

（5）钻孔时的冷却与润滑　钻孔时要加注足够的切削液。

3. 钻孔安全知识

1）操作钻床时不可戴手套，袖口要扎紧，必须戴工作帽。

2）钻孔前，要根据所需的钻削速度，调节好钻床的速度。调节时，必须断开钻床的电源开关。

3）工件必须夹紧，孔将钻穿时，要减少进给力。

4）开动钻床时，应检查是否有钻夹头钥匙或斜铁插在转轴上；工作台面上不能放置量具和其他工件等杂物。

5）不能用手和棉纱头或嘴吹来清除切削，要用毛刷或棒钩清除，尽可能在停车时清除。

6）停车时应让主轴自然停止转动，严禁用手捏刹钻头。严禁在开车状态下装拆工件或清洁钻床。

三、螺纹加工

（一）攻螺纹

用丝锥在孔中切削出内螺纹称为攻螺纹。

1. 攻螺纹工具

（1）丝锥　丝锥是加工内螺纹的工具。按加工螺纹的种类分为：普通管螺纹丝锥（其中 M6 ~ M24 的丝锥为两只一套，小于 M6 和大于 M24 的丝锥为三只一套）；55°非密封管螺纹丝锥（为两只一套）；55°密封管螺纹丝锥（均为单只）。按加工方法分为机用丝锥和手用丝锥。

（2）铰杠　铰杠是用来夹持丝锥的工具。常用的是活络铰杠，铰杠长度应根据丝锥尺寸来选择，以便控制一定的攻螺纹扭矩。

2. 攻螺纹的操作方法

1）攻螺纹前应确定低孔直径，底孔直径应比丝锥螺纹小径略大，还要根据工件材料性质来考虑，可用下列经验公式计算：

钢和塑性较大的材料：　$$D = d - t \tag{8-1}$$

铸铁等脆性材料：　$$D = d - 1.05t \tag{8-2}$$

式中　D——底孔直径（mm）；

d——螺纹大径（mm）；

t——螺距（mm）。

2）操作方法：

① 划线，钻孔时，底孔孔口应倒角；通孔应两端倒角，便于丝锥切入，并可防止孔口的螺纹崩裂。

② 攻螺纹前工件夹持位置要正确，应尽可能把底孔中心线置于水平或垂直位置，便于攻螺纹时掌握丝锥是否垂直于工件。

③ 先用头锥起攻，丝锥一定要和工件垂直，可一手用掌按住铰杠中部，用力加压；另一手配合作顺时针旋转，如图 8-2 所示。或两手均匀握住铰杠，均匀施加压力，并将丝锥顺时针旋转。当丝锥攻入一两圈后，从间隔 90°的两个方向用角度检查，并校正丝锥位置至符合要求；攻入三四圈后，不要再在铰杠上加压，两手把稳铰杠，均匀用力顺着推板铰杠旋转。一般转 1/4 ~ 1/2 圈，以利排屑。在攻 M5 以下塑性较大的材料时，倒转要频繁，一般正转 1/2 圈倒转一次。

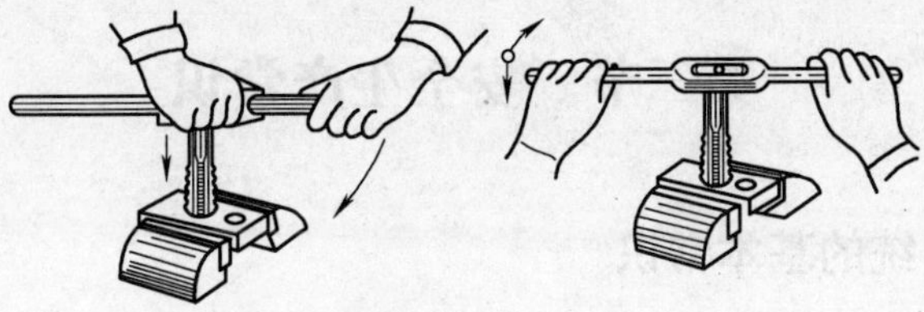

图 8-2 攻螺纹

④ 攻螺纹时必须按头锥、二锥、三锥顺序攻削至标准尺寸。换用丝锥时，先用手将丝锥旋入已攻出的螺孔中，待手转不动时，再装上铰杠攻螺纹。

⑤ 攻不通孔时，应在丝锥上作深度标记。攻螺纹时要经常退出丝锥，排除切屑。

⑥ 攻螺纹时要加注切削液。攻钢件时用机油，攻铸件时可加煤油。

（二）套螺纹

用板牙在圆杆上切削出外螺纹称为套螺纹。

1. 套螺纹工具

（1）板牙　板牙是加工外螺纹的工具，常用的有圆板牙和圆柱管板牙两种。圆板牙如同一个螺母，在上面有几个均匀分布的排屑孔。

（2）板牙铰杠　板牙铰杠是用于安装板牙的工具，与板牙配合使用。使用时，应将螺钉插入板牙的 V 形槽内并拧紧。

（3）板牙的选用　圆柱体或圆柱管的外径要稍小于螺纹大径。外径 D 可用下列经验公式计算确定：

$$D \approx d - 0.13t \qquad (8\text{-}3)$$

式中 D——圆柱体（或圆柱管）外径（mm）；

d——螺纹大径（mm）；

t——螺距（mm）。

2. 套螺纹操作方法

1）将圆柱体（或圆柱管）端部倒成 15°~20°的锥体，且锥体的小端直径略小于螺纹小径，可避免套螺纹后的螺纹端部产生锋口和卷边。

2）工件用台虎钳夹持，套螺纹部分尽可能接近钳口，夹持必须牢固。

3）起套时，用一手掌按住铰杠中部，沿工件的轴向施加压力；另一手配合做顺时针切进，转动要慢，压力要适当，并保证板牙端面与工件轴向垂直度，否则会出现螺纹一边深一边浅的现象，并且容易发生乱牙。当板牙旋入三四圈时，不要再施加压力，只要顺着旋转方向均匀地推扳手柄，并经常倒转切屑。

4）在钢件上套螺纹时，要加切削液，以降低加工螺纹的表面粗糙度和延长板牙的寿命。一般可用机油或较浓的乳化液。

第三节　安全生产常识

一、供电系统的基本常识

电力系统是指发电、输电、变电、配电和用电系统的总称，是指通过电力网连接在一起的发电厂、变电所及用户电气设备的总体。在整个电力系统中，除发电厂的锅炉、蒸汽机等动力设备外的所有电气设备都属于电力系统的范畴，主要包括发电机、变压器、架空线路、配电装置、各类用电设备。

两个或两个以上的小型电力系统用电网连接起来并联运行，可组成地区性的电力系统。用输电线路把几个地区性的电力系统连接起来组成的电力系统，则称为联合电力系统。

发电和用电之间属于输送和分配电能的中间环节称为电力网。电力网的作用是将电能从发电厂输送并分配到用户处。

包含输电线路的电网称为输电网；包含配电线路的电网称为配电网；输电网是由110kV及以上的输电线路和与其相连的变电所组成，是电力系统的主要网络，简称主网，又称为网架。输电网的作用是将电能输送到各个地区的配电网或直接送给大型工厂、企业用户。配电网是由35kV及以下配电线路和配电变电所组成，它的作用是将电能分配到用户。

电力网按电压、用途和特征可分为：直流电力网和交流电力网；低压电力网和高压电力网；城市、厂矿电力网和农村电力网；户外电力网和户内电力网。

通常把电力网分成区域电力网和地方电力网。电压在35kV以上，供电区域较大的电力网叫作区域电力网；电压在35kV以下，供电区域不大的电力网叫作地方电力网；35kV电力网既可归属区域电力网也可归属地方电力网。

根据电力网的运行方式不同，又分为不接地电网和接地电网。电力系统的中性点是指三相系统作星形联结的发电机或变压器的中性点。它的工作方式为中性点不接地、中性点经消弧线圈接地和中性点直接接地三种。

（1）中性点不接地　高压电网和1kV以下的三相三线电网中才采用中性点不接地方式。

（2）中性点经消弧线圈接地　目前35～60kV的高压电网中多采用此运行方式。

（3）中性点直接接地　目前我国110kV及以上系统都采用中性点直接接地方式，部分35kV的电网及380/220V的低压系统也采用中性点直接接地方式。

二、电工人身安全知识

1）在进行电气设备安装和维修操作时，必须严格遵守各种安全操作规程，不得玩忽职守。

2）操作时要严格遵守停送电操作规定，要切实做好防止突然送电时的各项安全措施，如挂上“有人工作，禁止合闸”的标示牌，锁上刀开关或取下电源熔断器等。不准约时送电。

3）在附近带电部分操作时，要保证有可靠的安全间距。

4）操作前应仔细检查操作工具的绝缘性能，绝缘鞋、绝缘手套等安全用具的绝缘性能是否良好，有问题时应及时更换，并应立即进行检查。

5）登高工具必须安全可靠，未经登高训练的人员，不准进行登高作业。

6）如发现有人触电，要立即采取正确的急救措施。

三、现场文明生产的要求

按维护周期对设备进行清扫检查。保持设备的清洁，做到无油污、无积灰；油、气、水管道阀门无渗漏；瓷件无裂纹；电缆沟无积水、积油和杂物，盖板齐全；现场照明完好。

每班对值班室、控制室的家具、地面、继电器等清扫一次，并整理记录本、图样、书籍，经常保持整齐清洁。

建立卫生责任区，落实到人。每月进行 1 ~ 2 次大清扫，清扫场地、道路，保持无积水、油污，无垃圾和散落器材。安全用具和消防设施应齐全合格。

变电站或有条件的配电站，要有计划地搞好绿化工作，站内草坪、花木要定期修剪，设备区的草高不得超过300mm，不准种植高秆作物。

金属构架和固定遮栏要定期刷漆，保持清洁美观。

第四节 环境保护知识

一、环境污染的概念

环境污染是指由于人类活动把大量有毒有害污染物质排入环境，这些物质在环境中积聚，使环境质量下降，以致危害人类及其他生物正常生存和发展的现象，如大气污染、水污染、噪声污染等。

与环境污染相关且并称的另一概念是公害。它是指由于环境污染和破坏，对多数人的健康、生命、财产及生活舒适性造成的公共性危害，如地面沉降、恶臭、电磁辐射和振动等。有时，不严格区分环境污染与公害。

与环境污染相近的另一概念是生态破坏。它是由于人类不合理地开发利用自然环境和自然资源，致使生态系统的结构和功能遭到损坏，而威胁人类及其他生物正常生存和发展的现象，如森林破坏、草原退化、水土流失、土地沙漠化、水源枯竭等。环境污染与生态破坏相互影响。

二、电磁污染源的分类

电磁辐射污染又称为电子雾污染，是各种电器工作时所产生的各种不同波长频率的电磁波。

发射频率为 $100 \sim 3\times10^{5}$kHz 的电磁波，通常称为射频电磁辐射，如无线电广播、电视、微波通信、高频加热等各种射频设备的辐射。

影响人类生活环境的电磁污染源，可分为自然的和人为的两大类。

1. 自然的电磁污染

自然的电磁污染源是由某些自然现象引起的。最常见的雷电，除了可能对电气设备、飞机、建筑物等直接造成危害外，而且会在广大地区从几千赫到几百兆赫以上的极宽频率范围内产生严重的电磁干扰。此外，如火山爆发、地震和太阳黑子活动引起的磁暴等都会产生电磁干扰。自然的电磁污染对短波通信的干扰特别严重。

2. 人为的电磁污染

（1）脉冲放电　切断大电流电路时产生的火花放电，其瞬时电流很大，频率很高，会产生很强的电磁干扰。

（2）电磁场　在大功率电机、变压器以及输电线附近的电磁场，并不以电磁波形式向外辐射，但在近场区会产生严重的电磁干扰。

（3）射频电磁辐射　射频电磁辐射主要是热效应，即机体把吸收的射频能转换为热能，形成由于过热而引起的损伤。射频辐射也有非致热作用。

三、噪声的危害

噪声就是声强和频率的变化均无规律的声音。只要使人烦躁、郁闷、不受人欢迎的声音，都可认为是噪声。噪声可分为气体动力噪声、机械噪声和电磁噪声。电器元件在交变磁场的作用下受迫振动，牵连周围空气质点也随之做同频率的振动，振动传播开去，便产生了声音，称为电磁噪声。变压器、发电机发出的嗡嗡声，收音机发出的交流声等均为电磁噪声。

电磁噪声污染对人类生存环境的影响有以下几个方面：

1）损伤听力。

2）影响睡眠。

3）影响情绪。

4）影响儿童和胎儿的发育，甚至造成畸形。

对噪声进行控制，就必须从控制声源（降低噪声源本身辐射的声功率）、控制传播途径（中断和改变传播途径使声能变成热能）以及加强个人防护等方面入手。

第五节 质量管理

一、质量管理的内容

质量管理是企业为保证和提高产品、技术或服务的质量达到满足市场和客户的需求，所进行的质量调查，确定质量目标、计划、组织、控制、协调和信息反馈等一系列的经营管理活动。质量管理从企业的整体上来说，包括制定企业的质量方针、质量目标、工作程序、操作规程、管理标准，以及确定内部、外部的质量保证和质量控制的组织机构、组织实施等活动。对每个职工来说，质量管理的主要内容有岗位的质量要求、质量目标、质量保证措施和质量责任等。质量管理是企业经营管理的一个重要内容，是关系到企业生存和发展的重要问题，也可以说是企业的生命线。

二、岗位质量要求

岗位质量要求是指企业根据对产品、技术或服务最终的质量要求和本身的条件，对各个岗位质量工作提出的具体要求。一般体现出各岗位的作业指导书或工作规程中，包括操作程序、工艺规程、参数控制、工序的质量指标和各项质量记录等。岗位质量要求是每个职工都必须做到的最基本的岗位工作职责。

第六节 相关法律法规知识

一、劳动者的权利

劳动法是指调整劳动关系（包括直接劳动关系和间接劳动关系）的法律规范的总称。它既包括国家最高权力机关颁布的劳动法，也包括其他调整劳动关系的法律法规。劳动法中明确规定了劳动者的基本权利和义务。

1）平等就业和选择职业的权利。

2）获得劳动报酬的权利。

3）休息和休假的权利。

4）在劳动中获得劳动安全和劳动卫生保护的权利。

5）接受职业技能培训的权利。

6）享有社会保险和福利的权利。

7）提请劳动争议处理的权利。

8）法律、法规规定的其他劳动权利。

二、劳动者的义务

劳动者的基本义务如下：

1）完成劳动任务。

2）提高职业技能。

3）执行劳动安全卫生规程。

4）遵守劳动纪律和职业道德。

三、劳动合同的解除

劳动合同制就是以合同形式明确用工单位和劳动者个人的权利与义务，实现劳动者与生产资料科学结合的方式，是确立社会主义劳动关系，适应社会主义市场经济发展需要的一项重要的劳动法律制度。

1. 劳动合同的类型

（1）有固定期限的劳动合同　这类劳动合同明确规定了合同的起始与终止时间。

（2）无固定期限的劳动合同　这类劳动合同只规定了合同起始日期，没有注明合同终止日期，但同时规定了解除合同的条件，这种条件一旦具备，合同即可终止。劳动者在同一用人单位连续工作满 10 年以上，当事人双方同意续延劳动合同的，如果劳动者提出订立无固定期限的劳动合同，应当订立无固定期限的劳动合同。

（3）以完成一定的工作为期限的劳动合同　这类劳动合同是将完成某项工作或工程的时间作为劳动合同的起始与终止条件。

2. 解除劳动合同

解除劳动合同是指劳动合同期限未满以前，由于出现某种情况，导致当事人双方提前终止劳动合同的法律效力，解除双方的权利和义务关系。劳动合同的解除必须遵守劳动法的规定。

（1）劳动者解除劳动合同　劳动者解除劳动合同，应当提前 30 日以书面形式通知用人单位。劳动法第 32 条规定，有下列情形之一的，劳动者可以随时通知用人单位解除劳动合同：

① 在试用期内。

② 用人单位以暴力、威胁或者非法限制人身自由的手段强迫劳动的。

③ 用人单位未按照劳动合同约定支付劳动报酬或者提供劳动条件的。

（2）用人单位解除劳动合同

1）劳动法第 25 条规定，劳动者有下列情形之一的，用人单位可以解除劳动合同：

① 在试用期间被证明不符合录用条件的。

② 严重违反劳动纪律或用人单位规章制度的。

③ 严重失职，营私舞弊，对用人单位利益造成重大损害的。

④ 被依法追究刑事责任的。

2）劳动法还规定，有下列情形之一，用人单位可以解除劳动合同，但是应当提前30日以书面形式通知劳动者本人：

① 劳动者患病或非因工负伤，医疗期满，不能从事原工作，也不能从事由用人单位另行安排工作的。

② 劳动者不能胜任工作，经过培训或者调整工作岗位，仍不能胜任工作的。

③ 劳动合同订立时所依据的客观情况发生重大变化，致使原劳动合同无法履行，经当事人协商不能就变更劳动合同达成协议的。

④ 用人单位被撤销或解散或破产的。

（3）在下列情形下用人单位不得解除劳动合同

1）劳动者患职业病或者因工负伤被确认丧失或者部分丧失劳动能力的。

2）劳动者患病或者负伤，在规定医疗期内的。

3）女职工在孕期、产期、哺乳期内的。

4）法律法规规定的其他情形。

四、劳动安全卫生制度

劳动安全是指生产劳动过程中，防止危害劳动者人身安全的伤亡和急性中毒事故。劳动卫生是指生产劳动环境要合乎国家规定的卫生条件，防止有毒有害物质危害劳动者的健康。劳动安全卫生管理制度的主要内容如下：

1）安全生产责任制度。

2）劳动安全技术措施计划制度。

3）劳动安全卫生教育制度。

4）劳动安全卫生检查制度。

5）特种作业人员的专门培训和资格审查制度。

6）劳动防护用品管理制度。

7）职业危险作业劳动者的健康检查制度。

8）职工伤亡事故和职业病统计报告处理制度。

9）劳动安全监察制度。

对女职工的特殊劳动保护如下：

1）根据女职工的生理特点安排就业，实行同工同酬。

2）禁止女职工从事特别繁重的体力劳动和有损健康的工作。

3）建立健全对女职工“五期”保护制度。“五期”保护是指女职工在经期、孕期、产期、哺乳期、更年期给予特殊保护。

4）定期进行身体检查，加强妇幼保健工作。

对未成年职工（年满16周岁未满18周岁）的特殊劳动保护如下：

1）严禁一切企业招收未满16周岁的童工。

2）对未成年职工应缩短工作时间，禁止安排他们做夜班或加班加点。

3）禁止安排未成年职工从事矿山井下、有毒有害、国家规定的第四级体力劳动强度的劳动和其他禁忌从事的劳动。

五、电力法知识

《中华人民共和国电力法》于1995年12月28日第八届全国人民代表大会常务委员会第十七次会议通过。主要内容有十章七十五条，并附有《中华人民共和国刑法》有关条款。

第一章总则；第二章电力建设；第三章电力生产与电网管理；第四章电力供应与使用；第五章电价与电费；第六章农村电力建设和农业用电；第七章电力设施保护；第八章监督检查；第九章法律责任；第十章为附则。

试 题 库

一、判断题

（一）电工基础

1. 一般电路由电源、负载和中间环节三个基本部分组成。 （ ）
2. 电路的作用是实现能量的传输和转换、信号的传递和处理。 （ ）
3. 断路就是电源与负载未接成闭合电路，这时电路中没有电通过。 （ ）
4. 断路又称为开路。 （ ）
5. 电流的大小取决于在一定时间内通过导体横截面的电荷量的多少。 （ ）
6. 通常规定单位时间内通过导体横截面的电量称为电流，以字母 I 表示。 （ ）
7. 电压与参考点无关，电位与参考点有关。 （ ）
8. 电压是产生电流的根本原因。因此电路中有电压必有电流。 （ ）
9. 电压常用单位还有 kV、mV、μV。 （ ）
10. 直流电压的符号用 U 表示。 （ ）
11. 电动势是衡量电源将非电能转换为电能本领大小的物理量。 （ ）
12. 电源的电动势用符号 E 表示。 （ ）
13. 电动势的单位也是 V，其方向是由电源负极经电源内部指向电源的正极。 （ ）
14. 电动势的方向是由低电位指向高电位。 （ ）
15. 流过电阻的电流与所加电压成正比、与电阻成反比。 （ ）
16. 线性电阻与所加电压成正比、与流过电流成反比。 （ ）
17. 在全电路中，电流与电源的电动势成正比，与电路中的内电阻和外电阻之和成反比。 （ ）
18. 电路闭合时，端电压为 $U = E - Ir$。 （ ）
19. 基尔霍夫定律包括节点电流定律、回路电压定律，但回路只能是闭合的线路。 （ ）
20. 基尔霍夫定律既适合线性电路，又适合非线性电路。 （ ）
21. 电功率是电场力单位时间所做的功。 （ ）
22. 负载上获得最大电功率时，电源的利用率最高。 （ ）
23. 电路的最基本连接方式为串联和并联。 （ ）
24. 几个元件顺次相连、中间没有分支的连接方式为并联。 （ ）

25. 既有电阻并联又有电阻串联的电路称为混联。（ ）
26. 三相负载的相电流等于三相电源相线上的电流。（ ）
27. 内阻为零的电源为理想电源。（ ）
28. 理想的电压源不允许开路。（ ）
29. 电压源与电流源实际等效变换时要保证电源内部的等效。（ ）
30. 理想电压源与理想电流源之间不能进行等效变换。（ ）
31. 任何电流源都可转换成电压源。（ ）
32. 用戴维南定理解决任何复杂电路总是很方便的。（ ）
33. 戴维南定理是求解复杂电路中某条支路电流的唯一方法。（ ）
34. 描述磁场中各点磁场强弱和方向的物理量是磁场强度。（ ）
35. 磁导率表示材料的导磁能力的大小。（ ）
36. 电机与电器的铁心通常都是用软磁性材料制作。（ ）
37. 无论何种物质，内部都存在磁畴结构。（ ）
38. 通电导体在磁场中所受力大小，可以通过楞次定律来判断。（ ）
39. 通电导体在磁场中所受力方向，可以通过左手定则来判断。（ ）
40. 通电导体在磁场中所受力方向，可以通过右手定则来判断。（ ）
41. 两根平行通电直导体间的相互作用，实质上是磁场对电流的作用。（ ）
42. 电磁感应产生的条件是磁场发生变化。（ ）
43. 磁场发生变化所产生的电流称为感应电流。（ ）
44. 感应电流的方向可以用楞次定律来判断。（ ）
45. 感应电流的方向可以用法拉第感应定律来判断。（ ）
46. 当线圈中电流减少时，线圈中产生的自感电流方向与原来电流的方向相同。（ ）
47. 增大线圈电感量时，可以增大线圈的截面积、缩短线圈长度。（ ）
48. 感应电流产生的磁通总是阻碍原磁通的变化。（ ）
49. 互感电动势的大小与另一线圈中电流的变化量成正比。（ ）
50. 互感是由于线圈本身电流的变化所引起的。（ ）
51. 涡流也是一种电磁感应现象，不过它是一种特殊形式。（ ）
52. 涡流将使变压器及电动机的铁心发热。（ ）
53. 电容器通直流断交流。（ ）
54. 正弦量的三要素是指其最大值、角频率和相位。（ ）
55. 正弦交流电变化一次所需要的时间称为周期。（ ）
56. 正弦交流电任意时刻的相位称为初相位。（ ）
57. 单相正弦交流电的有效值就是平均值。（ ）
58. 单相正弦交流电压的最大值为311V，它的有效值是220V。（ ）
59. 正弦量可以用相量表示，因此可以说，相量等于正弦量。（ ）

60. 正弦交流电路的视在功率等于有功功率和无功功率之和。 ( )

61. *RL* 串联的交流电路中，总电压与电流同相位。 ( )

62. *RC* 串联的交流电路中，电容上的电压相位滞后电流相位。 ( )

63. *RLC* 串联电路谐振时，电路中的阻抗最小。 ( )

64. *RLC* 串联电路谐振时，电路中的电流最大。 ( )

65. 感性负载与容性负载的并联后，将使电路的总电流减小。 ( )

66. 感性负载与容性负载的并联后，电路中的无功分量增加。 ( )

67. 负载作△联结时的相电流是指相线中的电流。 ( )

68. 正弦交流电路的无功功率是指无用功率。 ( )

69. 在感性负载两端并联适当电容就可提高电路的功率因数。 ( )

70. 在感性负载两端并联合适的电容器，可以减小电源供给负载的无功功率。 ( )

71. 频率、振幅和相位均相同的三个交流电压，称为对称三相电压。 ( )

72. 无论是瞬时值还是相量值，对称三相电源的三个相电压的和，恒等于零，所以接上负载后不会产生电流。 ( )

73. 三相发电机绕组一般不采用三角形联结而采用星形联结。 ( )

74. 三相负载作 Y 联结时，无论负载对称与否，线电流总等于相电流。 ( )

75. 三相负载作三角形联结时，测得三个相电流值相等，则三相负载为对称负载。 ( )

76. 三相电源作三角形联结时，线电压就是相电压。 ( )

77. 三相负载作三角形联结时，线电流总等于相电流。 ( )

78. 三相对称负载作 Y 联结时，负载上承受的电压为线电压。 ( )

79. 一个三相电源发出的总有功功率等于每相电源发出的有功功率之和。 ( )

80. 三相对称电路中，总有功功率 $P=\sqrt{3}U_{线}I_{线}\cos\varphi$。 ( )

(二) 电子技术

1. 二极管由一个 PN 结、两个引脚、封装组成。 ( )

2. 二极管两端加上正向电压就一定会导通。 ( )

3. 二极管按结面积可分为点接触型、面接触型。 ( )

4. 二极管的图形符号表示正偏导通时的方向。 ( )

5. 二极管只要工作在反向击穿区，一定会被击穿。 ( )

6. 阻容耦合放大电路不存在零点漂移问题。 ( )

7. 在实际工作中整流二极管和稳压二极管可以互相代替。 ( )

8. 单相整流电路的整流器件通常采用整流二极管，利用二极管的单向导电性。 ( )

9. 单相整流电路适合小功率应用电路。（ ）
10. 单相整流电路输出的波形为正弦波。（ ）
11. 单相半波与全波整流电路输出的波形是一样的。（ ）
12. 单相整流电路的输出电压一般用有效值表示。（ ）
13. 单相整流电路中整流器件的导通角度为360°。（ ）
14. 电容滤波电路是将电容串联在电路中。（ ）
15. 电容滤波是利用电容器的充放电原理来工作的。（ ）
16. 电容滤波电路的输出电压波形波动更大。（ ）
17. 电容滤波输出电压波形比整流电路输出电压波形更平直。（ ）
18. 电容滤波电路的输出电压与整流电路输出电压是一样的。（ ）
19. 电容滤波电路的整流器件要受到大的脉冲电流的冲击。（ ）
20. 电感滤波电路是利用电感产生反电动势阻碍电路电流变化，而使电路输出电流波形更平直。（ ）
21. 电感滤波电路输出电压波形仍然波动较大。（ ）
22. 电感滤波电路适合小电流的场合。（ ）
23. 电感滤波电路输出电压含有的交流成分称为波纹电压，其值较小。（ ）
24. 电感滤波电路输出电压的平均值增大。（ ）
25. 电感滤波电路是将电感串联在电路中。（ ）
26. 当电网电压变化或负载变化时，不会影响整流滤波的输出电压。（ ）
27. 稳压二极管稳压电路是将稳压二极管与负载相并联的。（ ）
28. 稳压二极管的符号与普通二极管的符号是相同的。（ ）
29. 在稳压二极管稳压电路中，稳压二极管的最大稳定电流必须大于最大负载电流。（ ）
30. 稳压二极管的电压必须等于负载的正常工作电压。（ ）
31. 双极型晶体管的集电极和发射极类型相同，因此可以互换使用。（ ）
32. 晶体管有两个PN结、三个引脚、三个区域。（ ）
33. 当晶体管的集电极电流大于它的最大允许电流 I_{CM} 时，该管必被击穿。（ ）
34. 晶体管可以把小电流放大成大电流。（ ）
35. 晶体管符号中的箭头表示发射结导通时电流的方向。（ ）
36. 大功率、小功率、高频、低频晶体管的图形符号是一样的。（ ）
37. 晶体管按材料来分，可分为硅晶体管和锗晶体管。（ ）
38. 晶体管内部有两个PN结，因此可以用两个二极管组成一个晶体管。（ ）
39. 晶体管的主要参数包括直流参数、交流参数、极限参数。（ ）
40. 在模拟电路中晶体管主要工作在开关状态。（ ）

41. 晶体管的电流放大系数是越大越好。 ( )

42. 当电路电流大于集电极最大允许电流，晶体管就会损坏。 ( )

43. 采用单相桥式整流电路的输出电压比采用单相半波整流电路的输出电压高一倍。 ( )

44. 单相桥式整流电路中，单相桥式整流电路输出电压的波形与半波整流电路的输出电压的波形相同。 ( )

45. 共发射极放大电路既有电压放大作用，也有电流放大作用。 ( )

46. 放大电路的电压放大倍数随负载 R_L 而改变，R_L 越大，电压放大倍数越大。 ( )

47. 分压式偏置共发射极放大电路是一种能够稳定静态工作点的放大器。 ( )

48. 分压式偏置共发射极放大电路是利用集电极电阻稳定静态工作点的放大器。 ( )

49. 放大电路通常工作在小信号状态下，功放电路通常工作在极限状态下。 ( )

50. 共集电极放大电路，输入信号与输出信号相位相同。 ( )

（三）电工仪表

1. 在直流电流表的两端串联适当的电阻可以扩大直流电流量程。 ( )

2. 多量程直流电流表采用并联不同阻值分流电阻的方法来扩大电流量程。 ( )

3. 在交流电流表的两端并联电阻可以扩大交流电流量程。 ( )

4. 万用表主要由指示部分、测量电路、转换装置三部分组成。 ( )

5. 一般万用表可以测量直流电压、交流电压、直流电流、电阻、功率等物理量。 ( )

6. 万用表所用测量机构的满偏电流越大越好。 ( )

7. 万用表用的转换开关大多采用多刀多掷开关。 ( )

8. 绝缘电阻表用于测量各种电气设备绝缘电阻的仪表。 ( )

9. 一般绝缘材料的电阻都在兆欧以上，因此绝缘电阻表标度尺的单位以千欧表示。 ( )

10. 绝缘电阻表的测量机构采用磁电系仪表。 ( )

11. 一般的绝缘电阻表主要由手摇交流发电机、磁电系比率表以及测量线路组成。 ( )

12. 钳形电流表不必切断电路就可以测量电路中的电流。 ( )

13. 电磁系钳形电流表主要由电磁系测量机构组成。 ( )

14. 互感器式钳形电流表由电流互感器和整流系电流表组成。 ( )

15. 仪表的误差有本身固有误差和外部环境造成的附加误差。 ( )

（四）电工工具及材料

1. 导线可分为裸导线和绝缘导线两大类。（ ）

2. 导线可分为铜导线和铝导线两大类。（ ）

3. 裸导线一般用于室外架空线。（ ）

4. 绝缘导线多用于室内布线和房屋附近的室外布线。（ ）

5. 常用的绝缘材料包括：气体绝缘材料、液体绝缘材料和固体绝缘材料。（ ）

6. 常用的绝缘材料可分为橡胶和塑料两大类。（ ）

7. 螺钉旋具是维修电工最常用的工具之一。（ ）

8. 使用螺钉旋具时要一边压紧，一边旋转。（ ）

9. 钢丝钳可以用来剪切细导线。（ ）

10. 钢丝钳的主要功能是拧螺钉。（ ）

11. 扳手可以用来剪切细导线。（ ）

12. 扳手的主要功能是拧螺栓和螺母。（ ）

13. 喷灯是一种利用火焰喷射对工件进行加工的工具，常用于锡焊。（ ）

14. 喷灯是一种利用燃烧对工件进行加工的工具，常用于锡焊。（ ）

15. 千分尺是一种精度较高的精确量具。（ ）

16. 选用量具时，不能用千分尺测量粗糙的表面。（ ）

17. 剥线钳适宜用于塑料、橡胶绝缘电线、电缆芯线的剥皮。（ ）

18. 用电工刀剖削电线绝缘层时，可把刀略微翘起一些，用刀刃的圆角抵住线芯，防止割伤电线线芯。（ ）

19. 用电工刀剖削电线绝缘层时，切忌把刀刃垂直对着导线切割绝缘层，因为这样容易割伤电线线芯。（ ）

20. 钢直尺是最简单的长度量具，用于测量零件的长度，它的测量结果非常准确。（ ）

21. 钢直尺的刻线间距为1mm，而刻线本身的宽度就有0.1～0.2mm，所以测量误差比较大。（ ）

22. 钢卷尺使用时，拉得越紧，它的测量误差越小。（ ）

23. 钢卷尺用于测量较长工件的尺寸或距离。（ ）

24. 游标卡尺测量前应清理干净，并将两量爪合并，检查游标卡尺的精度情况。（ ）

25. 游标卡尺测量前应清理干净，并将两量爪合并，检查游标卡尺的松紧情况。（ ）

（五）电机与变压器

1. 变压器是根据电磁感应原理工作的，它只能改变交流电压，而不能改变直流电压。（ ）

2. 变压器是根据电磁感应原理工作的，它能改变交流电压和直流电压。（ ）

3. 变压器可以用来改变交流电压、电流、阻抗、相位，以及电气隔离。（ ）

4. 变压器的器身主要由铁心和绕组两部分组成。（ ）

5. 变压器的绕组可以分为壳式和心式两种。（ ）

6. 变压器按铁心结构的基本型式分为心式和壳式两种。（ ）

7. 电力变压器二次绕组的额定电压是指在一次绕组接入额定电压，二次绕组接入额定负载，分接开关位于额定分接头上时二次侧输出的线电流。（ ）

8. 变压器铁心多采用导磁性能良好的软铁块制成。（ ）

9. 中小型电力变压器无载调压分接开关的调节范围是其额定输出电压的±15%。（ ）

10. 变压器负载运行时，二次绕组的感应电动势、漏抗电动势和电阻压降共同与二次输出电压相平衡。（ ）

11. 变压器负载运行时，一次绕组的感应电动势、漏抗电动势和电阻压降共同与一次电源电压相平衡。（ ）

12. 变压器负载运行时，二次电流增加，一次电流则减小。（ ）

13. 变压器一次侧加额定电压，二次侧开路就是空载运行。（ ）

14. 变压器的一次绕组接在电源上，二次绕组接负载时的运行状态，叫作变压器的负载运行。（ ）

15. 变压器空载运行时，空载电流都是无功电流。（ ）

16. 变压器负载运行时效的率等于其输入功率除以输出功率。（ ）

17. 三相异步电动机具有结构简单、价格低廉、工作可靠等优点，但调速性能较差。（ ）

18. 三相异步电动机具有结构简单、工作可靠、功率因数高、调速性能好等特点。（ ）

19. 三相异步电动机的定子由机座、定子铁心、定子绕组、端盖、接线盒等组成。（ ）

20. 三相异步电动机的转子由转子铁心、转子绕组、风扇、换向器等组成。（ ）

21. 三相异步电动机工作时，其转子的转速不等于旋转磁场的转速。（ ）

22. 三相异步电动机的定子铁心和转子铁心都是由硅钢片叠装而成的。（ ）

23. 三相异步电动机转子绕组根据结构不同分为笼型和绕线型两种。（ ）

24. 三相笼型异步电动机转子绕组中的电流是感应出来的。（ ）

25. 三相异步电动机的主要额定值有额定功率、额定电压、额定电流和额定转速等。（ ）

26. 三相异步电动机的额定电压是指电动机在正常运行时的电源线电压。（　）

27. 只要在三相交流异步电动机的每相定子绕组中都通入交流电流，便可产生定子旋转磁场。（　）

28. 异步电动机转差率的大小反映了转子导体切割旋转磁场的快慢程度。（　）

29. 异步电动机工作在电动状态时，其转差率的范围是 $s>0$。（　）

30. 三相异步电动机起动瞬间的转速为零，转差率也为零。（　）

（六）低压电器及电力拖动

1. 低压电器的符号由图形符号和文字符号两部分组成。（　）

2. 低压电器的符号在不同的省市有不同的标准。（　）

3. 熔断器类型的选择依据是负载的保护特性、短路电流的大小、使用场合、安装条件和各类熔断器的适用范围。（　）

4. 熔断器用于三相异步电动机的过载保护。（　）

5. 刀开关在电路中的作用是：隔离电源，分断负载。（　）

6. 低压断路器类型的选择依据是使用场合和保护要求。（　）

7. 低压断路器具有短路和过载保护作用。（　）

8. 熔断器的作用是过载保护。（　）

9. 熔断器主要由熔体、熔管和熔座三部分组成。（　）

10. 交流接触器与直流接触器可以互相替换。（　）

11. 交流接触器与直流接触器的使用场合不同。（　）

12. 交流接触器由手柄、触头系统、灭弧装置和其他部件组成。（　）

13. 交流接触器由电磁机构、触头系统、灭弧装置和其他部件组成。（　）

14. 交流接触器的选用主要包括主触头的额定电压、额定电流，吸引线圈的额定电压，以及触头的数量和类型。（　）

15. 按钮和行程开关都是主令电器，因此两者可以互换。（　）

16. 控制按钮在结构上有揿钮式、紧急式、钥匙式、旋钮式、带灯式等。（　）

17. 位置开关是一种将机械信号转换为电信号，以控制运动部件的位置和行程的自动电器。（　）

18. 实现工作台自动往返行程控制要求的主要电器元件是位置开关。（　）

19. 按钮是短时间接通或断开小电流电路的电器。（　）

20. 按钮可以直接控制主电路的接通或断开。（　）

21. 控制按钮主要由按钮帽、桥式动触头、静触头、复位弹簧和外壳等组成。（　）

22. 主令电器是在自动控制系统中发出指令或信号的操纵电器。由于它是专门

发号施令，故称“主令电器”。 ( )

23. 中间继电器的工作原理与接触器完全相同。 ( )

24. 中间继电器可在电流 20A 以下的电路中替代接触器。 ( )

25. 中间继电器选用时主要考虑触头的对数、触头的额定电压和电流、线圈的额定电压等。 ( )

26. 热继电器由热元件、触头系统、动作机构、复位机构和整定电流装置组成。 ( )

27. 热继电器热元件的整定电流一般调整到电动机额定电流的 0.95 ~1.05 倍。 ( )

28. 热继电器与其他电器安装在一起时，应将它安装在其他电器的下方。 ( )

29. 时间继电器的选用主要考虑：类型、延时方式和线圈电压。 ( )

30. 通电延时型与断电延时型时间继电器的基本功能一样，可以互换。 ( )

31. 速度继电器是反映转速和转向的继电器。 ( )

32. 速度继电器的主要作用是以旋转速度的快慢为指令信号，与接触器配合实现对电动机的反接制动控制，故又称为反接制动继电器。 ( )

33. 三相异步电动机的点动控制电路中只需要一个按钮。 ( )

34. 三相异步电动机的点动控制电路中必须要装热继电器。 ( )

35. 三相异步电动机的起停控制电路中需要有短路保护和过载保护的功能。 ( )

36. 三相异步电动机的起停控制电路由电源开关、熔断器、热继电器、按钮组成。 ( )

37. 具有过载保护的三相异步电动机的连续运行线路中，热继电器起过载保护作用。 ( )

38. 具有过载保护的三相异步电动机的连续运行线路中，接触器起失电压保护作用。 ( )

（七）安全技术

1. 如果触电伤者严重，呼吸停止应立即进行人工呼吸。 ( )

2. 如果触电伤者严重，心跳停止应立即进行人工呼吸。 ( )

3. 如果触电伤者严重，心跳停止应立即进行胸外按压。 ( )

4. 当触电伤者严重，心跳停止，应立即进行胸外心脏按压法进行急救，其频率为 80 次/min。 ( )

5. 为了防止发生人身触电事故和设备短路或接地故障，带电体之间、带电体与地面之间、带电体与其他设施之间、工作人员与带电体之间必须保持的最小空气间隙，称为安全距离。 ( )

6. 导线长期允许通过的电流称为导线的安全载流量。 ( )

7. 导线的安全载流量是要根据导线的工作环境、温度、发热和散热条件以及线芯的最高允许温度计算决定的。（ ）

8. 所谓的按允许发热条件选择导线截面的意义就是要求导线的计算电流不超过其安全载流量。（ ）

9. 电气线路导体的截面应能承受短路电流的热作用而不致破坏，即保持足够的热稳定性。（ ）

10. 接地保护的原理是限制漏电设备的对地电压，使其不超过某一安全范围。（ ）

11. 接地保护适合于电源变压器二次侧中性点接地的场合。（ ）

12. 在电源容量小于100kV·A时，接地保护线的接地电阻值不超过10Ω即可。（ ）

13. 接零保护的原理是借接零线路使设备漏电时形成单相短路，使线路上的保护装置迅速动作。（ ）

14. 接零保护适合于电源变压器二次侧中性点不接地的场合。（ ）

15. 接零保护系统中，任何时候都应保证工作零线与保护零线的畅通。（ ）

16. 三相接零保护系统中，保护零线和工作零线必须装设熔断器或断路器。（ ）

17. TN-C系统用于有爆炸危险和安全条件较好的场所。（ ）

18. 厂区设有变电站，低电压进线的车间以及民用楼房采用TN-C-S系统。（ ）

19. 接地包括工作接地和保护接地两大类。（ ）

20. 在电力系统中，将电气设备不带电的金属外壳与大地做可靠的电气连接称为保护接地。（ ）

21. 接地装置由接地线和接地体组成。（ ）

22. 避雷器应与被保护的设备串联。（ ）

23. 避雷网和避雷带可以采用镀锌扁钢和圆钢。（ ）

24. 电伤伤害是造成触电死亡的主要原因，是最严重的触电事故。（ ）

25. 触电的形式是多种多样的，但除了因电弧灼伤及熔融的金属飞溅灼伤外，可大致归纳为三种形式。（ ）

（八）相关知识

1. 职业道德是一种非强制性的约束机制。（ ）

2. 职业道德具有自愿性的特点。（ ）

3. 职业道德不倡导人们的牟利最大化观念。（ ）

4. 在市场经济条件下，克服利益导向是职业道德社会功能的表现。（ ）

5. 企业文化对企业具有整合功能。（ ）

6. 企业文化的功能包括娱乐功能。（ ）

7. 职业道德对企业起到增强竞争力的作用。 ( )

8. 向企业员工灌输的职业道德太多了，容易使员工产生谨小慎微的观念。 ( )

9. 职业道德是人事业成功的重要条件。 ( )

10. 事业成功的人往往具有较高的职业道德。 ( )

11. 从业人员在职业活动中，要求做到仪表端庄、语言规范、举止得体、待人热情。 ( )

12. 从业人员在职业活动中做到表情冷漠、严肃待客是符合职业道德规范要求的。 ( )

13. 市场经济条件下，根据服务对象来决定是否遵守承诺并不违反职业道德规范中关于诚实守信的要求。 ( )

14 在职业活动中一贯地诚实守信会损害企业的利益。 ( )

15. 要做到办事公道，在处理公私关系时，要公私不分。 ( )

16. 办事公道是指从业人员在进行职业活动时要做到助人为乐，有求必应。 ( )

17. 勤劳节俭虽然有利于节省资源，但不能促进企业的发展。 ( )

18. 市场经济时代，勤劳是需要的，而节俭则不宜提倡。 ( )

19. 创新既不能墨守成规，也不能标新立异。 ( )

20. 创新是企业进步的灵魂。 ( )

21. 职业纪律是企业的行为规范，职业纪律具有随意性的特点。 ( )

22. 职业纪律中包括群众纪律。 ( )

23. 爱岗敬业作为职业道德的内在要求，指的是员工要热爱自己喜欢的工作岗位。 ( )

24. 市场经济条件下，应该树立多转行多学知识多长本领的择业观念。 ( )

25. 职业活动中，每位员工都必须严格执行安全操作规程。 ( )

26. 没有生命危险的职业活动中，不需要制定安全操作规程。 ( )

27. 工作不分大小，都要认真负责。 ( )

28. 领导亲自安排的工作一定要认真负责，其他工作可以马虎一点。 ( )

29. 企业活动中，员工之间要团结合作。 ( )

30. 在日常工作中，要关心和帮助新职工、老职工。 ( )

31. 企业员工对配备的工具要经常清点，放置在规定的地点。 ( )

32. 电工在维修有故障的设备时，重要部件必须加倍爱护，而像螺栓螺母等通用件可以随意放置。 ( )

33. 企业员工在生产经营活动中，只要着装整洁就行，不一定要穿名贵服装。 ( )

34. 不管是上班还是下班，都穿工作服是一种良好的习惯。 ( )

35. 文明生产是保证人身安全和设备安全的一个重要方面。（　　）
36. 生产任务紧的时候放松文明生产的要求是允许的。（　　）
37. 职业活动中，每位员工都必须严格执行安全操作规程。（　　）
38. 没有生命危险的职业活动中，不需要制定安全操作规程。（　　）
39. 环境污染的形式主要有大气污染、水污染、噪声污染等。（　　）
40. 生态破坏是指由于环境污染和破坏，对多数人的健康、生命、财产造成的公共性危害。（　　）
41. 影响人类生活环境的电磁污染源，可分为自然的和人为的两大类。（　　）
42. 发电机发出的“嗡嗡”声，属于气体动力噪声。（　　）
43. 变压器的“嗡嗡”声属于机械噪声。（　　）
44. 用耳塞、耳罩、耳棉等个人防护用品来防止噪声的干扰，在所有场合都是有效的。（　　）
45. 质量管理是企业经营管理的一个重要内容，是企业的生命线。（　　）
46. 劳动者具有在劳动中获得劳动安全和劳动卫生保护的权利。（　　）
47. 劳动者的基本义务中不应包括遵守职业道德。（　　）
48. 劳动安全卫生管理制度对未成年职工给予了特殊的劳动保护，这其中的未成年职工是指年满 16 周岁未满 18 周岁的人。（　　）
49. 劳动者患病或负伤，在规定的医疗期内的，用人单位可以解除劳动合同。（　　）
50. 锯削管子和薄板时，必须用细齿锯条。（　　）
51. 无论远起锯或近起锯，其起锯的角度不宜小于 15°。（　　）
52. 錾削前应根据錾削面的形状、大小、宽窄选用錾子。（　　）
53. 錾子刃口经常修磨锋利，避免打滑。（　　）
54. 用手电钻钻孔时，要戴绝缘手套穿绝缘鞋。（　　）
55. 钻夹头用来装夹直径 12mm 以下的钻头。（　　）
56. 开始攻螺纹或套螺纹时，要尽量把丝锥或板牙放正，当切入 1 ~ 2 圈时，再仔细观察和校正对工件的垂直度。（　　）
57. 螺纹的牙型角是 55°，英制螺纹的牙型角是 60°。（　　）
58. 锉刀很脆，可以当撬棒或锤子使用。（　　）
59. 当锉刀拉回时，应稍微抬起，以免磨钝锉齿或划伤工件表面。（　　）

二、选择题

（一）电工基础

1. 电路的作用是实现(　　)的传输和转换、信号的传递和处理。

A. 电能　　B. 电流　　C. 电压　　D. 电阻

2. 一般电路由电源、(　　)和中间环节三个基本部分组成。

A. 负载　　B. 电压　　C. 电流　　D. 电动势

3. 电路处于(　　)状态时，电路中无电流。

A. 开路　　B. 短路　　C. 闭路　　D. 通路

4. 电路处于(　　)状态时，电路中流过比正常工作时大得多的电流。

A. 开路　　B. 短路　　C. 闭路　　D. 通路

5. (　　)就是电源未经负载而直接由导线（导体）构成通路。

A. 开路　　B. 短路　　C. 闭路　　D. 通路

6. 电路处于(　　)状态时，可能烧坏电源和其他设备。所以，应严防电路发生这种状态。

A. 开路　　B. 短路　　C. 闭路　　D. 通路

7. 通常规定单位时间内通过导体横截面的电量称为(　　)，以字母 A 表示。

A. 电流　　B. 电压　　C. 电流密度　　D. 电导

8. 电流的单位是安培，简称安，用符号(　　)表示。

A. I　　B. A　　C. U　　D. V

9. 以下(　　)不是电流的常用单位。

A. kA　　B. A　　C. mA　　D. nA

10. 电压常用的单位由(　　)。

A. I　　B. A　　C. U　　D. V

11. 电压的物理符号为(　　)。

A. I　　B. A　　C. U　　D. V

12. 电位的物理符号为(　　)。

A. I　　B. φ　　C. U　　D. A

13. (　　)的方向规定由高电位点指向低电位点。

A. 电压　　B. 电流　　C. 能量　　D. 电能

14. (　　)的方向规定由该点指向参考点。

A. 电压　　B. 电位　　C. 能量　　D. 电能

15. 电位是(　　)，随参考点的改变而改变，而电压是绝对量，不随参考点的改变而改变。

A. 常量　　B. 变量　　C. 绝对量　　D. 相对量

16. 电源电动势的大小表示(　　)做功本领的大小。

A. 电场力　　B. 非静电力　　C. 电场力或外力　　D. 电流

17. 电源电动势的符号用(　　)表示。

A. I　　B. A　　C. U　　D. E

18. 在全电路中，负载电阻减小，端电压将(　　)。

A. 降低　　B. 升高　　C. 不变　　D. 不确定

19. 全电路欧姆定律指出：电路中的电流由电源(　　)、内阻和负载电阻决定。

A. 功率　B. 电压　C. 电阻　D. 电动势

20. 在全电路中，电流升高，负载上的电压将(　)。

A. 降低　B. 升高　C. 不变　D. 不确定

21. 欧姆定律不适合于分析计算(　　)。

A. 简单电路　B. 复杂电路　C. 线性电路　D. 直流电路

22. 部分电路欧姆定律反映了在(　　)的一段电路中，电流与这段电路两端的电压及电阻的关系。

A. 含电源　B. 不含电源

C. 含电源和负载　D. 不含电源和负载

23. 伏安法测电阻是根据(　　)来算出数值的。

A. 欧姆定律　B. 直接测量法　C. 焦耳定律　D. 基尔霍夫定律

24. 节点电流定律也适合任意(　　)。

A. 封闭面　B. 短路　C. 开路　D. 连接点

25. 基尔霍夫定律的(　　)是绕回路一周电路元件电压变化为零。

A. 回路电压定律　B. 电路功率平衡

C. 电路电流定律　D. 回路电位平衡

26. 电流流过电动机时，电动机将电能转换成(　　)。

A. 机械能　B. 热能　C. 光能　D. 其他形式的能

27. 电流单位时间内所做的功称为(　　)。

A. 电功　B. 电功率　C. 伏安　D. 瓦

28. 电功的物理表达式为(　　)。

A. $W = UIt$　B. $W = UI$　C. $W = U^2/R$　D. I^2R

29. 电功常用实用的单位有(　　)。

A. 焦耳　B. 伏安　C. 千瓦时　D. 瓦

30. 有“220V、100W”和“220V、25W”白炽灯两盏，串联后接入220V交流电源，其亮度情况是(　　)。

A. 100W 灯泡最亮　B. 25W 灯泡最亮

C. 两只灯泡一样亮　D. 两只灯泡一样暗

31. 电功率的常用单位有(　　)。

A. 焦耳　B. 伏安

C. 欧姆　D. 瓦、千瓦、毫瓦

32. 电功率的物理表达式不包括(　　)。

A. $P = I^2R$　B. $PW = UI$　C. $P = U^2/R$　D. $P = UIt$

33. 若干电阻(　　)后的等效电阻比每个电阻值大。

A. 串联　B. 混联　C. 并联　D. 星三角形

34. 并联电路中加在每个电阻两端的电压都(　　)。

A. 不等　　B. 相等

C. 等于各电阻上电压之和　　D. 分配的电流与各电阻值成正比

35. 串联电阻的分压作用是阻值越大电压越(　　)。

A. 小　　B. 大　　C. 增大　　D. 减小

36. 已知 $R_1 = R_2 = R_3 = 2\Omega$，$R_5 = R_4 = 4\Omega$，则图 1 所示电路 AB 间的等效电阻 R_{AB} 为(　　)。

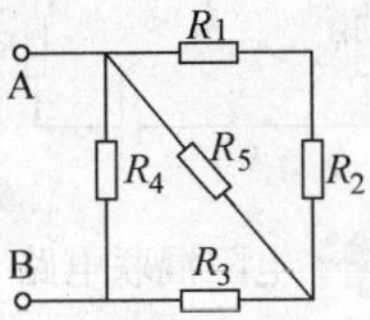

图 1　电阻混联电路（1）

A. 2Ω　　B. 3Ω　　C. 4Ω　　D. 5Ω

37. 已知 $R_1 = 4\Omega$，$R_2 = 6\Omega$，$R_3 = 3.6\Omega$，$R_4 = 4\Omega$，则图 2 所示电路 AB 间的等效电阻 R_{AB} 为(　　)。

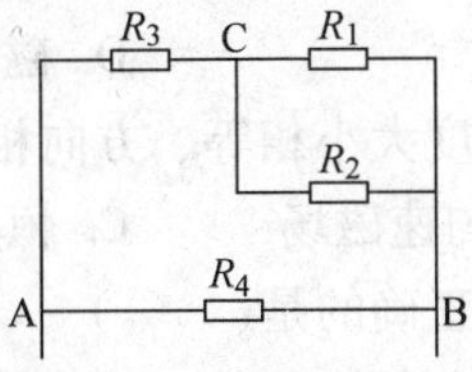

图 2　电阻混联电路（2）

A. 2Ω　　B. 2.4Ω　　C. 3Ω　　D. 4Ω

38. 已知 $R_1 = 4\Omega$，$R_2 = 6\Omega$，$R_3 = 3.6\Omega$，$R_4 = 4\Omega$，$R_5 = 0.6\Omega$，$R_6 = 1\Omega$，$E = 4V$，则图 3 所示电路中总电流 I 为(　　)。

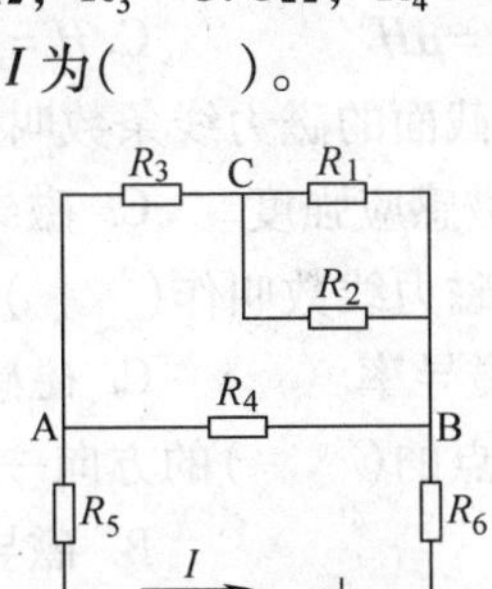

图 3　电阻混联电路（3）

A. 1A　　B. 1.5A　　C. 2A　　D. 3A

39. 已知 $R_1=4\Omega$，$R_2=6\Omega$，$R_3=3.6\Omega$，$R_4=4\Omega$，$R_5=0.6\Omega$，$R_6=1\Omega$，$E=4V$，则图 4 所示电路中电流 I_4 为(　　)。

A. 0.4A　　B. 0.5A　　C. 0.6A　　D. 1A

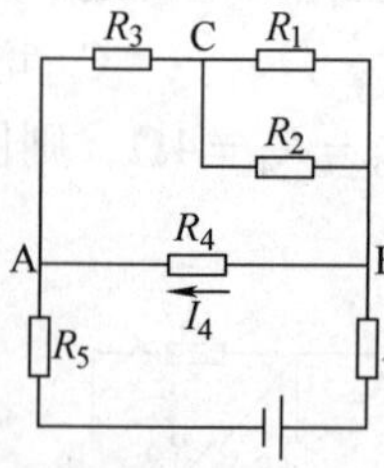

图 4　电阻混联电路（4）

40. 两个电阻，若 $R_1:R_2=2:3$，将它们并联接入电路，则它们两端的电压及通过的电流之比分别是：(　　)。

A. 2：3，3：2　　B. 3：2，2：3　　C. 1：1，3：2　　D. 2：3，1：1

41. 在(　　)，磁力线由 S 极指向 N 极。

A. 磁场外部　　B. 磁体内部

C. 磁场两端　　D. 磁场一端到另一端

42. 磁场内各点的磁感应强度大小相等、方向相同，则称为(　　)。

A. 均匀磁场　　B. 匀速磁场　　C. 恒定磁场　　D. 交变磁场

43. 关于相对磁导率的说法正确的是(　　)

A. 有单位　　B. 无单位　　C. 单位是 H/m　　D. 单位是特

44. 磁导率 μ 的单位为(　　)。

A. H/m　　B. Hm　　C. T/m　　D. Wb

45. 磁感应强度 B 与磁场强度 H 的关系为(　　)。

A. $H=\mu B$　　B. $B=\mu H$　　C. $H=\mu_0 B$　　D. $B=\mu_0 H$

46. 把垂直穿过磁场中某一截面的磁力线条数叫作(　　)。

A. 磁通或磁通量　　B. 磁感应强度　　C. 磁导率　　D. 磁场强度

47. 单位面积上垂直穿过的磁力线数叫作(　　)。

A. 磁通或磁通量　　B. 磁导率　　C. 磁感应强度　　D. 磁场强度

48. 磁场强度的方向和所在点的(　　)的方向一致。

A. 磁通或磁通量　　B. 磁导率

C. 磁场强度　　D. 磁感应强度

49. 用右手握住通电导体，让拇指指向电流方向，则弯曲四指的指向就是(　　)。

A. 磁感应　　B. 磁力线　　C. 磁通　　D. 磁场方向

50. 铁磁性质在反复磁化过程中的 B-H 关系是(　　)。

A. 起始磁化曲线　　B. 磁滞回线

C. 基本磁化曲线　　D. 局部磁滞回线

51. 铁磁材料在磁化过程中，当外加磁场 H 不断增加，而测得的磁场强度几乎不变的性质称为(　　)。

A. 磁滞性　　B. 剩磁性　　C. 高导磁性　　D. 磁饱和性

52. 在均匀磁场中，通电线圈的平面与磁力线平行时，线圈受到的转矩(　　)。

A. 最大　　B. 最小　　C. 为零　　D. 为负

53. 通电直导体在磁场中所受力方向，可以通过(　　)来判断。

A. 右手定则、左手定则　　B. 楞次定律

C. 右手定则　　D. 左手定则

54. 穿越线圈回路的磁通发生变化时，线圈两端就产生(　　)。

A. 电磁感应　　B. 感应电动势　　C. 磁场　　D. 电磁感应强度

55. 当线圈中的磁通增加时，感应电流产生的磁通与原磁通方向(　　)。

A. 正比　　B. 反比　　C. 相反　　D. 相同

56. 当线圈中的磁通减小时，感应电流产生的磁通与原磁通方向(　　)。

A. 正比　　B. 反比　　C. 相反　　D. 相同

57. 变化的磁场能够在导体中产生感应电动势，这种现象叫作(　　)。

A. 电磁感应　　B. 电磁感应强度　　C. 磁导率　　D. 磁场强度

58. 在线圈中的电流变化率一定的情况下，自感系数大，说明线圈的(　　)大。

A. 磁通　　B. 磁通的变化　　C. 电阻　　D. 自感电动势

59. 电感为 0.1H 的线圈，当其中电流在 0.5s 内从 10A 变化到 6A 时，线圈上所产生电动势的绝对值为(　　)。

A. 4V　　B. 0.4V　　C. 0.8V　　D. 8V

60. 在 500 匝的线圈中通入 0.4A 的电流，产生 0.8Wb 的磁通，则该电流产生的磁动势为(　　)A·匝。

A. 20　　B. 200　　C. 25　　D. 250

61. 线圈中的感应电动势大小与线圈中(　　)。

A. 磁通的大小成正比　　B. 磁通的大小成反比

C. 磁通的变化率成正比　　D. 磁通的变化率成反比

62. 根据电磁感应定律 $e = -N \times (\Delta\phi/\Delta t)$ 求出的感应电动势，是在 Δt 这段时间内的(　　)。

A. 平均值　　B. 瞬时值　　C. 有效值　　D. 最大值

63. 互感器线圈的极性一般根据(　　)来判定。

A. 右手定则　　B. 左手定则　　C. 楞次定律　　D. 同名端

64. 互感电动势的大小正比于(　　)。

A. 本线圈电流的变化量　　B. 另一线圈电流的变化量

C. 本线圈电流的变化率　　D. 另一线圈电流的变化率

65. 互感器是根据(　　)原理制造的。

A. 能量守恒　　B. 能量变换　　C. 电磁感应　　D. 阻抗变换

66. 感应炉中的涡流是(　　)。

A. 装料中的感应电动势　　B. 流于线圈中的电流

C. 装料中的感应电流　　D. 线圈中的漏电流

67. 电能表主要是利用(　　)的原理来工作的。

A. 涡流　　B. 能量守恒　　C. 电流的热效应　　D. 电流的磁效应

68. *RL* 电路中，当 *R* 一定时，*L* 越大，暂态过程(　　)。

A. 越长　　B. 越短　　C. 不变　　D. 不定

69. 应用戴维南定理分析含源二端网络的目的是(　　)。

A. 求电压　　B. 求电流

C. 求电动势　　D. 用等效电源代替二端网络

70. 一含源二端网络，测得其开路电压为 100V，短路电流 10A，当外接 10Ω 负载电阻时，负载电流是(　　)。

A. 10A　　B. 5A　　C. 15A　　D. 20A

71. 一含源二端网络测得其短路电流是 4A，若把它等效为一个电源，电源的内阻为 2.5Ω，电动势为（　　）。

A. 10V　　B. 5V　　C. 1V　　D. 2V

72. 任何一个含源二端网络都可以用一个适当的理想电压源与一个电阻(　　)来代替。

A. 串联　　B. 并联　　C. 串联或并联　　D. 随意连接

73. 一含源二端网络，测得其开路电压为 10V，短路电流为 5A。若把它用一个电源来代替，电源内阻为(　　)。

A. 1Ω　　B. 10Ω　　C. 5Ω　　D. 2Ω

74. 应用戴维南定理求含源二端网络的输入等效电阻的方法是将网络内各电动势(　　)。

A. 串联　　B. 并联　　C. 开路　　D. 短接

75. 一个电流源的内阻为 2Ω，当把它等效变换成 10V 的电压源时，电流源的电流是(　　)。

A. 5A　　B. 2A　　C. 10A　　D. 2.5A

76. 正弦交流电的三要素是指(　　)。

A. 最大值、频率和角频率　　B. 有效值、频率和角频率

C. 最大值、角频率、相位　　D. 最大值、角频率、初相位

77. 已知两个正弦量为 $u_1 = 20\sin(314t + 30°)$ V，$u_2 = 40\sin(314t - 60°)$，则(　　)。

A. u_1 比 u_2 超前 30°　　B. u_1 比 u_2 滞后 30°

C. u_1 比 u_2 超前 90°　　D. 不能判断相位差

78. 正弦交流电压 $u = 100\sin(628t + 60°)$ V，它的频率为(　　)。

A. 100Hz　　B. 50Hz　　C. 60Hz　　D. 628Hz

79. 一正弦交流电的有效值为 10A，频率为 50Hz，初相位为 −30°，它的解析式为(　　)。

A. $i = 10\sin(314t + 30°)$ A　　B. $i = 10\sin(314t - 30°)$ A

C. $i = 10\sqrt{2}\sin(314t - 30°)$ A　　D. $i = 10\sqrt{2}\sin(50t + 30°)$ A

80. 在正弦交流电的解析式 $i = I_m\sin(\omega t + \varphi)$ 中，φ 表示(　　)。

A. 频率　　B. 相位　　C. 初相位　　D. 相位差

81. 正弦交流电 $e = E_m\sin(\omega t + \varphi)$ 式中的 $(\omega t + \varphi)$ 表示正弦交流电的(　　)。

A. 周期　　B. 相位　　C. 初相位　　D. 机械角

82. 关于正弦交流电相量的叙述，(　　)的说法不正确。

A. 模表示正弦量的有效值　　B. 幅角表示正弦量的初相

C. 幅角表示正弦量的相位　　D. 相量只表示正弦量与复数间的对应关系

83. 电流 $i = 10\sqrt{2}\sin(314t - 30°)$ A 的相量为(　　)。

A. $i = 10e^{j30°}$ A　　B. $I = 10e^{-j30°}$ A

C. $I = 14.1e^{-j30°}$ A　　D. $\dot{I} = 10e^{-j30°}$ A

84. 正弦量有效值与最大值之间的关系，正确的是(　　)。

A. $E = E_m/\sqrt{2}$　　B. $U = U_m/2$　　C. $I_{av} = 2/\pi \times E_m$　　D. $E_{av} = E_m/2$

85. 正弦交流电 $i = 10\sqrt{2}\sin\omega t$ A 的瞬时值不可能等于(　　)A。

A. 10　　B. 0　　C. 11　　D. 15

86. 交流电的平均值(　　)。

A. 比最大值大　　B. 比最大值小

C. 比有效值大　　D. 和有效值相等

87. 正弦交流电压的有效值是 10V，角频率是 ω，初相位是 −30°，该电压的解析式是(　　)V。

A. $u = 10\sin(\omega t + 30°)$ V　　B. $u = 10\sqrt{2}\sin(\omega t - 30°)$ V

C. $u = 5\sqrt{2}\sin(\omega t + 30°)$ V　　D. $u = 10\sqrt{2}\sin(\omega t + 30°)$ V

88. 单相正弦交流电压的最大值为 311V，它的有效值是(　　)V。

A. 200　　B. 220　　C. 380　　D. 250

89. 220V 单相正弦交流电压，220 是指交流电压的(　　)。

A. 有效值　　B. 最大值　　C. 瞬时值　　D. 平均值

90. 已知工频正弦电压有效值和初始值均为 380V，则该电压的瞬时值表达式为(　　)。

A. $u=380\sin 314t$ V　　B. $u=537\sin(314t+45°)$ V

C. $u=380\sin(314t+90°)$ V　　D. $u=380\sin(314t+45°)$ V

91. 已知 $i_1=10\sin(314t+90°)$ A，$i_2=10\sin(628t+30°)$ A，则(　　)。

A. i_1超前 $i_2$60°　　B. i_1滞后 $i_2$60°

C. i_1滞后 i_2 -60°　　D. 相位差无法判断

92. 在 RL 串联电路中，$U_R=16V$，$U_L=12V$，则总电压为(　　)。

A. 28V　　B. 20V　　C. 2V　　D. 4V

93. 纯电容正弦交流电路中，电压有效值不变，当频率增大时，电路中的电流将(　　)。

A. 增大　　B. 减小　　C. 不变　　D. 不定

94. 在 RL 串联电路中，电阻上电压的相位与总电流相位的关系是(　　)。

A. 电压超前电流　　B. 电压滞后电流

C. 电压与电流同相位　　D. 电压与电流反相

95. 在 RC 串联电路中，$U_R=12V$，$U_C=12V$，则电阻上电压的相位(　　)。

A. 超前电流 45°　　B. 滞后电流 45°

C. 超前电流 90°　　D. 滞后电流 90°

96. 额定电压都为 220V 的 40W、60W 和 100W 三只灯泡串联在 220V 的电源中，它们的发热量由大到小排列为(　　)。

A. 100W，60W，40W　　B. 40W，60W，100W

C. 100W，40W，60W　　D. 60W，100W，40W

97. 正弦交流电路中总电压、总电流的最大值分别为 U_m和 I_m，则视在功率为(　　)。

A. U_mI_m　　B. $U_mI_m/2$　　C. $1/\sqrt{2}U_mI_m$　　D. $\sqrt{2}U_mI_m$

98. 串联正弦交流电路的视在功率表征了该电路的(　　)。

A. 电路中总电压有效值与电流有效值的乘积　　B. 平均功率

C. 瞬时功率最大值　　D. 无功功率

99. RLC 串联电路在 f_0时发生谐振，当频率增加到 $2f_0$时，电路性质呈(　　)。

A. 电阻性　　B. 电感性　　C. 电容性　　D. 不定

100. RLC 串联电路谐振的条件是(　　)。

A. $X_L=X_C$　　B. $X_L>X_C$　　C. $X_L<X_C$　　D. $X_L\geqslant X_C$

101. *RLC* 串联电路谐振时，电阻上电压的相位与总电流相位的关系是(　　)。

A. 电压超前电流　　B. 电压滞后电流

C. 电压与电流同相位　　D. 电压与电流反相

102. *RLC* 串联电路谐振时，电路上总电压(　　)。

A. 等于电阻上的电压　　B. 等于电容上的电压

C. 等于电感上的电压　　D. 大于电阻上的电压

103. 电力系统的负载大部分是感性负载，要提高电力系统的功率因数常采用(　　)。

A. 串联电容补偿　　B. 并联电容补偿

C. 串联电感　　D. 并联电感

104. 一个阻值为 3Ω，感抗为 4Ω 的电感线圈接在交流电路中，其功率因数为(　　)。

A. 0.3　　B. 0.6　　C. 0.5　　D. 0.4

105. 阻值为 6Ω 的电阻与容抗为 8Ω 的电容串联后接在交流电路中，功率因数为(　　)。

A. 0.6　　B. 0.8　　C. 0.5　　D. 0.3

106. 提高供电线路的功率因数，下列说法正确的是(　　)。

A. 减少了用电设备中无用的无功功率

B. 可以节省电能

C. 减少了用电设备的有功功率，提高了电源设备的容量

D. 可提高电源设备的利用率并减小输电线路中的功率损耗

107. 在正弦交流电路中，电路的功率因数取决于(　　)。

A. 电路外加电压的大小　　B. 电路各元件参数及电源频率

C. 电路的连接形式　　D. 电路的电流

108. 感性负载与容性负载并联后，总电流将(　　)。

A. 不变　　B. 增加　　C. 减少　　D. 先减少后增加

109. 感性负载与容性负载并联后，电路总的无功功率将(　　)。

A. 不变　　B. 增加　　C. 减少　　D. 先减少后增加

110. 三个大小相等、频率相同、相位(　　)的交流电称为三相对称的交流电。

A. 相等　　B. 互差 60°　　C. 互差 120°　　D. 不同

111. 三相对称交流电的频率与发电机转速的关系为(　　)。

A. $f=\dfrac{np}{60}$　　B. $f=\dfrac{n}{60p}$　　C. $f=\dfrac{60n}{p}$　　D. $f=\dfrac{60p}{n}$

112. 在三相四线制中性点接地供电系统中，线电压指的是(　　)的电压。

A. 相线之间　　B. 零线对地间　　C. 相线对零线间　　D. 相线对地间

113. 在星形联结的三相对称电路中，相电流与线电流的相位关系是(　　)。

A. 相电流超前线电流 30°　　B. 相电流滞后线电流 30°

C. 相电流与线电流同相　　D. 相电流滞后线电流 60°

114. 三相四线制供电的相电压为 200V，与线电压最接近的值为(　　)V。

A. 280　　B. 346　　C. 250　　D. 380

115. 三相对称负载星形联结电路中，$I_{线}$与$I_{相}$之间的关系是(　　)。

A. $I_{线}=\sqrt{3}I_{相}$　　B. $I_{线}=3I_{相}$

C. $I_{线}=\sqrt{2}I_{相}$　　D. $I_{线}=I_{相}$

116. 三相电源绕组星形联结时，线电压与相电压的关系是(　　)。

A. $U_{线}=\sqrt{2}U_{相}$　　B. 线电压滞后与之对应的相电压 30°

C. $U_{线}=U_{相}$　　D. 线电压超前与之对应的相电压 30°

117. 三相对称负载接成三角形时，线电流的大小为相电流的(　　)倍。

A. 3　　B. $\sqrt{3}/3$　　C. $\sqrt{3}$　　D. $\sqrt{2}$

118. 相线与相线间的电压称为线电压，它们的相位相差(　　)。

A. 30°　　B. 90°　　C. 120°　　D. 180°

119. 三相对称电路是指(　　)。

A. 三相电源对称的电路

B. 三相负载对称的电路

C. 三相电源和三相负载都是对称的电路

D. 三相电源对称和三相负载阻抗相等的电路

120. 三相电动势到达最大值的顺序是不同的，这种达到最大值的先后次序，称为三相电源的相序，相序为 U-V-W-U，称为(　　)。

A. 正序　　B. 负序　　C. 逆序　　D. 相序

121. 一对称三相负载，先后用两种接法接入同一电源中，则三角形联结时的有功功率等于星形联结时的(　　)倍。

A. 3　　B. $\sqrt{3}$　　C. $\sqrt{2}$　　D. 1

122. 一台电动机绕组是星形联结，接到线电压为 380V 的三相电源上，测得线电流为 10A，则电动机每相绕组的阻抗值为(　　)Ω。

A. 38　　B. 22　　C. 66　　D. 11

123. 有一台三相交流电动机，每相绕组的额定电压为 220V，对称三相电源的线电压为 380V，则电动机的三相绕组应采用的联结方式是(　　)。

A. 星形联结，有中性线　　B. 星形联结，无中性线

C. 三角形联结　　D. A、B 均可

124. 对称三相电路负载为三角形联结，电源线电压为 380V，负载复阻抗为 $Z=(8+6j)\Omega$，则线电流为(　　)。

A. 38A　　B. 22 A　　C. 54 A　　D. 66A

125. 三相电路中，总有功功率 $P=($　　$)$。

A. $\sqrt{3}U_{线}I_{线}\cos\varphi$　　B. $\sqrt{3}U_{线}I_{线}$

C. $U_{线}I_{线}\cos\varphi$　　D. $\sqrt{3}U_{线}I_{线}\sin\varphi$

（二）电子技术

1. P 型半导体是在本征半导体中加入微量的(　　)元素构成的。

A. 三价　　B. 四价　　C. 五价　　D. 六价

2. 二极（硅）管的死区电压为(　　)。

A. 0. 1V　　B. 0. 5V　　C. 1V　　D. 1. 2V

3. 当二极管外加电压时，反向电流很小，且不随(　　)变化。

A. 正向电流　　B. 正向电压　　C. 电压　　D. 反向电压

4. 下列(　　)是二极管的主要参数。

A. 死区电压　　B. 最高反向工作电压

C. 导通电压　　D. 电流放大倍数

5. 点接触型二极管应用于(　　)。

A. 整流　　B. 稳压　　C. 开关　　D. 光敏

6. 面接触型二极管应用于(　　)。

A. 整流　　B. 稳压　　C. 开关　　D. 光敏

7. 点接触型二极管可工作于(　　)电路。

A. 高频　　B. 低频　　C. 中频　　D. 全频

8. 二极管的最高反向电压为击穿电压的(　　)。

A. 1/2　　B. 1/3　　C. 2/3　　D. 1/5

9. 当二极管外加的正向电压超过死区电压时，电流随电压增加而迅速(　　)。

A. 增加　　B. 减小　　C. 截止　　D. 饱和

10. 如图 5 所示为(　　)的图形符号。

A. 开关二极管　　B. 整流二极管　　C. 稳压二极管　　D. 普通二极管

图 5　图形符号（1）

11. 如图 6 所示为(　　)的图形符号。

A. 开关二极管　　B. 整流二极管

C. 稳压二极管　　D. 发光二极管

图6 图形符号（2）

12. 如图 7 所示为(　　)的图形符号。

图7 图形符号（3）

A. 光敏二极管　B. 整流二极管　C. 稳压二极管　D. 普通二极管

13. 如图 8 所示为(　　)的图形符号。

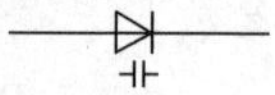

图8 图形符号（4）

A. 开关二极管　B. 整流二极管

C. 稳压二极管　D. 变容二极管

14. 在单相整流电路中，要用到电源变压器，其作用为(　　)。

A. 将固定交流电压变为同频率的适合交流电压

B. 将固定交流电压变为不同频率的适合交流电压

C. 将固定交流电压变为脉动电压

D. 变换电流

15. 在单相整流电路中，采用的整流器件为(　　)。

A. 整流二极管　B. 检波二极管　C. 开关二极管　D. 稳压二极管

16. 单相整流电路负载上得到的电压是(　　)。

A. 恒定直流电　B. 交流电　C. 脉动直流电　D. 恒定交流电

17. 单相全波整流电路输入电压为 6V，其输出电压为(　　)。

A. 6V　B. 2. 7V　C. 3V　D. 5. 4V

18. 单相半波整流电路输出电压的波形为(　　)。

A. 正弦波　B. 三角波　C. 单向脉冲波　D. 双向脉冲波

19. 单相桥式整流电路输出电压的波形为(　　)。

A. 正弦波　B. 三角波　C. 双向脉冲波　D. 单向脉冲波

20. 一个负载需要 4. 5V 电压，现采用单相半波整流电路，则电源变压器一次电压为(　　)V。

A. 8　B. 10　C. 15　D. 20

21. 一个负载需要 9V 电压，现采用单相桥式整流电路，则电源变压器一次电压为(　　)V。

A. 10　B. 20　C. 15　D. 12

22. 已知电源变压器的二次电压为20V，现采用单相半波整流电路，则负载上可得到(　　)V电压。

A. 10　B. 9　C. 18　D. 20

23. 已知电源变压器的二次电压为20V，现采用单相桥式整流电路，则负载上可得到(　　)V电压。

A. 10　B. 9　C. 18　D. 20

24. 电容滤波适合(　　)场合。

A. 大电流　B. 小电流　C. 负载变化大　D. 任意

25. 电容滤波是滤除(　　)。

A. 高频交流成分　B. 低频交流成分

C. 脉动信号　D. 直流成分

26. 电容滤波是利用电容器(　　)进行工作的。

A. 充电　B. 放电　C. 充放电　D. 通交隔直

27. 电容滤波电路一般采用大容量的(　　)电容器。

A. 电解　B. 陶瓷　C. 云母　D. 金属化纸介

28. 电容滤波电路中的整流器件导通时间变(　　)。

A. 长　B. 短　C. 不变　D. 不定

29. 一单相半波整流电容滤波电路，已知电源变压器的二次电压为10V，则该电路能输出(　　)V电压。

A. 9　B. 4.5　C. 10　D. 12

30. 一单相桥式整流电容滤波电路，已知电源变压器的二次电压为10V，则该电路能输出(　　)V电压。

A. 9　B. 4.5　C. 10　D. 12

31. 电感滤波适合(　　)场合。

A. 大电流　B. 小电流　C. 负载变化大　D. 任意

32. 电感滤波是滤除(　　)。

A. 高频交流成分　B. 低频交流成分　C. 脉动信号　D. 直流成分

33. 电感滤波是利用电感(　　)进行工作的。

A. 充电　B. 放电　C. 充放电　D. 通直流阻交流

34. (　　)电路适合负载变化大，电流大的场合。

A. 电容滤波　B. 电感滤波　C. RC Π 型滤波　D. CL Π 型滤波

35. 稳压二极管的正常工作状态是(　　)。

A. 导通状态　B. 截止状态　C. 反向击穿状态　D. 任意状态

36. (　　)是用于防止电网电压波动或负载变化对输出电压的影响。

A. 稳压电路　B. 整流电路　C. 滤波电路　D. 变压电路

37. 稳压二极管是(　　)负载上。

A. 工作在反向击穿区，并联在　　B. 工作在反向击穿区，串联在

C. 工作在反向截止区，并联在　　D. 工作在反向截止区，串联在

38. 稳压二极管稳压电路适合(　　)的电路。

A. 负载电流小，电压变化　　B. 负载电流小，电压不变

C. 负载电流大，电压不变　　D. 负载电流大，电压变化

39. 稳压二极管稳压电路必须串联一个阻值合适的(　　)电阻。

A. 限流调压　　B. 降压　　C. 限流　　D. 稳压

40. 如图 9 所示，已知稳压二极管的稳定电压均为 5.3V，稳压管正向导通时的管压降为 0.7V，则输出电压为(　　) V。

A. 5.3　　B. 6　　C. 10.6　　D. 1.4

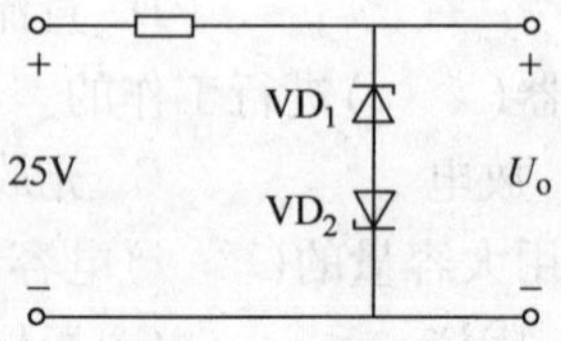

图 9　稳压二极管稳压电路（1）

41. 如图 10 所示，已知稳压管的稳定电压均为 5.3V，稳压管正向导通时的管压降为 0.7V，则输出电压为(　　)V。

A. 5.3　　B. 6　　C. 10.6　　D. 1.4

42. 如将图 10 中的直流电源接反，则输出电压为(　　)V。

A. 5.3　　B. 6　　C. 10.6　　D. 1.4

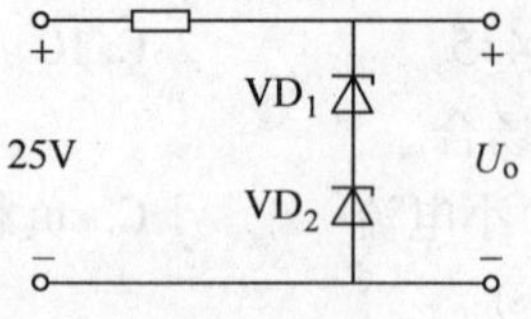

图 10　稳压二极管稳压电路（2）

43. 晶体管是由三层半导体材料组成的，有三个区域，中间的一层为(　　)。

A. 基区　　B. 栅区　　C. 集电区　　D. 发射区

44. 晶体管有三个电极，集电极是从(　　)引出的。

A. 基区　　B. 栅区　　C. 集电区　　D. 发射区

45. 晶体管的功率大于等于(　　)为大功率管。

A. 1 W　　B. 0.5W　　C. 2W　　D. 1.5W

46. 若使晶体管具有电流放大能力，必须满足的外部条件是(　　)。

A. 发射结正偏、集电结正偏　　B. 发射结反偏、集电结反偏
C. 发射结正偏、集电结反偏　　D. 发射结反偏、集电结正偏

47. 测得某电路板上晶体管 3 个电极对地的直流电位分别为 $V_E=3V$，$V_B=3.7V$，$V_C=3.3V$，则该管工作在(　　)。
A. 放大区　　B. 饱和区　　C. 截止区　　D. 击穿区

48. 处于截止状态的晶体管，其工作状态为(　　)。
A. 射结正偏，集电结反偏　　B. 射结反偏，集电结反偏
C. 射结正偏，集电结正偏　　D. 射结反偏，集电结正偏

49. 双极型半导体器件是(　　)。
A. 二极管　　B. 晶体管　　C. 场效应晶体管　　D. 稳压管

50. 如图 11 所示为(　　)晶体管的图形符号。
A. 放大　　B. 光敏　　C. 发光　　D. 开关

图 11　晶体管图形符号

51. 如图 12 所示为(　　)晶体管的图形符号。
A. 放大　　B. 发光　　C. 光电　　D. 恒流

图 12　晶体管图形符号

52. 如图 13 所示为(　　)晶体管的图形符号。
A. 放大　　B. 发光　　C. 光电　　D. 肖特基

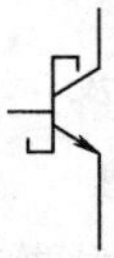

图 13　晶体管图形符号

53. 晶体管按导电类型可分为(　　)。
A. NPN 及 PNP 晶体管　　B. N 型晶体管
C. P 型晶体管　　D. PNP 晶体管

54. 晶体管的封装可分为(　　)。

A. 塑料、金属　B. 金属、橡胶　C. 橡胶　D. 陶瓷

55. 按晶体管的用途来分，晶体管可分为(　　)。

A. 放大管、检波管、开关管等　B. 放大管、整流管、开关管等

C. 放大管、稳压管、开关管等　D. 截止管、检波管、开关管等

56. 在放大电路中晶体管通常工作在(　　)。

A. 饱和　B. 截止　C. 放大　D. 耦合

57. 在图像、伴音等放大电路中晶体管可选用(　　)。

A. 高频晶体管　B. 低频晶体管　C. 中频晶体管　D. 大功率晶体管

58. 共发射极电流放大倍数为(　　)。

A. 集电极电流与基极电流之比　B. 发射极电流与基极电流之比

C. 集电极电流与发射极电流之比　D. 基极电流与集电极电流之比

59. 共发射极放大电路中的晶体管，现在处于截止状态，欲恢复放大状态，通常采用的方法是(　　)

A. 增大 R_B　B. 减小 R_B　C. 减小 RC　D. 改变 U_{CC}

60. 一般要求放大电路的(　　)

A. 输入电阻大，输出电阻大　B. 输入电阻小，输出电阻大

C. 输入电阻小，输出电阻小　D. 输入电阻大，输出电阻小

61. 放大电路的静态工作点，是指输入信号(　　)晶体管的工作点。

A. 为零时　B. 为正时　C. 为负时　D. 很小时

62. 放大电路设置静态工作点的目的是(　　)。

A. 提高放大能力　B. 避免非线性失真

C. 获得合适的输入电阻和输出电阻　D. 使放大器工作稳定

63. 放大电路中的饱和失真和截止失真称为(　　)。

A. 线性失真　B. 非线性失真　C. 交越失真　D. 交直流失真

64. 在晶体管放大电路中，当集电极电流增大时，将使晶体管(　　)。

A. 集电极电压上升　B. 集电极电压下降

C. 基极电流不变　D. 发射极电流不变

65. 分压式偏置的共发射极放大电路，若 V_B 点电位过高，电路易出现(　　)。

A. 截止失真　B. 饱和失真　C. 晶体管被烧损　D. 双向失真

66. 分压式偏置共发射极放大电路主要起稳定静态工作点的元件是(　　)。

A. R_{B1}　B. R_C　C. R_E　D. R_{B2}

67. 分压式偏置共发射极放大电路与固定偏置放大电路的(　　)。

A. 电压放大倍数相同　B. 电压放大倍数不同

C. 输入电阻相同　D. 输出电阻相同

68. 采用分压式偏置共发射极放大电路，是为了(　　)。

A. 稳定静态工作点　　　　　　　　　　B. 提高电压放大倍数
C. 提高输入电阻　　　　　　　　　　　D. 提高输出电阻

69. 负反馈对放大电路性能的主要影响有(　　)。
A. 放大倍数降低，放大倍数的稳定性提高
B. 放大倍数降低，放大倍数的稳定性降低
C. 放大倍数提高，放大倍数的稳定性提高
D. 放大倍数提高，放大倍数的稳定性降低

70. 欲使放大器净输入信号削弱，应采取的反馈类型是(　　)。
A. 串联反馈　　　B. 并联反馈　　　C. 正反馈　　　D. 负反馈

71. 将一个具有反馈的放大器的输出端短路，即晶体管输出电压为 0，反馈信号消失，则该放大器采用的反馈是(　　)。
A. 正反馈　　　B. 负反馈　　　C. 电压反馈　　　D. 电流反馈

72. 欲改善放大电路的性能，常采用的反馈类型是(　　)。
A. 电流反馈　　　B. 电压反馈　　　C. 正反馈　　　D. 负反馈

73. 如图 14 所示，由 C_2、R_{F2} 组成的反馈支路的反馈类型是(　　)。

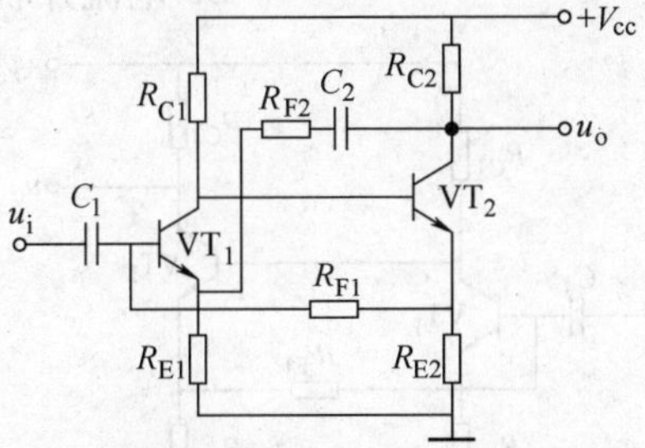

图 14　负反馈电路（1）

A. 电压串联负反馈　　　　　　　　　　B. 电压并联负反馈
C. 电流串联负反馈　　　　　　　　　　D. 电流并联负反馈

74. 如图 15 所示电路的反馈类型为(　　)。
A. 电压串联负反馈　　　　　　　　　　B. 电压并联负反馈
C. 电流串联负反馈　　　　　　　　　　D. 电流并联负反馈

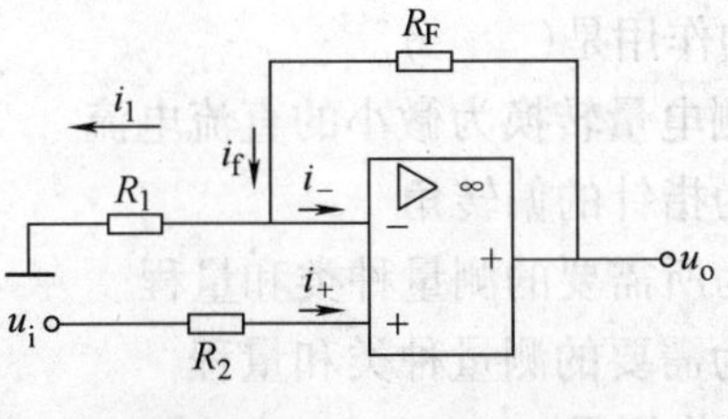

图 15　负反馈电路（2）

75. 如图 16 所示电路的反馈类型为(　　)。

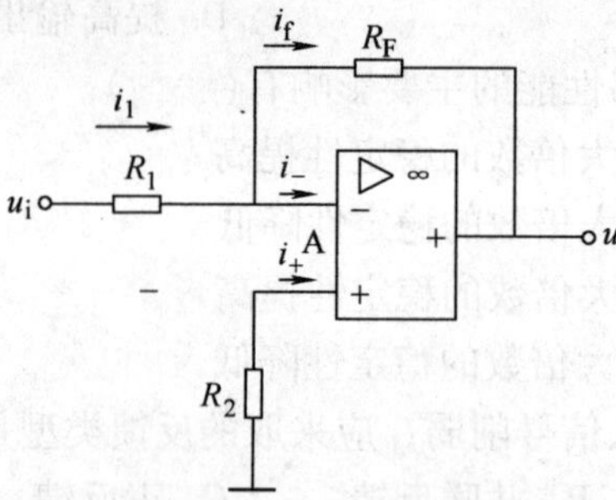

图 16　负反馈电路（3）

A. 电压串联负反馈　　B. 电压并联负反馈
C. 电流串联负反馈　　D. 电流并联负反馈

76. 如图 17 所示电路的反馈类型为(　　)。

A. 电压串联负反馈　　B. 电压并联负反馈
C. 电流串联负反馈　　D. 电流并联负反馈

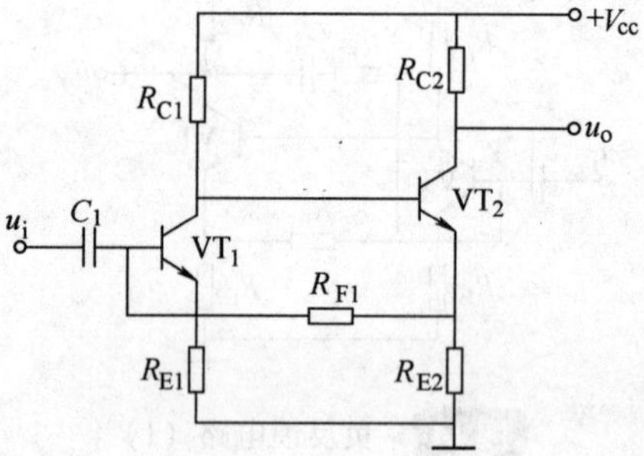

图 17　负反馈电路（4）

（三）电工仪表

1. 万用表的测量机构通常采用(　　)

A. 磁电系直流微安表　　B. 交直流两用电磁系毫安表
C. 磁电系直流毫安表　　D. 交直流两用电磁系微安表

2. 万用表转换开关的作用是(　　)。

A. 把各种不同的被测电量转换为微小的直流电流
B. 把过渡电量转换为指针的偏转角
C. 把被测线路转换为所需要的测量种类和量程
D. 把过渡电量转换为需要的测量种类和量程

3. 万用表测量机构的作用是(　　)。

A. 把各种不同的被测电量转换为微小的直流电流
B. 把过渡电量转换为仪表指针的偏转角
C. 把被测线路转换为所需要的测量种类和量程
D. 把过渡电量转换为需要的测量种类和量程

4. 使用万用表时，把电池装入电池夹内，把两根测试表笔分别插入相应插孔中，(　　)
A. 红的插入“+”插孔，黑的插入“*”插孔内
B. 黑的插入“+”插孔，红的插入“*”插孔内
C. 红的插入“+”插孔，黑的插入“-”插孔内
D. 红的插入“-”插孔，黑的插入“+”插孔内

5. 用万用表的直流电流档测直流电流时，将万用表串接在被测电路中，并且(　　)。
A. 红表笔接电路的高电位端，黑表笔接电路的低电位端
B. 黑表笔接电路的高电位端，红表笔接电路的低电位端
C. 红表笔接电路的正电位端，黑表笔接电路的负电位端
D. 红表笔接电路的负电位端，黑表笔接电路的正电位端

6. 用万用表测量电阻时，应使指针指示在(　　)。
A. 欧姆刻度最右　　B. 欧姆刻度最左
C. 欧姆刻度中心附近　　D. 欧姆刻度 1/3 处

7. 用万用表测电阻时，每个电阻档都要调零，如调零不能调到欧姆零位，说明(　　)。
A. 电源电压不足，应换电池　　B. 电池极性接反
C. 万用表欧姆档已坏　　D. 万用表调零功能已坏

8. 绝缘电阻表的接线端标有(　　)。
A. 接地 E、线路 L、屏蔽 G　　B. 接地 N、导通端 L、绝缘端 G
C. 接地 E、导通端 L、绝缘端 G　　D. 接地 N、通电端 G、绝缘端 L

9. 测量额定电压在 500 V 以下的设备或线路的绝缘电阻时，选用电压等级为(　　)。
A. 380V　　B. 400V　　C. 500V 或 1000V　　D. 220V

10. 绝缘电阻表的测量机构通常采用(　　)仪表。
A. 电磁系　　B. 磁电系　　C. 整流系　　D. 电动系

11. 绝缘电阻表与被测设备之间连接的导线应用(　　)。
A. 双股绝缘线　　B. 绞线
C. 任意导线　　D. 单股线分开连接

12. 绝缘电阻表屏蔽端钮的作用是(　　)。
A. 屏蔽被测物体表面的漏电流　　B. 屏蔽外界干扰磁场

C. 保护绝缘电阻表，以免其线圈被烧毁　D. 屏蔽外界干扰电场

13. 使用绝缘电阻表时，下列做法不正确的是(　　)。

A. 测量电气设备绝缘电阻时，可以带电测量电阻

B. 测量时绝缘电阻表应放在水平位置上，未接线前先转动绝缘电阻表进行开路实验，看指针是否在“∞”处，再把 L 和 E 短接，轻摇发电机，看指针是否为“0”，若开路指“∞”，短路指“0”，说明绝缘电阻表是好的

C. 绝缘电阻表测完后应立即使被测物放电

D. 测量时，摇动手柄的速度由慢逐渐加快，并保持 120 r/min 左右的转速 1min 左右，这时读数较为准确

14. 钳形电流表的主要优点是(　　)。

A. 准确度高　　B. 灵敏度高

C. 功率损耗小　　D. 不必切断电路可以测量电流

15. 使用钳形电流表时，下列操作错误的是（　　）。

A. 测量前先估计被测量的大小

B. 测量时导线要放在钳口中心

C. 测量小电流时，允许将被测导线在钳口多绕几圈

D. 测量完毕，可将量程开关置于任意位置

16. 互感器式钳形电流表由电流互感器和(　　)电流表组成。

A. 电磁系　　B. 磁电系　　C. 整流系　　D. 电动系

17. 单量程交流电压表测量 6kV 电压时，应采用(　　)。

A. 串联分压电阻　　B. 并联分流电阻

C. 电压互感器　　D. 并联分压电阻

18. 要扩大直流电压表的量程，应采用(　　)。

A. 并联分流电阻　　B. 串联分流电阻

C. 串联分压电阻　　D. 并联分压电阻

19. 在交流电流表中，经常采用的是(　　)测量机构。

A. 磁电系　　B. 电磁系　　C. 静电系　　D. 感应系

20. 使用直流电压表时，除了使电压表与被测电路并联外，还应使电压表的“+”极与被测电路的(　　)相联。

A. 高电位端　　B. 低电位端　　C. 中间电位端　　D. 零电位端

（四）电工工具及材料

1. 常用的裸导线有铜绞线、铝绞线和(　　)。

A. 钨丝　　B. 焊锡丝　　C. 钢丝　　D. 钢芯铝绞线

2. 绝缘导线是有(　　)的导线。

A. 潮湿　　B. 干燥　　C. 绝缘包皮　　D. 氧化层

3. 绝缘导线多用于(　　)和房屋附近的室外布线。

A. 安全电压布线　　B. 架空线
C. 室外布线　　D. 室内布线

4. 裸导线一般用于(　　)。
A. 室内布线　B. 室外架空线　C. 水下布线　D. 高压布线

5. 导线截面的选择通常是由发热条件、机械强度、(　　)、电压损失和安全载流量等因素决定的。
A. 电流密度　B. 绝缘强度　C. 磁通密度　D. 电压高低

6. 常用的绝缘材料包括：气体绝缘材料、(　　)和固体绝缘材料。
A. 木头　B. 玻璃　C. 胶木　D. 液体绝缘材料

7. 云母制品属于(　　)。
A. 固体绝缘材料　　B. 液体绝缘材料
C. 气体绝缘材料　　D. 导体绝缘材料

8. 变压器油属于(　　)。
A. 固体绝缘材料　　B. 液体绝缘材料
C. 气体绝缘材料　　D. 导体绝缘材料

9. 拧一字螺钉时应该选用(　　)。
A. 十字螺钉旋具　B. 一字螺钉旋具　C. 丁字螺钉旋具　D. 田字螺钉旋具

10. 拧十字螺钉时应该选用(　　)。
A. 十字螺钉旋具　B. 一字螺钉旋具　C. 丁字螺钉旋具　D. 田字螺钉旋具

11. 使用螺钉旋具拧螺钉时应该(　　)。
A. 先旋转，再插入螺钉槽口　　B. 始终旋转
C. 先插入螺钉槽口，再旋转　　D. 不停地旋转

12. 用螺钉旋具拧紧可能带电的螺钉时，手指应该(　　)螺钉旋具的金属部分。
A. 接触　B. 压住　C. 抓住　D. 不接触

13. 使用扳手拧螺母时应该将螺母放在扳手口的(　　)。
A. 前部　B. 后部　C. 左边　D. 右边

14. 活扳手可以拧(　　)规格的螺母。
A. 一种　B. 二种　C. 几种　D. 各种

15. 扳手的手柄越长，使用起来越(　　)。
A. 省力　B. 费力　C. 方便　D. 便宜

16. 扳手的手柄越短，使用起来越(　　)。
A. 麻烦　B. 轻松　C. 省力　D. 费力

17. 喷灯打气加压时，要检查并确认进油阀可靠的(　　)。
A. 关闭　B. 打开　C. 打开一点　D. 打开或关闭

18. 喷灯点火时，(　　)严禁站人。

A. 喷灯左侧　B. 喷灯前　C. 喷灯右侧　D. 喷嘴后

19. 喷灯的加油、放油和维修应在喷灯(　　)进行。

A. 燃烧时　B. 燃烧或熄灭后　C. 熄火后　D. 高温时

20. 喷灯使用完毕，应将剩余的燃料油(　　)，将喷灯污物擦除后，妥善保管。

A. 烧净　B. 保存在油筒内　C. 倒掉　D. 倒出回收

21. 测量前需要将千分尺(　　)擦拭干净后检查零位是否正确。

A. 固定套筒　B. 测量面　C. 微分筒　D. 测微螺杆

22. 千分尺测微杆的螺距为(　　)，它装入固定套筒的螺孔中。

A. 0.6mm　B. 0.8mm　C. 0.5mm　D. 1mm

23. 选用量具时，不能用千分尺测量(　　)的表面。

A. 精度一般　B. 精度较高　C. 精度较低　D. 粗糙

24. 千分尺一般用于测量(　　)的尺寸。

A. 小器件　B. 大器件　C. 建筑物　D. 电动机

25. 钢直尺的长度有(　　)、300mm、500mm 和 1000 mm 四种规格。

A. 200 mm　B. 150 mm　C. 100mm　D. 50mm

26. 钢直尺的刻线间距为(　　)，比其小的数值，只能估计而得。

A. 0.1 mm　B. 0.2 mm　C. 0.5mm　D. 1mm

27. 钢卷尺性脆易(　　)，使用时要加倍小心。

A. 折断　B. 弯曲　C. 变形　D. 磨损

28. 拉出钢卷尺时，不要在地面上往返拖拽，防止尺面刻划(　　)。

A. 折断　B. 弯曲　C. 变形　D. 磨损

29. 游标卡尺测量前应清理干净，并将两量爪(　　)，检查游标卡尺的精度情况。

A. 合并　B. 对齐　C. 分开　D. 错开

（五）电机与变压器

1. 从工作原理来看，中小型电力变压器的主要组成部分是(　　)。

A. 油箱和储油柜　B. 油箱和散热器

C. 铁心和绕组　D. 外壳和保护装置

2. 变压器的基本作用是在交流电路中变电压、变电流、变阻抗、变相位和(　　)。

A. 电气隔离　B. 改变频率　C. 改变功率　D. 改变磁通

3. 变压器的绕组可以分为同心式和(　　)两大类。

A. 同步式　B. 交叠式　C. 壳式　D. 心式

4. 变压器的铁心可以分为(　　)和心式两大类。

A. 同心式　B. 交叠式　C. 壳式　D. 笼式

5. 变压器的器身主要由铁心和(　　)两部分所组成。

A. 绕组　　B. 转子　　C. 定子　　D. 磁通

6. 为了提高中小型电力变压器铁心的导磁性能，减少铁损耗，其铁心多采用(　　)制成。

A. 0.35mm 厚，彼此绝缘的硅钢片叠装

B. 整块钢材

C. 2mm 厚彼此绝缘的硅钢片叠装

D. 0.5mm 厚，彼此不需绝缘的硅钢片叠装

7. 中小型电力变压器的绕组按高、低压绕组相互位置和形状的不同，可分为(　　)两种。

A. 手绕式和机绕式　　B. 绝缘导线式和裸导线式

C. 心式和壳式　　D. 同心式和交叠式

8. 油浸式中小型电力变压器中变压器油的作用是(　　)。

A. 润滑和防氧化　　B. 绝缘和散热　　C. 阻燃和防爆　　D. 灭弧和均压

9. 变压器的额定容量是指变压器在额定负载运行时(　　)。

A. 一次侧输入的有功功率　　B. 一次侧输入的视在功率

C. 二次侧输出的有功功率　　D. 二次侧输出的视在功率

10. 电力变压器的效率一般在(　　)。

A. 50%　　B. 70%　　C. 85%　　D. 95%以上

11. 变压器的额定电流是指额定状况下运行时，变压器一、二次侧的(　　)。

A. 线电流　　B. 相电流　　C. 线电压　　D. 相电压

12. 变压器的分接开关是用来(　　)的。

A. 调节阻抗　　B. 调节相位　　C. 调节输出电压　　D. 调节输出电流

13. 变压器空载运行时，空载电流包括(　　)分量。

A. 电容　　B. 有功　　C. 无功　　D. 有功和无功

14. 变压器负载运行时，一次侧电源电压的相位超前于铁心中主磁通的相位，且略大于(　　)。

A. 180°　　B. 90°　　C. 60°　　D. 30°

15. 将变压器的一次绕组接交流电源，二次绕组开路，这种运行方式称为变压器(　　)运行。

A. 空载　　B. 过载　　C. 满载　　D. 负载

16. 将变压器的一次绕组接交流电源，二次绕组(　　)，这种运行方式称为变压器空载运行。

A. 短路　　B. 开路　　C. 接负载　　D. 通路

17. 将变压器的一次绕组接交流电源，二次绕组与负载连接，这种运行方式称为(　　)运行。

A. 空载　　B. 过载　　C. 负载　　D. 满载

18. 变压器负载运行时，二次侧感应电动势的相位滞后于一次侧电源电压的相位且(　　)180°。

A. 大于　　B. 等于　　C. 小于　　D. 小于或等于

19. 变压器带感性负载运行时，二次电流的相位滞后于一次电流的相位，且小于(　　)。

A. 180°　　B. 90°　　C. 60°　　D. 30°

20. 一台单相变压器，一次电压和二次电压为220V/10V，一次绕组的匝数为2200匝，则二次绕组的匝数是(　　)匝。

A. 300　　B. 200　　C. 100　　D. 50

21. 变压器二次电流增大时，一次电流(　　)。

A. 不变　　B. 减小　　C. 增大　　D. 也可增大，也可减小

22. 提高企业用电负荷的功率因数可以使变压器的电压调整率(　　)。

A. 不变　　B. 减小　　C. 增大　　D. 基本不变

23. 三相异步电动机具有(　　)、工作可靠、重量轻、价格低等优点。

A. 结构简单　　B. 调速性能好　　C. 结构复杂　　D. 交直流两用

24. 三相异步电动机的缺点是(　　)。

A. 结构简单　　B. 重量轻　　C. 调速性能差　　D. 转速低

25. 三相异步电动机的优点是(　　)。

A. 调速性能好　　B. 交直流两用　　C. 功率因数高　　D. 结构简单

26. 三相异步电动机的定子由(　　)、定子铁心、定子绕组、端盖、接线盒等组成。

A. 电刷　　B. 机座　　C. 换向器　　D. 转子

27. 在三相交流异步电动机的定子上布置有(　　)的三相绕组。

A. 结构相同，空间位置互差90°电角度

B. 结构相同，空间位置互差120°电角度

C. 结构不同，空间位置互差180°电角度

D. 结构不同，空间位置互差120°电角度

28. 在三相交流异步电动机定子上布置结构完全相同、在空间位置上互差120°电角度的三相绕组，分别通入(　　)，则在定子与转子的空气隙间将会产生旋转磁场。

A. 直流电　　B. 交流电

C. 脉动直流电　　D. 三相对称交流电

29. 三相异步电动机定子绕组各相电源引出线应彼此相隔(　　)电角度。

A. 60°　　B. 90°　　C. 120°　　D. 180°

30. 在三相交流异步电动机定子绕组中通入三相对称交流电，则在定子与转子的空气隙间产生的磁场是( )。

A. 恒定磁场　　B. 脉动磁场

C. 为零的合成磁场　　D. 旋转磁场

31. 在三相交流异步电动机定子上布置结构完全相同，在空间位置上互差( )电角度的三相绕组，分别通入三相对称交流电，则在定子与转子的空气隙间将会产生旋转磁场。

A. 60°　　B. 90°　　C. 120°　　D. 180°

32. 三相异步电动机定子绕组的接法有( )种。

A. 2　　B. 3　　C. 4　　D. 5

33. 三相异步电动机工作时，转子绕组中流过的是( )。

A. 交流电　　B. 直流电　　C. 无线电　　D. 脉冲电

34. 三相异步电动机的额定功率是指满载时( )。

A. 铁损耗加铜损耗　　B. 电机中的电磁功率

C. 输入的电功率　　D. 输出的机械功率

35. 三相异步电动机额定功率的单位是( )。

A. var　　B. V · A　　C. kW　　D. kV · A

36. 三相异步电动机的额定电压是指正常工作时的( )。

A. 相电压　　B. 线电压　　C. 电源电压　　D. 对地电压

37. 三相异步电动机的额定转速是指满载时的( )。

A. 转子转速　　B. 磁场转速　　C. 带转速　　D. 齿轮转速

38. 中小型异步电动机额定转差率的范围是( )。

A. 0.015 ~0.06　　B. 0.05 ~0.1　　C. 0.1 ~0.25　　D. 0.25 ~0.5

39. 中小型异步电动机的额定功率越大，其额定转差率的数值( )。

A. 越大　　B. 越小　　C. 不确定　　D. 为零

40. 异步电动机工作在发电状态时，其转差率的范围是( )。

A. $s=1$　　B. $s>0$　　C. $s<0$　　D. $s=0$

41. 异步电动机工作在电动状态时，其转差率的范围是( )。

A. $s=1$　　B. $s>1$　　C. $-1<s<0$　　D. $0<s<1$

(六) 低压电器及电力拖动

1. 维修电工以( )、安装接线图和平面布置图最为重要。

A. 电气原理图　　B. 电气设备图

C. 电气安装图　　D. 电气组装图

2. ( )以电气原理图、安装接线图和平面布置图最为重要。

A. 电工　　B. 操作者　　C. 技术人员　　D. 维修电工

3. 读图的基本步骤有：( )，看电路图，看安装接线图。

A. 看图样说明　B. 看技术说明　C. 相关资料　D. 元件明细表

4. 读图的基本步骤有：看图样说明，(　　)，看安装接线图。

A. 看主电路　B. 看电路图　C. 看辅助电路　D. 看交流电路

5. 三相刀开关的图形符号与交流接触器的主触头符号是(　　)。

A. 一样的　B. 可以互换　C. 有区别的　D. 没有区别

6. 刀开关的文字符号是(　　)。

A. QS　B. SQ　C. SA　D. KM

7. 三相刀开关的作用是接通和断开(　　)。

A. 大电流　B. 负载　C. 电压或小电流　D. 三相电动机

8. 刀开关可以不频繁地接通和分断容量不大的低压电路或直接起动(　　)。

A. 变压器　B. 大功率电动机　C. 中功率电动机　D. 小功率电动机

9. 刀开关可以不频繁地接通和分断容量不大的(　　)或直接起动小功率电动机。

A. 低压电路　B. 大功率电动机　C. 中功率电动机　D. 变压器

10. 一般电气控制系统中宜选用(　　)断路器。

A. 塑壳式　B. 限流型　C. 框架式　D. 直流快速

11. 短路电流很大的电气线路中宜选用(　　)断路器。

A. 塑壳式　B. 限流型　C. 框架式　D. 直流快速

12. 控制和保护含半导体器件的直流电路中宜选用(　　)断路器。

A. 塑壳式　B. 限流型

C. 框架式　D. 直流快速

13. 控制按钮主要由按钮帽、(　　)、静触头、复位弹簧和外壳等所组成。

A. 线圈　B. 动触头　C. 手柄　D. 齿轮

14. 控制按钮主要由按钮帽、动触头、(　　)、复位弹簧和外壳等所组成。

A. 线圈　B. 手柄　C. 静触头　D. 齿轮

15. 控制按钮在结构上有(　　)、紧急式、钥匙式、旋钮式和带灯式等。

A. 揿钮式　B. 电磁式　C. 电动式　D. 磁动式

16. 按钮是短时间接通或断开(　　)的电器。

A. 照明电路　B. 主电路　C. 大电流电路　D. 小电流电路

17. 电动机的起动按钮选用(　　)按钮。

A. 黄色　B. 红色　C. 绿色　D. 黑色

18. 电动机的停止按钮选用(　　)按钮。

A. 黄色　B. 红色　C. 绿色　D. 黑色

19. 熔断器主要由(　　)、熔管和熔座三部分组成。

A. 银丝　B. 铜条　C. 铁丝　D. 熔体

20. 熔断器的作用是(　　)。

A. 短路保护　　B. 过载保护　　C. 失电压保护　　D. 零电压保护

21. 对于电动机不经常起动而且起动时间不长的电路，熔体(　　)约等于电动机额定电流的1.5倍。

A. 额定电流　　B. 额定电压　　C. 电流　　D. 电压

22. 对于电动机不经常起动而且起动时间不长的电路，熔体额定电流约等于电动机(　　)的1.5倍。

A. 额定电压　　B. 电压　　C. 额定电流　　D. 电流

23. 熔断器的文字符号为(　　)。

A. QS　　B. QA　　C. FU　　D. KM

24. 交流接触器的文字符号是(　　)。

A. QS　　B. SQ　　C. SA　　D. KM

25. 交流接触器的作用是可以(　　)接通和断开负载。

A. 频繁地　　B. 偶尔　　C. 手动　　D. 不需

26. 交流接触器由(　　)、触头系统、灭弧装置和其他部件组成。

A. 过电流线圈　　B. 操作手柄　　C. 电磁机构　　D. 压敏电阻

27. 交流接触器的电磁机构主要由(　　)、铁心和衔铁组成。

A. 指示灯　　B. 手柄　　C. 电阻　　D. 线圈

28. 热继电器由(　　)、触头系统、动作机构、复位机构和整定电流装置组成。

A. 热元件　　B. 线圈　　C. 手柄　　D. 电磁铁

29. 热继电器由热元件、(　　)、动作机构、复位机构和整定电流装置组成。

A. 线圈　　B. 触头系统　　C. 手柄　　D. 电磁铁

30. 中间继电器一般用于(　　)中。

A. 网络电路　　B. 无线电路　　C. 主电路　　D. 控制电路

31. 中间继电器的选用依据是控制电路的电压等级、电流类型、所需触头的(　　)和容量等。

A. 大小　　B. 种类　　C. 数量　　D. 等级

32. 行程开关根据安装环境选择防护方式，如开启式或(　　)。

A. 防火式　　B. 塑壳式　　C. 防护式　　D. 铁壳式

33. 根据机械与行程开关传力和位移关系选择合适的(　　)。

A. 电流类型　　B. 电压等级　　C. 接线型式　　D. 头部型式

34. 行程开关的文字符号是(　　)。

A. QS　　B. SQ　　C. SA　　D. KM

35. 对于延时精度要求较高的场合，可采用(　　)时间继电器。

A. 液压式　　B. 电动式　　C. 空气阻尼式　　D. 晶体管式

36. 控制两台电动机错时起动的场合，可采用(　　)时间继电器。

A. 液压型　　B. 气动型　　C. 通电延时型　　D. 断电延时型

37. 控制两台电动机错时停止的场合，可采用(　　)时间继电器。

A. 通电延时型　　B. 断电延时型　　C. 气动型　　D. 液压型

38. 对于环境温度变化大的场合，不宜选用(　　)时间继电器。

A. 晶体管式　　B. 电动式　　C. 液压式　　D. 手动式

39. 位置开关是一种将(　　)转换为电信号的自动控制电器。

A. 机械信号　　B. 弱电信号　　C. 光信号　　D. 热能信号

40. 完成工作台自动往返行程控制要求的主要电器元件是(　　)。

A. 位置开关　　B. 接触器　　C. 按钮　　D. 组合开关

41. 自动往返控制电路属于(　　)电路。

A. 正反转控制　　B. 点动控制

C. 自锁控制　　D. 顺序控制

42. 如图 18 所示为(　　)的图形符号。

A. 位置开关　　B. 接触器　　C. 速度继电器　　D. 组合开关

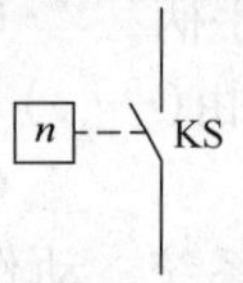

图 18　电气图形符号

43. 速度继电器的主要作用是以(　　)的快慢为指令信号。

A. 电流变化　　B. 电压变化　　C. 旋转方向　　D. 旋转速度

（七）安全技术

1. 当触电伤者严重，呼吸停止时应立即进行(　　)。

A. 胸外心脏按压　　B. 口对口　　C. 人工呼吸　　D. 口对鼻

2. 如果触电伤者严重，呼吸停止应立即进行人工呼吸，其频率为(　　)。

A. 约 12 次/min　　B. 约 20 次/min

C. 约 8 次/min　　D. 约 25 次/min

3. 如果触电伤者严重，牙关紧闭，应立即采用(　　)法进行急救。

A. 胸外心脏按压　　B. 口对口　　C. 心肺复苏　　D. 口对鼻

4. 当触电伤者严重，心跳停止，应立即采用(　　)法进行急救。

A. 胸外心脏按压　　B. 口对口　　C. 人工呼吸　　D. 口对鼻

5. 当触电伤者严重，心跳停止，应立即进行胸外心脏按压法进行急救，其频率为(　　)。

A. 约 80 次/min　　B. 约 70 次/min　　C. 约 60 次/min　　D. 约 100 次/min

6. 胸外心脏按压法与人工呼吸法同时进行时，单人救护时，每按压 15 次吹气

(　　)次。

A. 1　　B. 2　　C. 3　　D. 4

7. 胸外心脏按压法与人工呼吸法同时进行时，两人救护时，每按压15次吹气(　　)次。

A. 1　　B. 2　　C. 3　　D. 4

8. 为了防止发生人身触电事故和设备短路或接地故障，带电体之间、带电体与地面之间、带电体与其他设施之间、工作人员与带电体之间必须保持的(　　)，称为安全距离。

A. 最小空气间隙　　B. 最大空气间隙　　C. 空气间隙　　D. 距离

9. 为了防止发生人身触电事故和设备短路或接地故障，带电体之间、带电体与地面之间、带电体与其他设施之间、工作人员与带电体之间必须保持的最小空气间隙，称为(　　)。

A. 间距　　B. 间隙　　C. 空气间隙　　D. 安全距离

10. 高压设备室内不得接近故障点(　　)以内。

A. 1m　　B. 2m　　C. 3m　　D. 4m

11. 高压设备室外不得接近故障点(　　)以内。

A. 5m　　B. 6m　　C. 7m　　D. 8m

12. 户外变电装置外墙一般不得低于(　　)。

A. 1m　　B. 2m　　C. 2. 5m　　D. 4m

13. 导线的安全载流量主要取决于(　　)。

A. 发热条件　　B. 散热条件

C. 工作环境　　D. 线芯的最高允许温度

14. 导线的工作电流一般应(　　)导线的安全载流量。

A. 小于　　B. 等于　　C. 大于　　D. 不小于

15. 导线的安全载流量与导线的(　　)无关。

A. 环境温度　　B. 敷设条件　　C. 负载　　D. 机械强度

16. 接地保护的原理是限制漏电设备的(　　)。

A. 相电压　　B. 对地电压　　C. 工作电压　　D. 线电压

17. 接地保护的原理是(　　)漏电设备的对地电压。

A. 提高　　B. 增加　　C. 消除　　D. 限制

18. 接地保护适合于电源变压器二次侧中性点(　　)的场合。

A. 短路　　B. 开路　　C. 不接地　　D. 接地

19. 接地保护适合于电源变压器二次侧(　　)不接地的场合。

A. 中性点　　B. 相线　　C. 零线　　D. 外壳

20. 接零保护的原理是设备漏电时形成(　　)，使保护装置迅速动作。

A. 对地短路　　B. 单相短路　　C. 相间短路　　D. 线间短路

21. 接零保护的原理是设备漏电时形成单相短路，使(　　)迅速动作。

A. 刀开关　　B. 接触器　　C. 热继电器　　D. 保护装置

22. 接零保护适合于电源变压器二次侧中性点(　　)的场合。

A. 短路　　B. 开路　　C. 接地　　D. 不接地

23. 接零保护适合于电源变压器二次侧(　　)不接地的场合。

A. 中性点　　B. 相线　　C. 零线　　D. 外壳

24. 在三相接零保护系统中，保护零线和工作零线(　　)装设熔断器或断路器。

A. 不得　　B. 必须　　C. 应该　　D. 最好

25. 保护接地与保护接零的适用范围(　　)。

A. 相同　　B. 类似　　C. 一样　　D. 不同

26. 防雷装置包括(　　)。

A. 接闪器、引下线、接地装置　　B. 避雷针、引下线、接地装置

C. 接闪器、接地线、接地装置　　D. 接闪器、引下线、接零装置

27. 防雷接地电阻一般不超过(　　)。

A. 10Ω　　B. 8Ω　　C. 4Ω　　D. 1Ω

28. 适用于保护集中物体的防雷装置为(　　)。

A. 避雷针　　B. 避雷线　　C. 避雷带　　D. 避雷网

29. 适用于保护建筑物的防雷装置为(　　)。

A. 避雷针　　B. 避雷线

C. 避雷器　　D. 避雷网和避雷带

30. 潮湿场所电气设备使用的安全电压为（　　）。

A. 9V　　B. 12V　　C. 24V　　D. 36V

31. (　　)的工频电流通过人体时，就会有生命危险。

A. 0.1mA　　B. 1mA　　C. 15mA　　D. 50mA

32. 机床照明、移动行灯等设备，使用的安全电压为(　　)。

A. 9V　　B. 12V　　C. 24V　　D. 36V

33. 凡工作地点狭窄、工作人员活动困难，周围有大面积接地导体或金属构架，因而存在高度触电危险的环境以及特别的场所，则使用时的安全电压为(　　)。

A. 9V　　B. 12V　　C. 24V　　D. 36V

(八) 相关知识

1. 职业道德是指从事一定职业劳动的人们在长期的职业活动中形成的(　　)。

A. 行为规范　　B. 操作程序　　C. 劳动技能　　D. 思维习惯

2. 下列选项中属于职业道德范畴的是(　　)。

A. 企业经营业绩　　B. 企业发展战略

C. 员工的技术水平　　　　　　　　D. 人们的内心信念

3. 职业道德是一种(　　)的约束机制。

A. 强制性　　　　B. 非强制性　　　　C. 随意性　　　　D. 自发性

4. 在市场经济条件下，促进员工行为的规范化是(　　)社会功能的重要表现。

A. 治安规定　　　　B. 奖惩制度　　　　C. 法律法规　　　　D. 职业道德

5. 在市场经济条件下，(　　)是职业道德社会功能的重要表现。

A. 克服利益导向　　　　　　　　B. 遏制牟利最大化

C. 增强决策科学化　　　　　　　D. 促进员工行为的规范化

6. 市场经济条件下，职业道德最终将对企业起到(　　)的作用。

A. 决策科学化　　　　　　　　B. 提高竞争力

C. 决定经济效益　　　　　　　D. 决定前途与命运

7. 在企业的经营活动中，下列选项中的(　　)不是职业道德功能的表现。

A. 激励作用　　　　B. 决策能力　　　　C. 规范行为　　　　D. 遵纪守法

8. 企业文化的功能不包括(　　)。

A. 激励功能　　　　B. 导向功能　　　　C. 整合功能　　　　D. 娱乐功能

9. 下列选项中属于企业文化功能的是(　　)。

A. 体育锻炼　　　　B. 整合功能　　　　C. 歌舞娱乐　　　　D. 社会交际

10. 下列选项中属于企业文化功能的是(　　)。

A. 整合功能　　　　　　　　B. 技术培训功能

C. 科学研究功能　　　　　　D. 社交功能

11. 职业道德对企业起到(　　)的作用。

A. 增强员工独立意识　　　　　　B. 模糊企业上级与员工关系

C. 使员工规规矩矩做事情　　　　D. 增强企业凝聚力

12. 下列选项中属于职业道德作用的是(　　)。

A. 增强企业的凝聚力　　　　　　B. 增强企业的离心力

C. 决定企业的经济效益　　　　　D. 增强企业员工的独立性

13. 职业道德是人生事业成功的(　　)。

A. 重要保证　　　　B. 最终结果　　　　C. 决定条件　　　　D. 显著标志

14. 下列选项中，关于职业道德与人生事业成功的关系正确的论述是(　　)。

A. 职业道德是人生事业成功的重要条件

B. 职业道德水平高的人肯定能够取得事业的成功

C. 缺乏职业道德的人更容易获得事业的成功

D. 人生事业成功与否与职业道德无关

15. 职业道德与人生事业的关系是(　　)。

A. 有职业道德的人一定能够获得事业成功

B. 没有职业道德的人不会获得成功

C. 事业成功的人往往具有较高的职业道德
D. 缺乏职业道德的人往往更容易获得成功
16. 正确阐述职业道德与人生事业的关系的选项是(　　)。
A. 没有职业道德的人不会获得成功
B. 要取得事业的成功，前提条件是要有职业道德
C. 事业成功的人往往并不需要较高的职业道德
D. 职业道德是获得人生事业成功的重要条件
17. 从业人员在职业交往活动中，符合仪表端庄具体要求的是(　　)。
A. 着装华贵　　B. 适当化妆或戴饰品
C. 饰品俏丽　　D. 发型要突出个性
18. 从业人员在职业活动中，对客人做到(　　)是符合语言规范的具体要求的。
A. 言语细致，反复介绍　　B. 语速要快，不浪费客人时间
C. 用尊称，不用忌语　　D. 语气严肃，维护自尊
19. 下列说法中，不符合语言规范具体要求的是(　　)。
A. 语感自然，不呆板　　B. 用尊称，不用忌语
C. 语速适中，不快不慢　　D. 多使用幽默语言，调节气氛
20. 在商业活动中，不符合待人热情要求的是(　　)。
A. 严肃待客，表情冷漠　　B. 主动服务，细致周到
C. 微笑大方，不厌其烦　　D. 亲切友好，宾至如归
21. 市场经济条件下，(　　)不违反职业道德规范中关于诚实守信的要求。
A. 通过诚实合法劳动，实现利益最大化
B. 打进对手内部，增强竞争优势
C. 根据服务对象来决定是否遵守承诺
D. 凡有利于增大企业利益的行为就做
22. 下列关于诚实守信的认识和判断中，正确的选项是(　　)。
A. 一贯地诚实守信是不明智的行为
B. 诚实守信是维持市场经济秩序的基本法则
C. 是否诚实守信要视具体对象而定
D. 追求利益最大化原则高于诚实守信
23. 职工对企业诚实守信应该做到的是(　　)。
A. 忠诚所属企业，无论何种情况都始终把企业利益放在第一位
B. 维护企业信誉，树立质量意识和服务意识
C. 扩大企业影响，多对外谈论企业之事
D. 完成本职工作即可，谋划企业发展由有见识的人来做
24. (　　)是企业诚实守信的内在要求。

A. 维护企业信誉　　B. 增加职工福利
C. 注重经济效益　　D. 开展员工培训

25. 要做到办事公道，在处理公私关系时，要(　　)。
A. 公私不分　　B. 假公济私
C. 公平公正　　D. 先公后私

26. 办事公道是指从业人员在进行职业活动时要做到(　　)。
A. 追求真理，坚持原则　　B. 有求必应，助人为乐
C. 公私不分，一切平等　　D. 知人善任，提拔知己

27. 坚持办事公道，要努力做到(　　)。
A. 公私不分　　B. 有求必应　　C. 公正公平　　D. 全面公开

28. 下列事项中属于办事公道的是(　　)。
A. 顾全大局，一切听从上级　　B. 大公无私，拒绝亲戚求助
C. 知人善任，努力培养知己　　D. 坚持原则，不计个人得失

29. 勤劳节俭的现代意义在于(　　)。
A. 勤劳节俭是促进经济和社会发展的重要手段
B. 勤劳是现代市场经济需要的，而节俭则不宜提倡
C. 节俭阻碍消费，因而会阻碍市场经济的发展
D. 勤劳节俭只有利于节省资源，但与提高生产效率无关

30. 下列关于勤劳节俭的论述中，不正确的选项是(　　)。
A. 勤劳节俭能够促进经济和社会发展
B. 勤劳是现代市场经济需要的，而节俭则不宜提倡
C. 勤劳和节俭符合可持续发展的要求
D. 勤劳节俭有利于企业增产增效

31. 下列关于勤劳节俭的论述中，不正确的选项是(　　)。
A. 企业可提倡勤劳，但不宜提倡节俭
B. “一分钟应看成是八分钟”
C. 勤劳节俭符合可持续发展的要求
D. “节省一块钱，就等于净赚一块钱”

32. 下列关于勤劳节俭的论述中，正确的选项是(　　)。
A. 勤劳一定能使人致富　　B. 勤劳节俭有利于企业持续发展
C. 新时代需要巧干，不需要勤劳　　D. 新时代需要创造，不需要节俭

33. 关于创新的论述，正确的是(　　)。
A. 创新就是出新花样　　B. 创新就是独立自主
C. 创新是企业进步的灵魂　　D. 创新不需要引进外国的新技术

34. 关于创新的论述，不正确的说法是(　　)。
A. 创新需要“标新立异”　　B. 服务也需要创新

C. 创新是企业进步的灵魂　　　　　　　　D. 引进别人的新技术不算创新

35. 关于创新的正确论述是(　　)。

A. 不墨守成规，但也不可标新立异

B. 企业经不起折腾，大胆地闯早晚会出问题

C. 创新是企业发展的动力

D. 创新需要灵感，但不需要情感

36. 职业纪律是企业的行为规范，职业纪律具有(　　)的特点。

A. 明确的规定性　　　　　　　　B. 高度的强制性

C. 通用性　　　　　　　　　　　D. 自愿性

37. 企业员工违反职业纪律，企业(　　)。

A. 不能做罚款处罚

B. 因员工受劳动合同保护，不能给予处分

C. 视情节轻重，做出恰当处分

D. 警告往往效果不大

38. 职业纪律是从事这一职业的员工应该共同遵守的行为准则，它包括的内容有(　　)。

A. 交往规则　　B. 操作程序　　C. 群众观念　　D. 外事纪律

39. 企业生产经营活动中，要求员工遵纪守法是(　　)。

A. 约束人的体现　　　　　　　　B. 保证经济活动正常进行所决定的

C. 领导者人为的规定　　　　　　D. 追求利益的体现

40. 爱岗敬业作为职业道德的重要内容，是指员工(　　)。

A. 热爱自己喜欢的岗位　　　　　B. 热爱有钱的岗位

C. 强化职业责任　　　　　　　　D. 不应多转行

41. 市场经济条件下，不符合爱岗敬业要求的是(　　)的观念。

A. 树立职业理想　　　　　　　　B. 强化职业责任

C. 干一行爱一行　　　　　　　　D. 多转行多受锻炼

42. 爱岗敬业的具体要求是(　　)。

A. 看效益决定是否爱岗　　　　　B. 转变择业观念

C. 提高职业技能　　　　　　　　D. 增强把握择业的机遇意识

43. 电工安全操作规程不包含(　　)。

A. 定期检查绝缘

B. 禁止带电工作

C. 上班带好雨具

D. 电器设备的各种高低压开关调试时，悬挂标志牌，防止误合闸

44. 下面关于严格执行安全操作规程的描述，错误的是(　　)。

A. 每位员工都必须严格执行安全操作规程

B. 单位的领导不需要严格执行安全操作规程
C. 严格执行安全操作规程是维持企业正常生产的根本保证
D. 不同行业安全操作规程的具体内容是不同的
45. 下面描述的项目中，(　　)是电工安全操作规程的内容。
A. 及时缴纳电费
B. 禁止电动自行车上高架桥
C. 上班带好雨具
D. 高低压各型开关调试时，悬挂标志牌，防止误合闸
46. 严格执行安全操作规程的目的是(　　)。
A. 限制工人的人身自由　　B. 企业领导刁难工人
C. 保证人身和设备的安全以及企业的正常生产　　D. 增强领导的权威性
47. 工作认真负责是(　　)。
A. 衡量员工职业道德水平的一个重要方面　　B. 提高生产效率的障碍
C. 一种思想保守的观念　　D. 胆小怕事的做法
48. 下面所描述的事情中属于工作认真负责的是(　　)。
A. 领导说什么就做什么
B. 下班前做好安全检查
C. 为了提高产量，减少加工工序
D. 遇到不能按时上班的情况，请人代签到
49. 下面所描述的事情中不属于工作认真负责的是(　　)。
A. 领导说什么就做什么　　B. 下班前做好安全检查
C. 上班前做好充分准备　　D. 工作中集中注意力
50. 作为一名工作认真负责的员工，应该是(　　)。
A. 领导说什么就做什么
B. 领导亲自安排的工作认真做，其他工作可以马虎一点
C. 面上的工作要做仔细一些，看不到的工作可以快一些
D. 工作不分大小，都要认真去做
51. 在企业的活动中，(　　)不符合平等尊重的要求。
A. 根据员工技术专长进行分工
B. 对待不同服务对象采取一视同仁的服务态度
C. 师徒之间要团结合作
D. 取消员工之间的一切差别
52. 在日常工作中，对待不同服务对象，态度应真诚热情、(　　)。
A. 尊卑有别　　B. 女士优先　　C. 一视同仁　　D. 外宾优先
53. 企业员工在生产经营活动中，不符合团结合作要求的是(　　)。
A. 真诚相待，一视同仁　　B. 互相借鉴，取长补短

C. 男女有序，尊卑有别　　D. 男女平等，友爱亲善

54. 企业生产经营活动中，促进员工之间团结合作的措施是(　　)。

A. 互利互惠，平均分配　　B. 加强交流，平等对话

C. 只要合作，不要竞争　　D. 人心叵测，谨慎行事

55. 养成爱护企业设备的习惯，(　　)。

A. 在企业经营困难时，是很有必要的

B. 对提高生产效率是有害的

C. 对于效益好的企业，是没有必要的

D. 是体现职业道德和职业素质的一个重要方面

56. 制止损坏企业设备的行为，(　　)。

A. 只是企业领导的责任　　B. 对普通员工没有要求

C. 是每一位员工和领导的责任和义务　　D. 不能影响员工之间的关系

57. 对自己所使用的工具，(　　)。

A. 每天都要清点数量，检查完好性　　B. 可以带回家借给邻居使用

C. 丢失后，可以让单位再买　　D. 找不到时，可以拿其他员工的

58. 电工的工具种类很多，(　　)。

A. 只要保管好贵重的工具就行了

B. 价格低的工具可以多买一些，丢了也不可惜

C. 要分类保管好

D. 工作中，能拿到什么工具就用什么工具

59. 职工上班时符合着装整洁要求的是(　　)。

A. 夏天天气炎热时可以只穿背心　　B. 服装的价格越低越好

C. 服装的价格越低越好　　D. 按规定穿工作服

60. 下面说法中正确的是(　　)。

A. 上班穿什么衣服是个人的自由　　B. 服装价格的高低反映了员工的社会地位

C. 上班时要按规定穿整洁的工作服　　D. 女职工应该穿漂亮的衣服上班

61. 职工上班时不符合着装整洁要求的是(　　)。

A. 夏天天气炎热时可以只穿背心　　B. 不穿奇装异服上班

C. 保持工作服的干净和整洁　　D. 按规定穿工作服上班

62. 下面说法中不正确的是(　　)。

A. 下班后不要穿工作服　　B. 不穿奇装异服上班

C. 上班时要按规定穿整洁的工作服　　D. 女职工的工作服越艳丽越好

63. 符合文明生产要求的做法是(　　)。

A. 为了提高生产效率，增加工具损坏率

B. 下班前搞好工作现场的环境卫生

C. 工具使用后随意摆放

D. 冒险带电作业

64. 有关文明生产的说法，(　　)是正确的。

A. 为了及时下班，可以直接拉断电源总开关

B. 下班时没有必要搞好工作现场的卫生

C. 工具使用后应按规定放置到工具箱中

D. 电工工具不全时，可以冒险带电作业

65. 有关文明生产的说法，(　　)是不正确的。

A. 为了及时下班，可以直接拉断电源总开关

B. 下班前搞好工作现场的环境卫生

C. 工具使用后应按规定放置到工具箱中

D. 电工一般不允许冒险带电作业

66. 不符合文明生产要求的做法是(　　)。

A. 爱惜企业的设备、工具和材料

B. 下班前搞好工作现场的环境卫生

C. 工具使用后按规定放置到工具箱中

D. 冒险带电作业

67. 下列污染形式中不属于公害的是(　　)。

A. 地面沉降　　B. 恶臭　　C. 水土流失　　D. 振动

68. 与环境污染相关且并称的概念是(　　)。

A. 生态破坏　　B. 电磁辐射污染

C. 电磁噪声污染　　D. 公害

69. 下列污染形式中不属于生态破坏的是（　　）。

A. 森林破坏　　B. 水土流失　　C. 水源枯竭　　D. 地面沉降

70. 下列电磁污染形式不属于自然的电磁污染的是(　　)。

A. 火山爆发　　B. 地震　　C. 雷电　　D. 射频电磁污染

71. 下列电磁污染形式中不属于人为的电磁污染的是(　　)。

A. 脉冲放电　　B. 电磁场　　C. 射频电磁污染　　D. 磁暴

72. 下列电磁污染形式不属于自然的电磁污染的是(　　)。

A. 火山爆发　　B. 地震　　C. 雷电　　D. 射频电磁污染

73. 噪声可分为气体动力噪声，(　　)和电磁噪声。

A. 电力噪声　　B. 水噪声　　C. 电气噪声　　D. 机械噪声

74. 下列控制声音传播的措施中(　　)不属于个人防护措施。

A. 使用耳塞　　B. 使用耳罩　　C. 使用耳棉　　D. 使用隔声罩

75. 与环境污染相近的概念是(　　)。

A. 生态破坏　　B. 电磁辐射污染　　C. 电磁噪声污染　　D. 公害

76. 下列电磁污染形式不属于人为的电磁污染的是(　　)。

A. 脉冲放电　B. 电磁场　C. 射频电磁污染　D. 地震

77. 收音机发出的交流声属于(　　)。

A. 机械噪声　B. 气体动力噪声　C. 电磁噪声　D. 电力噪声

78. 岗位的质量要求，通常包括操作程序、工作内容、工艺规程及(　　)等。

A. 工作计划　B. 工作目的　C. 参数控制　D. 工作重点

79. 对于每个职工来说，质量管理的主要内容有岗位的质量要求、质量目标、(　　)和质量责任等。

A. 信息反馈　B. 质量水平　C. 质量记录　D. 质量保证措施

80. 劳动者的基本义务包括(　　)。

A. 遵守劳动纪律　B. 获得劳动报酬　C. 休息　D. 休假

81. 根据劳动法的有关规定，(　　)，劳动者可以随时通知用人单位解除劳动合同。

A. 在试用期间被证明不符合录用条件的

B. 严重违反劳动纪律或用人单位规章制度的

C. 严重失职、营私舞弊，对用人单位利益造成重大损害的

D. 用人单位以暴力、威胁或者非法限制人身自由的手段强迫劳动的

82. 劳动安全卫生管理制度对未成年职工给予了特殊的劳动保护，规定严禁一切企业招收未满(　　)的童工。

A. 14 周岁　B. 15 周岁　C. 16 周岁　D. 18 周岁

83. 劳动者的基本权利包括(　　)等。

A. 完成劳动任务　B. 提高生活水平

C. 执行劳动安全卫生规程　D. 享有社会保险和福利

84. 国家鼓励和支持利用可再生能源和(　　)发电。

A. 磁场能　B. 机械能　C. 清洁能源　D. 化学能

85. 任何单位和个人不得非法占用变电设施用地、输电线路走廊和(　　)。

A. 电缆通道　B. 电线　C. 电杆　D. 电话

86. 任何单位和个人不得危害发电设施、(　　)和电力线路设施及其有关辅助设施。

A. 变电设施　B. 用电设施　C. 保护设施　D. 建筑设施

87. 盗窃电能的，由电力管理部门责令停止违法行为，追缴电费并处应交电费(　　)以下的罚款。

A. 三倍　B. 十倍　C. 四倍　D. 五倍

88. 起锯角度要小，一般不超过(　　)。

A. 15°　B. 20°　C. 30°　D. 40°

89. 锯削速度一般以每分钟(　　)次为宜。

A. 15 ~20　B. 20 ~30　C. 20 ~40　D. 40 ~50

90. 手锯往复长度应不小于锯条长度的(　　)。

A. 1/3　　B. 2/3　　C. 3/4　　D. 3/5

91. 錾削硬钢和铸铁等硬材料时，楔角取(　　)。

A. 30° ~50°　　B. 50° ~60°

C. 60° ~70 °　　D. 70° ~90°

92. 錾削时眼睛的视线要对着(　　)。

A. 工件的錾削部位　　B. 錾子头部

C. 锤头　　D. 手

93. 錾削余量一般选取(　)为宜。

A. 0. 5mm　　B. 1mm　　C. 2mm　　D. 0. 5 ~2mm

94. 台钻是一种小型钻床，用来钻直径(　　)以下的孔。

A. 10mm　　B. 11mm　　C. 12mm　　D. 13mm

95. 钻夹头用来装夹直径(　　)以下的钻头。

A. 10mm　　B. 11mm　　C. 12mm　　D. 13mm

96. 钻夹头的松紧必须用专用(　　)，不准用锤子或其他物品敲打。

A. 工具　　B. 扳子　　C. 钳子　　D. 钥匙

97. 手电钻钻孔时，要带(　　)，穿绝缘鞋。

A. 口罩　　B. 帽子　　C. 绝缘手套　　D. 眼镜

98. 普通螺纹的牙型角是(　　)，英制螺纹的牙型角是55°。

A. 50°　　B. 55°　　C. 60°　　D. 65°

99. 普通螺纹的牙型角是60°，英制螺纹的牙型角是(　　)。

A. 50°　　B. 55°　　C. 60°　　D. 65°

100. 在开始攻螺纹或套螺纹时，要尽量把丝锥或板牙放正，当切入(　　)时，再仔细观察和校正对工件的垂直度。

A. 0 ~1　　B. 1 ~2　　C. 2 ~3　　D. 3 ~4

101. 丝锥的校准部分具有(　　)的牙型。

A. 较大　　B. 较小　　C. 完整　　D. 不完整

102. 工件尽量夹在钳口(　　)。

A. 上端位置　　B. 中间位置　　C. 下端位置　　D. 左端位置

103. (　　)适用于狭长平面以及加工余量不大时的锉削。

A. 顺向锉　　B. 交叉锉　　C. 推锉　　D. 曲面锉削

104. 当锉刀拉回时，应(　　)，以免磨钝锉齿或划伤工件表面。

A. 轻轻划过　　B. 稍微抬起　　C. 抬起　　D. 拖回

105. 锉刀很脆，(　　)当撬棒或锤子使用。

A. 可以　　B. 许可　　C. 能　　D. 不能

答案部分

一、判断题

（一）电工基础

1. √ 2. √ 3. √ 4. √ 5. √ 6. √ 7. √ 8. ×
9. √ 10. √ 11. √ 12. √ 13. √ 14. √ 15. √ 16. ×
17. √ 18. √ 19. × 20. √ 21. √ 22. × 23. √ 24. ×
25. √ 26. × 27. × 28. × 29. √ 30. √ 31. × 32. ×
33. × 34. × 35. √ 36. √ 37. × 38. × 39. √ 40. ×
41. √ 42. √ 43. √ 44. √ 45. × 46. √ 47. √ 48. √
49. √ 50. √ 51. √ 52. √ 53. × 54. × 55. √ 56. ×
57. × 58. √ 59. × 60. √ 61. × 62. √ 63. √ 64. √
65. √ 66. × 67 × 68. × 69. √ 70. √ 71. × 72. √
73. √ 74. √ 75 × 76. √ 77. × 78. √ 79. √ 80. √

（二）电子技术

1. √ 2. √ 3. √ 4. √ 5. × 6. × 7. × 8. √
9. √ 10. × 11. × 12. × 13. × 14. × 15. √ 16. ×
17. √ 18. × 19. √ 20. √ 21. √ 22. × 23. √ 24. ×
25. √ 26. × 27. √ 28. √ 29. √ 30. √ 31. × 32. √
33. × 34. × 35. √ 36. √ 37. √ 38. × 39. √ 40. ×
41. × 42. √ 43. √ 44. × 45. √ 46. × 47. √ 48. ×
49. √ 50. √

（三）电工仪表

1. × 2. √ 3. × 4. √ 5. × 6. × 7. √ 8. √
9. × 10. √ 11. √ 12. √ 13. √ 14. √ 15. √

（四）电工工具及材料

1. √ 2. × 3. √ 4. √ 5. √ 6. × 7. √ 8. √
9. √ 10. × 11. × 12. √ 13. √ 14. × 15. √ 16. √
17. √ 18. √ 19. √ 20. × 21. √ 22. × 23. √ 24. √
25. ×

（五）电机与变压器

1. √ 2. × 3. √ 4. √ 5. × 6. √ 7. √ 8. ×
9. × 10. √ 11. √ 12. × 13. √ 14. √ 15. × 16. ×
17. √ 18. × 19. √ 20. × 21. √ 22. √ 23. √ 24. √
25. √ 26. √ 27. × 28. √ 29. × 30. ×

（六）低压电器及电力拖动

1. √	2. ×	3. √	4. ×	5. √	6. √	7. √	8. ×
9. √	10. ×	11. √	12. ×	13. √	14. √	15. ×	16. √
17. √	18. √	19. √	20. √	21. √	22. √	23. √	24. ×
25. √	26. √	27. √	28. √	29. √	30. ×	31. √	32. √
33. √	34. ×	35. √	36. ×	37. √	38. √		

（七）安全技术

1. √	2. ×	3. ×	4. √	5. √	6. √	7. ×	8. √
9. √	10. √	11. ×	12. √	13. √	14. ×	15. √	16. ×
17. ×	18. √	19. √	20. ×	21. √	22. √	23. ×	24. ×
25. ×							

（八）相关知识

1. √	2. √	3. ×	4. ×	5. √	6. ×	7. √	8. ×
9. √	10. √	11. √	12. ×	13. ×	14. ×	15. ×	16. ×
17. ×	18. ×	19. ×	20. √	21. ×	22. √	23. ×	24. ×
25. √	26. ×	27. √	28. ×	29. √	30. √	31. √	32. ×
33. √	34. ×	35. √	36. ×	37. √	38. ×	39. √	40. ×
41. √	42. ×	43. ×	44. √	45. ×	46. ×	47. ×	48. √
49. ×	50. √	51. ×	52. √	53. √	54. √	55. ×	56. √
57. ×	58. ×	59. √					

二、选择题

（一）电工基础

1. A	2. A	3. A	4. B	5. B	6. B	7. A	8. B
9. D	10. D	11. C	12. B	13. A	14. B	15. D	16. B
17. D	18. A	19. D	20. A	21. B	22. B	23. A	24. A
25. A	26. A	27. A	28. A	29. C	30. B	31. D	32. D
33. A	34. B	35. B	36. A	37. B	38. A	39. C	40. C
41. B	42. A	43. B	44. A	45. B	46. A	47. C	48. D
49. D	50. B	51. D	52. A	53. D	54. B	55. C	56. D
57. A	58. B	59. D	60. B	61. C	62. A	63. D	64. D
65. C	66. C	67. A	68. A	69. D	70. B	71. A	72. A
73. D	74. D	75. A	76. D	77. C	78. A	79. C	80. C
81. B	82. C	83. D	84. A	85. D	86. C	87. D	88. B
89. A	90. B	91. D	92. B	93. A	94. A	95. B	96. B
97. A	98. A	99. B	100. A	101. C	102. A	103. B	104. B
105. A	106. D	107. B	108. C	109. C	110. C	111. A	112. A

113. C	114. B	115. D	116. D	117. C	118. A	119. C	120. A
121. A	122. B	123. B	124. D	125. A			

（二）电子技术

1. A	2. B	3. D	4. B	5. C	6. A	7. A	8. A
9. A	10. C	11. D	12. A	13. D	14. A	15. A	16. C
17. D	18. C	19. D	20. B	21. A	22. B	23. C	24. B
25. A	26. C	27. A	28. B	29. A	30. D	31. A	32. A
33. D	34. B	35. C	36. A	37. A	38. B	39. A	40. B
41. C	42. D	43. A	44. C	45. A	46. C	47. B	48. B
49. B	50. B	51. D	52. D	53. A	54. A	55. A	56. C
57. A	58. A	59. B	60. D	61. A	62. B	63. B	64. B
65. B	66. C	67. D	68. A	69. A	70. D	71. C	72. D
73. A	74. A	75. B	76. D				

（三）电工仪表

1. A	2. C	3. B	4. A	5. A	6. C	7. A	8. A
9. C	10. B	11. D	12. A	13. A	14. D	15. D	
16. C	17. A	18. C	19. B	20. A			

（四）电工工具及材料

1. D	2. C	3. D	4. B	5. A	6. D	7. A	8. B
9. B	10. A	11. C	12. D	13. B	14. C	15. A	16. D
17. A	18. B	19. C	20. D	21. B	22. C	23. D	24. A
25. B	26. D	27. A	28. D	29. A			

（五）电机与变压器

1. C	2. A	3. B	4. C	5. A	6. A	7. D	8. B
9. D	10. D	11. A	12. C	13. D	14. B	15. A	16. B
17. C	18. A	19. A	20. C	21. C	22. B	23. A	24. C
25. D	26. B	27. B	28. D	29. C	30. D	31. C	32. A
33. A	34. D	35. C	36. B	37. A	38. A	39. B	40. C
41. D							

（六）低压电器及电力拖动

1. A	2. D	3. A	4. B	5. C	6. A	7. C	8. D
9. A	10. A	11. B	12. D	13. B	14. C	15. A	16. D
17. C	18. B	19. D	20. A	21. A	22. C	23. C	24. D
25. A	26. C	27. D	28. A	29. B	30. D	31. C	32. C
33. D	34. B	35. D	36. C	37. B	38. A	39. A	40. A
41. A	42. C	43. D					

（七）安全技术

1. C	2. A	3. D	4. A	5. A	6. B	7. A	8. A
9. D	10. D	11. D	12. C	13. D	14. A	15. C	16. B
17. D	18. C	19. A	20. B	21. D	22. D	23. A	24. A
25. D	26. A	27. A	28. A	29. D	30. D	31. B	32. D
33. B							

（八）相关知识

1. A	2. D	3. B	4. D	5. D	6. B	7. B	8. D
9. B	10. A	11. D	12. A	13. A	14. A	15. C	16. D
17. B	18. C	19. D	20. A	21. A	22. B	23. B	24. A
25. C	26. A	27. C	28. D	29. A	30. B	31. A	32. B
33. C	34. D	35. C	36. A	37. C	38. D	39. B	40. C
41. D	42. C	43. C	44. B	45. D	46. C	47. A	48. B
49. A	50. D	51. D	52. C	53. C	54. B	55. D	56. C
57. A	58. C	59. D	60. C	61. A	62. D	63. B	64. C
65. A	66. D	67. C	68. D	69. D	70. D	71. D	72. D
73. D	74. D	75. D	76. D	77. C	78. D	79. C	80. A
81. D	82. C	83. D	84. C	85. A	86. B	87. D	88. A
89. C	90. B	91. C	92. A	93. D	94. C	95. D	96. D
97. C	98. C	99. B	100. B	101. C	102. B	103. C	104. B
105. D							

参 考 文 献

[1] 王建．维修电工（中级）[M]．北京：中国电力出版社，2013.

[2] 王建．维修电工（高级）[M]．北京：中国电力出版社，2013.

[3] 王建，莫冰莹．维修电工（初、中级）国家职业资格证书取证问答 [M]．3 版．北京：机械工业出版社，2014.

[4] 王建，莫冰莹．维修电工（高级）国家职业资格证书取证问答 [M]．3 版．北京：机械工业出版社，2014.

[5] 雷云涛，王建．全国电工技能大赛试题集锦 [M]．北京：中国电力出版社，2014.